Xibei Zhuluoji Meitian Ruojiaojie Fushui Ruanyan Gongcheng
Zhilie Yinsu yu Gongcheng Liehua Kongzhi Jishu

# 西北侏罗纪煤田弱胶结富水软岩工程致劣因素与工程劣化控制技术

吕玉广 韩 港 张海亮 张永强 刘建荣 / 著

中国矿业大学出版社
·徐州·

## 内 容 提 要

本书著者团队十余年来在实践中探索、探索中实践,最早提出弱胶结富水软岩工程劣化效应的概念,由传统的"软岩治理"转变为"软岩工程劣化效应控制",这是科学理念上的突破。本书研究成果为西北侏罗纪弱胶结富水软岩条件下绿色安全高效开发提供了科学技术支撑。

本书可供相关专业的研究人员借鉴、参考,也可供相关专业的教师和学生学习使用。

**图书在版编目(C I P)数据**

西北侏罗纪煤田弱胶结富水软岩工程致劣因素与工程

劣化控制技术 / 吕玉广等著.—徐州:中国矿业大学

出版社,2022.11

ISBN 978 - 7 - 5646 - 5636 - 2

Ⅰ.①西… Ⅱ.①吕… Ⅲ.①侏罗纪—煤层—富水性

—软弱岩石—研究—西北地区 Ⅳ.①P618.110.2

中国版本图书馆 CIP 数据核字(2022)第 208841 号

| | |
|---|---|
| 书　　名 | 西北侏罗纪煤田弱胶结富水软岩工程致劣因素与工程劣化控制技术 |
| 著　　者 | 吕玉广　韩　港　张海亮　张永强　刘建荣 |
| 责任编辑 | 何晓明　何　戈 |
| 出版发行 | 中国矿业大学出版社有限责任公司 |
| | （江苏省徐州市解放南路　邮编221008） |
| 营销热线 | （0516)83885370　83884103 |
| 出版服务 | （0516)83995789　83884920 |
| 网　　址 | http://www.cumtp.com　E-mail:cumtpvip@cumtp.com |
| 印　　刷 | 苏州市古得堡数码印刷有限公司 |
| 开　　本 | 787 mm×1092 mm　1/16　印张 23.75　字数 439 千字 |
| 版次印次 | 2022 年 11 月第 1 版　2022 年 11 月第 1 次印刷 |
| 定　　价 | 68.00 元 |

（图书出现印装质量问题,本社负责调换）

# 前　　言

　　煤炭是世界三大能源之一,与石油、天然气的地位相当。据2019年《BP世界能源统计年鉴》,在未来较长时期内世界能源供给仍然以化石能源为主,其中石油占一次能源消费量的34%、煤炭约占27%、核能和水电比重分别为4%和7%。我国能源"富煤、缺油、少气"的禀赋特点,决定了在很长一段时间里经济发展离不开煤炭,能源消费总量中煤炭占比达58%,预计在未来10年内能源消费仍以煤炭为主(50%以上)。"十三五"时期我国石油、天然气对外依赖度达67%以上,因此,煤炭是我国最安全的战略能源。侏罗纪煤炭资源储量丰富,在我国煤炭资源总量中占据较大比例,主要集中在内蒙古、陕西、甘肃、宁夏四省区以及新疆北部。已探明煤炭储量中,侏罗纪煤占39.6%,石炭-二叠纪煤占38.0%,白垩纪煤占12.2%,晚二叠纪煤占7.5%,第三纪煤占2.3%,晚三叠纪煤占0.4%。预测的煤炭储量中,侏罗纪煤占65.5%,石炭-二叠纪煤占22.4%,晚二叠纪煤占5.9%,白垩纪煤占5.5%,第三纪煤占0.4%,晚三叠纪煤占0.3%。在各个成煤阶段,侏罗纪煤的平均含硫量最低、灰分最低,这是侏罗纪煤的最大优势。随着我国东部矿区以石炭-二叠纪煤为主体的煤炭资源逐步枯竭,西部以侏罗纪煤为主体的煤炭资源战略地位更显重要。

　　在传统认识中,涉及软岩问题时总能想到巷道大变形以及如何通过支护手段控制变形问题,这方面国内外学者所做的研究较多,事实上软岩带来的工程难题远不止巷道变形问题,还涉及采场工作环境问题、矿井生命财产安全问题等。西北侏罗纪煤系地层具有低强度、弱胶结、强膨胀、高富水等物性特点,泥质岩石遇水泥化、水解、膨胀扩容,部分砂岩遇水崩解成散砂状,在水动力作用下具有流砂属性,由此带来一系列工程技术难题和特殊类型的地质灾害:围岩承载能力差,巷道变形难以控制,支护成本高;顶板淋水造成采场泥化严重,制约高效采煤;底板渗水造成泥化,制约快速掘进;弱含水层可能发生短时高强度携砂突水,危及安全生产。笔者带领的技术攻关团队十余年来在实践中探索、探索中实践,最早提出弱胶结富水软岩工程劣化效应概念:围岩软化、泥化、蠕变、膨胀扩容、底鼓、下沉、收敛、支护体系受损、支架陷底、基岩水-砂混合流突涌等一切非稳定工程现象,统称为"软岩劣化效应",由传统的"软岩治理"转变为"软岩工程劣化效应控制",这是科学理念上的突破。岩石物理力学性质和结构特点是工程劣化的内因,水则是工程劣化诱因,且是重要的影响因素,单纯依靠支护材料创新、支护构件革新和支护参数调整,难以打通工程劣化控制的最后一公里。人类无法改变内因(岩性),但可以通过控制诱因(水)达到最佳的工程效果,于是提出了"治软先治水"的软岩治理核心理念以及工程劣化控制"十六字方针"——大水防控、小水管理、强化支护、协同治理,配合具体的工程技术措施,逐步形成了一套软岩工程劣化控制技术体系。针对顶板弱含水层短时高强度携砂突水这种侏罗纪煤田典型的地质灾害,提出了"离层汇水作用"强化了弱含水层短时突水强度、"泥砂自封堵作用"决定着突水过程呈周期性间歇式发展的特点,揭示了弱胶结低强度砂岩"弱含水层短时高强度携砂突水"孕灾机理;提出了采后覆岩破坏"新四带"结构模型,认为采场上覆基岩内任何层段均可能产生离层裂隙,覆岩内产生离层现象是绝对的,离层发育的宏观尺度大小是相对的,低位覆岩内离层裂隙的发育程度会优于高位覆岩离层裂隙的发育程度,但不可在弯曲下沉带内单独划分出离层带;做出了"只有位于导水裂隙带顶部附近的离层空间才可能引起离层水害"的科学判断,从而为离层水害的防治指明了靶域;基岩突水溃砂必须同时具备5个条件——岩石物理力学条件、水源(富水性)条件、离层所处的空间条件、离层汇水时间条件、突水通道条件,只要改变其中任何一个致灾条件,均可以避免事故的发生。基于此,提出疏干开采关键技术改变含水层富水性条件、预置导流管技术改变离层空间汇水时间条件,从而有效防范事故的发生;为实现真正意义上的疏干开采,构建了疏干开采技术体系。顶板水害评价预测"双图评价法"获得发明专利授权,"分类型四双工作法"是一套适用于各类煤矿煤层顶板富水性规律评价和水害预测的技术方法。弱胶结富水软岩工程劣化控制技术应用于生产实践后,突水溃砂现象再未发生,保障了矿井安全,巷道变形控制率达到73.8%,采煤工效是以往的6.17倍,掘进工效是以往的2.94倍。研究成果为西北侏罗纪煤田弱胶结富水软岩条件下绿色安全高效开发提供了科学技术支撑。

笔者团队联合中国矿业大学乔伟教授研发团队,于2021年完成的"采动覆岩离层水害、生态环境效应及防控关键技术"获煤炭工业协会科学技术进步一等奖;"西部侏罗纪复合型软岩围岩劣化效应控制及快速掘进技术"获中关村绿色矿山产业联盟技术研发二等奖;"西部矿区复合型软岩巷道支护及快速掘进技术"获中国能源研究会科学技术三等奖;"煤层顶板突水危险性'双图'评价预测技术"获全国煤矿优秀"五小"成果二等奖。

本书由内蒙古上海庙矿业有限责任公司矿业技术研发团队核心成员吕玉广、韩港、张海亮、张永强、刘建荣共同撰写完成,刘爽、李春平、盛永、孙国、胡发仑等团队成员参与了部分资料的收集与整理。本书编写过程中得到中国矿业大学乔伟教授、程香港博士以及中国煤炭地质总局水文地质局苗文明、李松等同志的支持与帮助,得到内蒙古自治区、鄂尔多斯市两级政府财政资金资助,一并表示诚挚的谢意!

限于作者水平,书中难免存在疏漏与不妥之处,恳请广大读者不吝赐教。

著　者

2022 年 5 月

# 目 录

# 第1章　绪　　论

## 1.1　选题背景与目的意义

### 1.1.1　选题背景

弱胶结软岩具有岩石的基本特征,在天然状态下属于岩石,但泥质岩石在吸水状态下有黏土特征,遇水泥化、水解,并随着含水率的增加有逐渐向土体转化的趋势;砂质岩石遇水砂化,吸水崩解后具有流砂属性。其胶结程度差、力学强度低,标准试样难以制作,缺乏岩石的卸载等试验设备和方法,造成试验取得数据极少。其物理力学性质变化大,有着相对复杂的本构关系,缺乏相应的全过程试验研究成果。

我国西部矿区以侏罗纪煤田为主,煤系地层主要为砂岩、砂质泥岩、泥岩、粉砂岩等,多为泥质胶结。巷道围岩力学强度较低、承载能力弱,开挖后易风化,遇水易泥化、崩解,会引起巷道围岩变形持续增加,产生较大的松动圈;不同地质时期形成的软岩经受的地质构造运动次数、沉积环境、成岩条件及压实作用存在差异,黏土矿物成分和含量也存在差异,这种膨胀性软岩遇水泥化、崩解、体积膨胀扩容,产生较大的膨胀力,加剧巷道变形;弱胶结砂岩属于高孔隙度岩石,具有大孔孔喉及中孔孔喉分布频率高的结构特征和一定的富水性,开采扰动使这部分水体渗流并充分与泥质岩体接触,会加剧巷道围岩变形。此外,一旦覆岩内形成离层水体并瞬间释放,还会形成水-砂混合突涌地质灾害。富水软岩所带来的工程难题不限于巷道大变形控制难的问题,还包括采场泥化、砂化、溃砂等,一方面制约快速掘进、高效回采,另一方面危及安全生产,因此,研究富水软岩工程问题不能仅着眼于巷道围岩变形以及如何控制变形,更要与快速掘进、高效采煤、安全生产、效益开采结合起来。

侏罗纪煤炭广泛分布的内蒙古、甘肃、陕西、宁夏等地区均处于我国西北部,当地气候干旱少雨,依据传统观点,侏罗纪煤层开采主要受砂岩孔隙-裂隙水影响,含水层富水性弱至极弱,水文地质条件简单。但近年来这类弱含水层突大水的事故案例较多,具有瞬时水量大、呈周期性间歇式突水、水中携带的泥砂含量大等特点,生产实践表明"有砂就有水、突水必溃砂"的规律。例如,2014 年 7 月 28 日,内蒙古上海庙矿区新上海一号煤矿 111084 工作面突水,瞬时水量达 2 000 m³/h,但突水持续时间较短,出水总量 23.3 万 m³,溃出的泥砂量 3.58 万 m³,工作面被泥砂掩埋;2016 年 4 月 25 日,陕西铜川照金煤矿 ZF202 工作面回采过程中顶板突水溃砂,总出水量仅 3.2 万 m³,携带泥砂量约 1 680.5 m³,却酿成了一起死亡 11 人的恶性事故;陕西永陇能源开发建设有限责任公司崔木煤矿 21 盘区 21301 工作面共突水 12 次、21302 工作面共突水 4 次,短时水量高达 1 100 m³/h;大佛寺煤矿 40110 工作面发生的水量超过 200 m³/h 的突水事件共 10 次,41104 工作面发生的 100~200 m³/h 突水事件达 57 次;胡家河煤矿 401101 首采工作面最大涌水量达 260 m³/h;国家能源集团宁夏煤业有限责任公司红柳煤矿 1121 工作面 7 个月仅推进 186 m,却经历了 4 次突水,最大水量 3 000 m³/h;铜川焦坪矿区玉华煤矿 1412 工作面 1 年内共发生 6 次突水事故,瞬时水量达 2 000 m³/h。这些情况都说明西北侏罗纪煤田顶板弱含水层可以短时高强度突水,通常水中带砂,其孕灾机制与东部矿区华北型煤田大为不同,需要深入研究。

2011 年,国家发展和改革委员会批准了《上海庙能源化工基地开发总体规划》,随后国家能源局批复了《上海庙至山东特高压输电通道配套电源建设规划》,大力发展"煤炭为基础、煤电为支撑、煤化工为主导"的三大产业。上海庙矿区煤炭资源分布面积超过 4 000 km²,探明储量 142 亿 t,远景储量超过 500 亿 t,侏罗纪煤层占资源总量的 90% 以上。2013 年,国家发展和改革委员会批准了《上海庙矿区总体规划》,包括 14 个井田,总产能约 4 000 万 t/a;4 个 2×100 万 kW 火电厂,是西电东输的重要电源点;煤化工项目 1 000 万 t。上海庙能源化工基地规划图如图 1-1 所示。

侏罗纪煤炭资源分布在矿区的中、东部,规划 9 对大型矿井,内蒙古上海庙矿业有限责任公司投资建设的榆树井煤矿(设计生产能力 300 万 t/a)、新上海一号煤矿(设计生产能力 400 万 t/a),已经建成并投产。建设和生产过程中遇到的工程问题统计如下:

(1) 水-砂混合突涌事件

2006 年 10 月 10 日,榆树井煤矿主斜井掘砌至 132 m 时出现管涌,最大涌水量 115.9 m³/h。

2006 年 10 月 17 日,榆树井煤矿回风立井掘砌至 24.5 m 时井底涌水溃砂,涌水量约 66 m³/h,随后停止掘进,以水泥帷幕旋喷注浆治理。

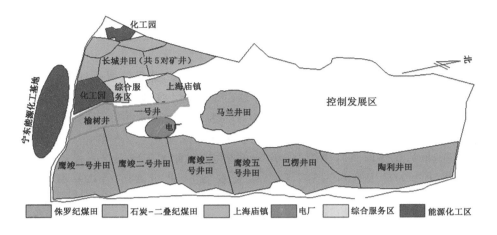

图 1-1 上海庙能源化工基地规划图

2006 年 10 月 18 日,榆树井煤矿副斜井开挖至 106 m 时井筒涌水溃砂,涌水量 84.9 m³/h。

2006 年 10 月 30 日,榆树井煤矿副斜井开挖至 122 m 时再次涌水溃砂,最大水量 180 m³/h;31 日,在水冲蚀下形成断面积 7.2 m²、长 30 m 的空洞,利用编织袋装砂充填配合木垛支护。

2006 年 11 月 9 日,榆树井煤矿副斜井掘进至 181.7 m 时帮部突水,最大水量 5 000 m³/h。

2006 年 12 月 2 日,榆树井煤矿主斜井掘砌至 166 m 时底板突水,最大水量 1 000 m³/h。

2007 年 3 月 9 日,榆树井煤矿主斜井施工至 210 m 时底板突水,最大水量 300 m³/h,停止掘进,以注浆治理。

2007 年 5 月 6 日,副斜井掘进至 207 m 时再次突水,最大水量 1 200 m³/h。

虽经多次治理,但这些井筒最终因大变形而报废。重新选址,改为立井冻结法施工。

2009 年 6 月 4 日,榆树井煤矿胶带机头检修斜巷施工至 447 m 时,巷道顶板出水溃砂,水量 110 m³/h。

2010 年 9 月 26 日,13801 工作面(8 煤层首采工作面)回采至 78.5 m 时,29#～44#支架顶板泥-砂混合突涌,水量约 100 m³/h,含砂量约 8%。

新上海一号煤矿一水平标高设计为＋800 m,2009 年 3 月掘砌马头门过程中帮部涌水溃砂,继而引起马头门及马头门向上 10 m 井筒严重开裂,历时数月,采用多种措施堵水止砂并试图修复,均未成功。最终将井筒下部 80 m 以混凝土充填,一水平大巷标高改为+880 m,致使一水平服务年限缩短。

111084 工作面是矿井投产后第二个采煤工作面,开采侏罗系延安组 8 煤层。2014 年 7 月 28 日,工作面推进至 141 m 时 88# 综采支架顶板出现淋水,短时间内水量增大到 2 000 m³/h,数小时后水量快速衰减并稳定在 50 m³/h。200 m 长的工作面首先被泥砂掩埋,随后工作面运输巷约 2 000 m 巷道被泥砂淤塞,最后工作面回风巷约 500 m 被泥砂淤塞,此后工作面进入停产状态。同年 8 月 30 日上午 10:10,工作面总水量由此前的 50 m³/h 猛增到 1 500 m³/h,5 天后水量稳定在 15 m³/h。同年 10 月 18 日凌晨 3:00,工作面总水量由此前的 15 m³/h 增加到 300 m³/h,3 天后水量稳定在 10 m³/h 左右。同年 12 月 8 日 15:00,工作面总水量由此前的 10 m³/h 增大至 100 m³/h,1 周后水量稳定在 5 m³/h,直至 2022 年 4 月 16 日工作面总水量稳定。整个突水过程历时约 4.5 个月,水中携带大量泥砂,短时水量达到 2 000 m³/h,总出水量约 23.3 万 m³,泥砂量 3.58 万 m³。

2015 年 11 月 25 日上午 8:00 左右巷道底板突水,伴有爆鸣声,水中携带大量泥砂,实测突水量 3 600 m³/h,堵水成功后排水统计,总出水量约 1.34×10⁶ m³。

可见,侏罗纪煤田既受顶板水威胁,也受底板水威胁,一旦出水均属于水-砂混合型,这是软岩地层容易发生的一种新型地质灾害。

(2)软岩条件下回采效率低下

截至 2014 年 12 月底,新上海一号煤矿和榆树井煤矿共动用 13 个采煤工作面,工作面宽度均为 200 m,煤层厚度 2.4~3.9 m。13 个工作面平均月推进进尺 58.6 m,月度推进最少 6.36 m,最多 290 m。单面平均月产原煤 8.1 万 t,多年未能达到设计生产能力,采煤效率低下。主要制约因素包括:

① 巷道底鼓、两帮收敛现象严重,制约快速掘进。掘进队人员常态化分为两组,一组负责向前掘进,另一组在后路进行巷道修复。工作面投产后,还要再进行 2~3 次挖底、扩帮处理。据统计,部分回采巷道从掘进成巷到工作面回采,反复起底高度累计可达 20.5 m,是掘进高度的 5.4 倍(巷高 3.8 m);每次扩帮挖底后均需要再次进行锚网索喷支护,返修工程量远大于掘进工程量,返修工程费用远大于巷道掘进费用。如果返修不及时,巷道底板岩层鼓起与巷道顶板接触,如榆树井煤矿 13803 上巷在回采前完全闭合,如图 1-2 所示。

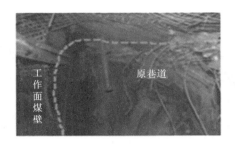

图 1-2 回采巷道完全闭合

② 顶板淋水是一种常见现象,底板岩石遇水泥化严重,作业人员在恶劣的环境下作业、行走困难;岩石吸水后抗压强度进一步软化,综采支架容易陷底;底板在淋水下膨胀底鼓严重,刮板机上抬,采煤机行走高度不足,架前需要人工降底,严重制约高效采煤。采场作业环境如图 1-3 所示。

(a) 采场顶板淋水现象

(b) 采场泥泞作业环境

图 1-3 采场作业环境

(3) 软岩条件下巷道掘进效率低下

2015 年以前,开拓巷道采用锚网索喷＋U 型钢棚支护,平均月成巷进尺 26.8 m,180 天后巷道断面收敛率超过 40％,经过扩帮、挖底、挑顶等措施后再次支护,变形控制效果仍不理想,最后扩帮、挖底、挑顶＋锚网索喷支护后再以混凝土套壁,控制效果较好,但成本太高;准备巷道采用双层锚网索喷支护,平均月成巷进尺仅 106 m;回采巷道采取锚网索＋锚索梁等方式支护,平均月成巷进尺 190.6 m,总体上掘进效率不高,采掘接续经常失调。主要制约因素包括:顶板淋水大,底板泥化,作业环境恶劣,掘进机行走困难;巷道变形量大,前方掘进、后方多次返修;支护杆体密度大,支护工程量大。井下照片如图 1-4 所示。

　（a）锚索孔出水　　　　　（b）掘进机陷底　　　　　（c）巷道返修

图 1-4　井下照片

自 2013 年国家批复《上海庙矿区总体规划》以来，储量占比 90% 以上的侏罗纪煤炭资源仅有新上海一号井田、榆树井井田开工建设，在建设和生产过程中遇到了井筒报废、井巷大变形、围岩软化泥化、顶板突水溃砂、底板突水等一系列工程地质难题，企业经营难以为继。鹰骏一号井田、鹰骏二号井田、鹰骏三号井田、鹰骏五号井田、巴楞井田、陶利井田、马兰井田的开发主体长期处于观望状态。只有攻克了工程难题，火电、煤化工等产业才有充足的"工业粮食"，上海庙能源化工基地才能真正进入全面开发阶段。

### 1.1.2　目的意义

（1）企业生存和发展的需要

榆树井煤矿、新上海一号煤矿的开发主体为内蒙古上海庙矿业有限责任公司，总投资约 80 亿元。2016 年，在十分艰难的境况下作为投资方之一的山东能源集团考虑过"去产能"。当年在册职工总人数接近 5 000 人，不远千里从东部省份到内蒙古创业，怀揣着希望和梦想，关系到数千个家庭的幸福、寄托着数万名家人的期待。因此，开展本课题研究就是一场企业生存保卫战。

（2）上海庙能源化工基地建设和发展的需要

内蒙古上海庙能源化工基地也是国家级经济开发区，以煤炭、煤电、煤化工为园区的三大主业，遵循"煤炭为基础、煤电为支撑、煤化工为主导"的产业循环链。煤炭这个基础出了问题，其他产业的发展也会受阻。因此，本项目研究的开展是上海庙能源化工基地可持续性建设和发展的需要。

（3）国家西电东输发展战略的需要

2016 年 4 月 28 日，国家能源局批复了《上海庙至山东特高压输电通道配套电源建设规划》，配套新建 4 个 2×100 万 kW 煤电项目，列入规划的 4 个煤电项目为山东能源内蒙古盛鲁电厂、国电双维上海庙电厂、华能长城上海庙电厂、神华国能上海庙电厂。待这 4 座电厂建成发电后,每年约需标煤 1 440 万 t(1 kg 标准煤的热值为 29.27 MJ),换算成侏罗系的不黏煤(热值约 3 800 大卡,1 大卡＝1 000 卡),则每年需要供应 2 650 万 t。目前本地能提供的电煤产能仅 700 万 t/a,未来煤炭需要缺口很大。因此,开展本项目研究是国家西电东输发展战略的需要。

(4)侏罗纪煤田安全开采的需要

鄂尔多斯聚煤盆地是我国第二大沉积盆地,是一个集多种能源矿产于一"盆"的宝地。盆地内埋深 2 000 m 以浅的煤炭资源约 $2 \times 10^{12}$ t,其中侏罗系、石炭-二叠系及三叠系分别占 75.32%、24.61% 和 7%。盆地内侏罗系煤炭资源主要分布在内蒙古、甘肃、陕西、宁夏四省区,近年来开发这样的煤田突水溃砂事故多发,而且是基岩突水溃砂,完全不同于我国东部地区浅埋煤层露头松散层的突水溃砂。随着西部煤炭资源开发强度的增加,预计未来此类事故发生的概率还会呈增加趋势,因此有必要研究基岩突水溃砂的孕灾机理,以便预防事故的发生。此外,西部侏罗纪煤田开发程度还处于起步阶段,早期建设投产的矿井主要开采埋藏浅、厚度大的那部分优质资源,煤层厚度一般都超过巷道开挖高度,煤层力学强度多超过其顶底板岩石的力学强度,煤层吸水后膨胀性不强,软岩的影响还不是很明显。随着厚煤层的枯竭,未来主要开发中厚煤层,则软岩问题会日益突出。因此,开展本课题的研究也是未雨绸缪,为未来深部煤炭资源开发打下科学基础。

# 1.2 围岩变形控制国内外研究现状

## 1.2.1 软岩的概念与定义

从 20 世纪 60 年代到 90 年代初,关于软岩的概念在国内外存在争论,定义多达数十种。直到 90 年代末期,原煤炭工业部软岩专家组和煤矿软岩工程技术研究推广中心共同提出了地质软岩和工程软岩的概念,并指出了二者的区别和联系,并建议在软岩工程中应该用"工程软岩"的概念。目前国内对软岩概念基本形成共识,即一种特定环境下具有显著塑性变形的复杂岩石力学介质。

软岩的描述性定义:松软岩层系指松散、软弱的岩层,它是相对于坚硬岩层而言的,自身强度很低。软岩的指标化定义:抗压强度 $\sigma_c < 20$ MPa 的岩层称为软岩。软岩的工程性定义:围岩松动圈厚度大于 1.5 m 的围岩称为软岩。综合性定义将软岩分为地质软岩和工程软岩。

（1）地质软岩划分标准

地质软岩是指强度低、孔隙度大、胶结程度差、受构造面切割及风化影响显著或含有大量的膨胀性黏土矿物的松散、软弱层。单轴抗压强度小于25 MPa的松散、破碎、软弱或具有风化膨胀性岩体总称为地质软岩。其共同特点是强度较低，是天然形成的复杂的地质介质。国际岩石力学学会将软岩定义为：单轴抗压强度（$\sigma_c$）在0.5～25 MPa之间的一类岩石。此定义分类依据基本上是强度指标，没有考虑工程开挖后受力系统的变化，完全依据自然指标划分，但工程部位足够深，地应力水平足够高，大于25 MPa的岩石也可以产生软岩的大变形、大地压和难支护的现象；相反，如果巷道所处深度足够的小，地应力水平足够低，则小于25 MPa的岩石也不会产生软岩的特征。故而国际岩石力学学会对软岩的定义不能用于工程实践，在软岩工程应用中应该用"工程软岩"的概念。

（2）工程软岩分类

我国工程院院士何满潮于1991年提出，在工程力作用下能产生显著塑性变形的工程岩体称为工程软岩。此定义不仅重视软岩的强度特性，而且强调软岩所承受的工程力荷载的大小，强调从软岩的强度和工程力荷载的对立统一关系中分析、把握软岩的相对性实质。

何满潮院士对工程软岩的定义揭示了软岩的相对性实质，即取决于工程力与岩体强度的相互关系。当工程力一定时，不同岩体，强度高于工程力水平的大多表现为硬岩的力学特性，强度低于工程力水平的则可能表现为软岩的力学特性；而对同种岩石，在较低工程力的作用下表现为硬岩的变形特性，在较高工程力的作用下则可能表现为软岩的变形特性。

软岩概念及分类指标中强调抗压强度、膨胀性矿物含量、吸水率、工程承受应力、节理发育程度等，但缺少颗粒物胶结程度这一指标。西部侏罗纪煤田，岩石具有弱胶结特性，遇水极易崩解形成水-砂混合物，在水动力作用下具有流砂属性，泥质岩石遇水泥化、水解、膨胀扩容，对其工程劣化特征以及劣化控制方法仍需进一步研究。

### 1.2.2 采动覆岩结构研究现状

进入21世纪以来，各种数值模拟软件在地下工程中的普及应用为人们认识采动覆岩变形破坏过程提供了一个很好的途径。在分析覆岩运动变形规律时，将数值模拟、物理模拟、现场实测等多种方法结合使用往往会取得更好的效果。此外，一些学者提出的其他一些理论及实测方法在覆岩运移分析中得到了很好的应用。

（1）悬臂梁理论

1916 年,该理论由德国人施托克提出。该理论认为,采空区顶板可视作梁模型,当顶板初次垮落之后,覆岩可视作一端固定在工作面前方煤壁之上的岩体内,另一端悬伸于采空区上方形成悬臂梁。多个岩层组成的顶板形成的悬臂梁称为组合悬臂梁。悬臂梁在弯曲下沉过程中会得到下部已破断垮落的岩体的支撑,当悬伸部分长度较大时,悬臂梁发生破断,如此周期性重复,形成周期来压。该理论对工作面开采期间出现的周期来压现象做出了很好的解释。

（2）压力拱理论

1928 年,该理论由德国人哈克和吉利策尔提出。该理论认为,煤层开采后在采空区周围会形成一个压力平衡拱,平衡拱的前拱脚位于待开采的煤壁内,后拱脚位于采空区内的垮落岩体或人工充填物上。拱内部区域的顶底板岩层均处于减压状态,仅承受拱内岩层的自重载荷。压力平衡拱随工作面的推进而沿推进方向扩张、平移。该理论可粗略地解释开采空间处于减压状态的现象。

（3）铰接岩块理论

1950—1954 年,该理论由苏联的库兹涅佐夫提出。该理论认为,按垮落体堆积形态的不同可将覆岩的垮落分为上、下不同的两部分。下部的岩层先垮落,由于可供堆积垮落体的空间充足,垮落体无规则堆积;下部岩层垮落充分后,留给上部垮落体的堆积空间有限,上部垮落体不会出现散乱地堆积,而是以原始层位规则排列,且两相邻岩块间在水平方向上存在挤压作用,形成三铰拱式平衡。该理论可解释采空区上方垮落体堆积状态在竖向上具有分带性的现象。

（4）预成裂隙理论

20 世纪 50 年代初,该理论由比利时学者拉巴斯提出,与铰接岩块理论提出时间同期。该理论认为,煤层回采后覆岩连续性被破坏,形成离散元。在采空区周围一定范围内存在应力降低区、应力升高区和采动影响区,且这三个区域随工作面推进而前移。超前压力集中作用导致覆岩连续性遭到破坏,覆岩内裂隙在支承压力作用下预先形成,由于各类裂隙的存在,因而可将采动覆岩视为"假塑性体"。假塑性体内岩层的不均匀沉降产生了离层。

（5）砌体梁理论

20 世纪 80 年代初,该理论由中国矿业大学钱鸣高院士提出。该理论认为,基本顶岩层被裂隙切割为相互咬合的岩块,形成砌体状平衡梁,即砌体梁结构。该理论给出了破断岩块间的咬合方式及平衡条件,可解释矿山压力的显现规律。

（6）关键层理论

20 世纪 80 年代中后期,该理论由中国矿业大学钱鸣高院士提出。该理论认为,采空区上覆岩层中,对其上全部覆岩或局部覆岩的移动起控制作用的岩层为关键层,关键层的破断会引起其上全部岩层或一大部分岩层产生整体下沉移动,即关键层是覆岩中承载的主体,关键层的破断将在采场引起强烈的矿压显现。关键层理论在卸压瓦斯抽采、岩层控制、矿压控制、顶底板突水、离层注浆等方面有很好的应用。

### 1.2.3　巷道支护理论研究现状

（1）古典压力理论

20 世纪初,郎金、金尼克和海姆等学者提出古典压力理论。他们都认为,上覆岩层的重力是作用在巷道上的全部作用力,即 $F = \gamma H$,不同之处在于侧向压力的计算。郎金根据松散土体理论,认为侧压系数为 $\tan 2(45 - \frac{\varphi}{2})$,海姆认为侧压系数为 1,金尼克则根据岩体弹性理论认为侧压系数为 $\mu / (1 - \mu)$。

（2）太沙基理论

随着巷道进入深部围岩中开挖,古典支护理论的缺点开始显现出来,于是出现太沙基理论。该理论认为,随着巷道埋深增大,巷道承受的力并不是全部上覆岩层的重量。在太沙基理论中,假定岩体为散体,但是具有一定的内聚力,这种理论适用于一般的土体压力计算。由于岩体中总有一定的原生及次生结构面,加之开挖硐室施工的影响,所以其围岩不可能为完整而连续的整体,因此采用太沙基理论计算围岩压力(松动围岩压力)收效较好。

（3）弹塑性变形理论

弹塑性变形理论是将岩土体作为弹塑性介质进行变形计算的一种方法。若开挖地下硐室后所产生的围岩应力重新分布,超过了岩石的弹性极限而未达到岩石的强度极限,岩石将产生塑性变形,在硐室周围形成塑性变形区。围岩的塑性变形对衬砌产生的压力即为矿山压力,对它的计算仅采用弹性理论已不适用,须采用塑性理论,利用弹性区和塑性区边界上弹性、塑性理论都适用的条件,推导出矿山压力的计算公式,称为弹塑性变形理论,根据摩尔-库仑准则和应力平衡条件推导出围岩压力。

（4）新奥法理论

1934 年,新奥法主要创始人拉布采维茨试图将喷浆方法用于地下工程。新奥法是应用岩体力学理论,以维护和利用围岩的自承能力为基础,采用锚杆和喷射混凝土为主要支护手段,及时地进行支护,控制围岩的变形和松弛,使围岩成为支护体系的组成部分,并通过对围岩和支护的量测、监控来指导隧道施工和地下工程设计施工的方法。承载地应力的主要是围岩体本身,而采用初次喷锚柔性支护的作用是使围岩体自身的承载能力得到最大限度的发挥,第二次衬砌主要是起安全储备和装饰美化作用。

**1.2.4　软岩巷道变形机理与控制技术研究现状**

（1）弱胶结软岩物理力学性质研究现状

弱胶结软岩矿物成分中均含有一定量的水敏性矿物,主要为伊利石、蒙脱石、高岭石等,还有一些铁质、钙质、泥质胶结物。水敏性矿物成分及含量差异决定着岩体内部构造、结构、物理力学性质、水理性质等。

佟凤贤等通过扫描电镜、偏光显微镜、X 射线衍射等技术手段研究软弱岩体的微观结构、矿物成分以及矿物对岩体物理力学性质的影响,揭示其软化的动态变化规律,初步构建了软岩耗散结构模型。黄宏伟等采用 X 射线衍射和电子扫描探针对泥岩遇水软化过程中微观结构动态变化特征进行了研究,得出了岩体软化崩解的本质为内在结构的破坏的结论。宋朝阳等利用 3D 激光扫描对剪切破坏断面进行精确测量,结合地理信息对未破坏断面形貌进行三维可视化处理和分析,发现骨架颗粒之间的黏连性变差、胶结程度降低,导致试件抗剪强度降低。

孙利辉等指出,我国西部矿区岩性主要为砂岩、砂质泥岩、泥岩,以泥质胶结物为主,岩石密度与埋深之间存在正相关关系,随埋深增加密度呈线性递增;岩体的孔隙率、含水率与埋深之间存在负相关关系;岩体的弹性模量、抗压强度、抗拉强度、黏聚力随埋深增加具有一定的线性递增关系;岩体的泊松比、内摩擦角与埋深无明显相关性。佟效嘉等从理论上对软岩的水力性质做出分析,通过分析水在软岩中的赋存状态,论述了软岩的固态、塑性、软化、泥化、液化、渗流、崩解、膨胀等水理性质,探究了水对围岩的弱化作用。

陈子全等对侏罗系岩石开展了单轴压缩、单轴蠕变和常规三轴试验。研究结果表明,低围压条件下,两者变形以体积扩容为主,随着围压升高,其破坏模式由体积扩张转变为体积压缩;高围岩加载会促使岩体内部损伤,导致其抗压强度降低。孟庆彬等建立了考虑岩体的扩容与应变软化特性的围岩弱塑性力学模型,分析了力学计算模型、扩容系数、软化系数及支护阻力对围岩塑性区和相对位移量的影响,构建了弱胶结岩体膨胀扩容变形的力学本构模型,对控制巷道变形有一定的指导意义。

（2）软弱围岩变形破坏机制研究现状

20 世纪 50 年代,各国专家对围岩变形研究已经由静压力向动压力过渡。国内外专家学者将弹塑性力学应用到矿井巷道支护,推导了一些应用性较强的公式,并且取得一些进展。近年来,国内外学者针对软岩巷道变形失稳机制开展了大量研究工作,并取得了丰硕成果。

何满潮等建立了深部软岩工程大变形力学分析设计系统,用来分析深部软岩体大变形力学问题。韩立军等在研究深部高应力软岩巷道破坏特征的基础上,进行了支护参数与断面形状的优化设计,探究了深部高应力软岩巷道围岩变形破坏机理,提出了以可伸缩性锚杆为核心的"三锚联合支护体系"。陈炎光等将引起巷道冒顶因素归结为四类:第一类是地质因素,包括岩体赋存环境、岩体组合特征和结构面力学性质等;第二类是工程质量因素,主要包括掘进施工不良和支护结构架设不合格;第三类是采掘工程因素,主要是受到附近工作面的采掘影响;第四类是顶板安全管理制度执行力度不足。潘岳等应用煤岩体受水软岩下的本构模型,考虑多种应力共同作用下巷道围岩塑性区范围内的应力、应变的等效作用及其关联性,得出了特定条件下围岩平衡方程、应力-位移基本变化规律,并给出弹逆性区范围内岩体的自稳承载力解析式。李明远等根据 Mohr-Coulomb 准则,推导出软岩围岩条件下隧道弹塑性变形区域应力、位移解析式,得到不同应力区域对应的岩体位移函数,通过对注浆的试验研究,还得到了注浆条件下围岩位移的相应解析式。勾攀峰等通过物理模拟试验研究了矩形巷道稳定性与不同应力水平的关系,得出应力水平增加到一定程度后锚杆支护巷道层状顶板呈整体垮落、巷道顶板与两帮相比更容易受到水平应力影响的结论。

张农等采用物理相似模拟试验研究了泥岩特征、软弱夹层不同层位和动压影响引起软弱夹层巷道顶板失稳机理。索菲亚诺斯采用离散元软件分析了岩层厚度对巷道层状顶板稳定性的影响,发现岩层厚度增加时,顶板的承载能力增加,挠曲变形降低。

（3）软岩巷道支护技术研究现状

国内外学者在软岩巷道支护方面提出了锚网索喷、锚网架喷、钢管混凝土支护、预应力锚索支护和注浆加固技术等。

王连国等针对软岩巷道支护设计与计算机应用技术相结合,提出软岩巷道锚注设计的系统结构模型,应用于工程实践,有效地控制了巷道围岩变形,围岩稳定性得到有力保障。杨仁树等提出以"协调围岩非均匀变形、控制挤压流动底鼓、强化围岩承载结构"为核心的联合支护方案,以高应力锚索和强力锚杆为基础,在薄弱部位加强锚索非对称协调支护,采用槽钢梁式桁架、锚索加强底板支护,及时喷射混凝土层并架设 U 型钢使岩表面受压均匀,最后全断面壁后注浆强化围岩承载结构,实现分层次协同承载。王渭明等根据弱胶结软岩的强度低、流变性高以及冻胀性低的特性,考虑岩体峰后强度与刚度的劣化特性,建立了该类拱形巷道围岩体弱塑性流动损伤理论本构关系,针对性提出了该类巷道围岩的控制技术。王云博等针对伊犁地区中生代易崩解弱胶结软岩出现的顶板离层冒落、两帮位移大和底鼓变形大等破坏现象,综合应用现场调研、室内试验、理论分析和数值模拟等方法,深入探讨了巷道围岩变形演化规律,提出了二次锚网喷+预应力锚索的主动支护技术。

前人在软岩方面研究成果可谓丰富、采取的工程措施对巷道变形控制取得了较为满意的效果。但以往的研究对象多为高应力软岩或膨胀性软岩,并不富含水分;工程措施致力于巷道底鼓变形控制,没有解决回采工程劣化问题;工程支护侧重于解决工程力问题,忽视了岩体这种双相介质中水-岩相互作用的影响;膨胀性软岩渗透性很差,通过注浆阻断水诱因可操作性不强。

## 1.3　矿井水害防治技术研究现状

### 1.3.1　水体下采煤技术研究现状

早在 1962 年,英国就开展了海底采煤工作。1863 年,日本在长崎县高鸟矿建设了一座深立井开采海底煤层。此后,加拿大、澳大利亚等国也相继开展了海底采煤工作。英国矿业局 1968 年颁布了《海底采煤条例》,对覆岩的组成、厚度、采厚及采煤方法等做了相应规定,如海下留设的煤(岩)柱高度必须大于 60 m。日本规定,海下采煤煤层露头上部无第四系地层时则从煤层隐伏露头开始,沿煤层 100 m 范围之内禁止采掘,防水煤(岩)柱高度与采厚比值深部为 100、浅部为 34。波兰规定,在煤层露头区留高煤(岩)柱高度是采厚的

8 倍。苏联 1981 年颁布了水体下采煤的相关规程,规定了煤层安全采深和安全煤(岩)柱尺寸是通过上覆岩层中黏土层厚度、煤层厚度及重复采动等条件共同确定。总的来讲,国外水体下采煤留设的防水煤(岩)柱尺寸一般偏大,更加强调安全。

我国水体下采煤面对的工程地质条件和水文地质条件更为复杂,水体下采煤技术起步较晚,但发展速度较快。20 世纪 60 年代以前,我国已经开始水体下采煤的尝试,对导水裂隙带的研究尚处于认识阶段。20 世纪 60—80 年代,用专门的观测孔来研究导水裂隙带高度。70 年代初,我国开展了在中、厚松散层下采煤提高开采上限的理论研究与实践。特别是 80 年代之后,随着国民经济的快速发展,能源的需求不断增加,大量积压在水体下的煤炭资源被开采出来,同时陆续开展了水体下采煤覆岩破坏发育规律、突水危险性预测和安全煤(岩)柱留设等方面的研究,并取得了突破性进展。

国内比较典型的水体下采煤实践包括微山湖下采煤、淮河下采煤、海水下采煤以及小浪底水库下采煤等。盐城矿务局殷庄煤矿开展了微山湖下采煤实践与研究,认为留设一定防水煤柱可以防止湖水溃入采场。自 1990 年起,淮南矿区在二道河含水砂层下及淮河下开展采煤工程实践,研究淮南矿区急倾斜、缓倾斜煤层导水裂隙带发育高度规律,提出了利用冲积层底部黏土隔水层作为隔水岩柱取代防水煤柱,是缩小防水煤柱、提高开采上限的有效途径。龙口矿区 1999 年开始海水下采煤,认识到只要导水裂隙带不波及上覆水体,回采就是安全的。

以上研究采用了现场实测、物理模拟试验、数值模拟等方法和手段,通过力学、地质学、数学及现代计算机理论等多学科交叉进行研究,内容涉及水体下采煤的水文地质特征、覆岩移动变形规律、垮落带与导水裂隙带的动态演变过程及防水煤(岩)柱留设等,研究深度从覆岩变形动态特征扩展到动态变化等方面,推动了我国松散层下采煤技术的进步。

### 1.3.2 导水裂隙发育规律研究现状

早在 15 世纪,比利时就观察到地下开采导致岩层与地表变形移动现象。1913 年,有学者提出了上覆岩层逐步弯曲理论。1951 年,比利时人拉巴斯提出了预成裂隙理论,指出超前压力集中作用会导致覆岩连续性遭到破坏,覆岩内裂隙在支承压力作用下预先形成。1958 年,苏联矿山测量科学研究院出版的《岩层与地表移动》一书首次提出开采引起覆岩破坏,形成垮落带、裂缝带和弯曲下沉带,即"三带破坏理论"。1983 年,康罗伊等采用钻孔测斜仪等仪器观测了采后覆岩内岩层移动现象,首次获得采动条件下覆岩水平移动规律以及开采引起的覆岩层面滑移和离层现象。20 世纪 80 年代,许多学者对采后覆岩破坏规律和采动裂隙演化规律进行了研究,如帕尔奇克通过现场测量确定了覆岩采动条件下离层裂隙发育的层位,研究了采动覆岩内裂隙形成机理;霍拉、布斯、理查德等先后提出覆岩移动具有明显的"三带"特征,这对水体下采煤具有很好的指导意义。

我国地质条件及开采条件异常复杂,许多学者对覆岩破坏规律进行了一系列深入的研究。1984 年,刘天泉院士提出并发展了"三下"采煤理论和技术,将采后覆岩分为"三带",即垮落带、导水裂隙带和弯曲下沉带,相关公式写入了规程、规范。1996 年,高延法教授提出"上四带"观点,即破裂带、离层带、弯曲下沉带和松散冲积层带,进一步丰富了覆岩破坏理论。1996 年,钱鸣高院士提出"关键层理论"后,许家林教授等提出了通过覆岩关键层位置预计导水裂隙带发育高度的方法,可以适应不同采厚条件下导水裂隙带高度的预计。宣以琼教授针对浅埋煤层薄基岩区开采进行研究,认为薄基岩开采覆岩破坏具有"两带"特征。黄庆享教授研究了浅埋煤层隔水层"上行裂隙"和"下行裂隙"发育规律。

20 世纪以来,国内外学者开始对采动覆岩变形破坏进行了一系列的研究,常用的研究手段包括现场实测、相似材料物理模拟,根据观测到的矿压显现现象提出了不少假说。

### 1.3.3 顶板突水危险性评价预测技术研究现状

评价预测含水层富水性规律是矿井防治水基础性工作,根据富水性评价预测结果,可有针对性地开展防治水工程设计,采取有效措施防止水害事故的发生。正是因为富水性评价预测的重要性,国内外学者都开展了大量研究工作,也取得了较为丰硕的成果。根据基础数据来源不同,富水性评价预测的路径可分为两类:一类是根据多期多次勘探中各类钻孔揭示的岩性、水文地质参数等进行富水性分区研究,称为多因素融合法;另一类是通过直流电法、瞬变电磁法、高密度电法、CSAMT 方法等地球物理勘探方法进行富水性规律研究。

武强院士等在分析含水层富水性主控因素基础上,运用线性或非线性信息融合方法,提出了基于 GIS 的多元信息融合的"富水性指数法",该方法能够充分挖掘矿井水文地质基础资料,刻画含水层富水性影响因素的多维性与复杂性。邱梅等在实际水文地质勘探钻孔资料较少、无法客观评价研究区奥灰富水性的情况下，选取钻孔涌水量、断层影响因子、冲洗液消耗量以及含水层厚度等四个评价指标，提出一种将灰色关联法、模糊德尔非层次分析法和地球物理探测法等相结合的方法，对研究区奥灰富水性进行评价。吕玉广等针对砂岩裂隙型含水层渗透性差的特点，提出利用脆性岩石含量指数对裂隙型含水层富水性进行分区的方法。李新凤等采用分形的方法研究了断层与褶皱的分形特征，根据构造分形特征对研究区煤层顶底板砂岩含水层进行富水性分区。魏久传等根据富水性强弱与砂岩粒径相关性，提出一种岩石结构指数概念，将各种粒级的砂岩层厚度与结构指数相结合进行富水性评价。代革联等利用多因素复合分析法确定岩性结构指数、砂泥比、砂岩风化率等三个指标，对陕北侏罗系直罗组砂岩含水层富水性进行评价。赵宝峰等根据沉积和构造特征，选取断层分维值、褶皱分维值、砂岩厚度、砂岩层段和砂地比等评价指标，采用灰色关联度法分析了各评价指标与含水层富水性的关联度，并运用语气算子比较法对含水层富水性进行分区。宋斌等在分析赵庄矿自然地理、区域构造、区域水文地质条件、矿井水害的基础上，研发了基于 GIS 组件的砂岩水预测信息系统，并应用该系统对煤层顶板砂岩富水性进行了评价。此外，也有专家学者从陷落柱分布、浓缩因子、模糊预测、灰色理论、人工神经网络、沉积相、水文地质等方面对含水层富水性进行了研究，并取得了良好效果。

随着地球物理勘探技术的发展，越来越多的物探手段探查富水异常区的成功案例越来越多。张振勇等利用矿井瞬变电磁法探测到的富水异常区与砂泥比相结合，综合判断富水区范围及富水性。施龙青等针对目前二维高密度电法探测技术不能获得工作面内部底板富水条件，提出采用三维高密度电法探测技术，实现了对工作面内部底板富水性分区。王厚柱等在高密度电法的基础上，利用网络并行电法对工作面顶板含水层富水性进行探测与评价，并指出井下并行电法可能存在的问题。高俊良等利用三维地震勘探、瞬变电磁、电测深及三极剖面法探测采空区范围、富水性及补给通道。

### 1.3.4 突水溃砂机理研究现状

采动覆岩突水溃砂的影响因素及孕灾机理相当复杂，国内外学者也开展了大量研究工作，取得了重要进展和丰富的成果，从本质上阐明了覆岩在采动过程中裂隙形成的规律，揭示了采动覆岩突水溃砂的内在原因，对于降低覆岩突水溃砂灾害的危险性有着重要的指导意义。近松散层采煤时，若含水体为松散砂岩或弱胶结砂岩含水层，水-砂混合流会通过采动裂隙溃入采场,对矿井安全生产造成严重影响。突水溃砂过程是水-砂混合流体的动态运动过程,是液相和固相耦合的过程,也是渗流-应力动态变化的过程。

国外煤矿地质及水文地质条件相对简单,对突水溃砂现象研究较少,侧重于流体运移、裂隙渗流等方面的研究。我国煤矿水文地质条件复杂,由于地下采矿活动具有隐蔽性,通过现场观测研究松散层突水溃砂机理及影响因素比较困难,很多学者只能以薄基岩浅埋煤层地质条件为基础,借助室内模拟试验对松散层下采煤突水溃砂机理进行研究,取得了一定的进展。隋旺华等通过室内试验研究提出,含水层内水压力的变化可以作为松散层溃砂灾害预警和监测的前兆信息;蔡光桃等通过模拟试验研究了松散层渗透变形破坏类型和机制,提出含水层初始水头和突砂口张开程度是控制突砂量的关键因素;张敏江等通过室内试验探讨了三种弱胶结砂层突水溃砂的机理和特点;汤爱平等开展了弱胶结粉砂岩突水溃砂机理研究,并提出防止灾害发生的技术方法;梁燕等对弱胶结第三系砂岩底板突水进行了室内试验,获得了不同试样突水的临界水力梯度;张杰等通过不同岩块端角接触面滤砂试验,得出满足滤砂的合理端角接触面高度;杨伟峰等通过试验研究了水-砂混合流体在运移过程中孔隙水压力变化的规律;许延春研究了含黏砂土的流动性,发现含黏砂土具有渗漏自愈性,漏斗开口直径是砂土是否稳定的关键影响因素。

我国西北地区浅埋煤层薄基岩下采煤顶板突水溃砂案例较多,华东、华北地区为了增加可采资源量、提高开采上限,此类地质灾害也时有发生。近年来,随着西北地区侏罗纪煤田开发强度的提高,巨厚基岩下采煤水-砂混合突涌地质灾害日益增多,如内蒙古上海庙矿区、塔然高勒矿区、宁夏宁东矿区、陕西永陇矿区、黄陇煤田旬耀矿区均有案例。张敏江等通过室内模拟试验对东北第三纪和晚侏罗纪厚覆基岩下采煤突水溃砂做了一定的研究,认为水头压力、水力坡度、突水量均具有周期性、间歇式特点,是含水层内部能量聚集、释放循环往复的过程。吕玉广等在侏罗纪煤层开采灾害治理实践中,发现弱含水基岩可以引起短时高强度携砂突水,离层汇水作用强化了弱含水层短时突水强度,泥砂自封堵作用控制着突水过程为周期性间歇模式,揭示了弱胶结砂岩裂隙水短时高强度水-砂混合突涌机制,提出离层水害必须同时具备岩石力学条件、水源(富水性)条件、离层汇水时间条件、离层产生的空间条件、导水通道等。任胜文等通过砂岩崩解试验,提出突水溃砂必须具备水砂源、通道、动力源、流动空间四个基本条件,与吕玉广等的研究成果有一定的共性。

　　煤矿突水溃砂问题涉及水文地质、工程地质、岩石力学、采动力学、采矿技术等多个学科,由于该问题的复杂性,此类事故仍时有发生,孕灾机理仍需深入研究。

### 1.3.5　采动覆岩离层研究现状

　　煤层开采过程中覆岩会发生变形、破断并形成大量裂隙,这些裂隙包括水平裂隙和竖向裂隙,水平裂隙有时称为离层。由于岩层的不均匀沉降,先在岩层接触面形成顺层裂隙,随着采煤工作面的继续推进、采空区面积的增大,岩层的跨度、下沉量增加,最终发生拉张破断,形成竖向裂隙,同时部分水平裂隙被破坏。那些没有被竖向裂隙贯穿的水平裂隙是封闭的,可作为储水空间,并在积水后可能酿成离层水害。可积水离层空腔先是位于导水裂隙之上,当离层空腔失稳、破坏时,导水裂隙带又成为离层水下泄至采空区的突水通道,而导水裂隙带及可积水离层空腔皆形成于覆岩的变形破坏过程中。所以,煤层开采过程中覆岩变形破坏规律及覆岩裂隙发育特征是本书研究的重点。

　　离层是由于顶板覆岩产生不均匀沉降而形成的一种层状空腔,所以传统的顶板离层研究多伴随在覆岩变形破坏的研究中。美国学者 Syb S. Peng(彭赐灯),用压力拱理论解释了直接位于工作面采空区上方的直接顶板呈卸压状态,在此处顶板内产生了滑动、下沉和离层现象。美国学者比尼斯基认为,裂隙带中的岩层产生离层和断裂。德国学者克拉茨对离层的形成和发展进行了详细介绍。钱鸣高院士提出了关键层理论,该理论认为覆岩离层主要出现在各关键层下,覆岩离层最大发育高度止于覆岩主关键层。高延法教授将采动覆岩破裂带之上的弯曲变形带底部单独划为离层带。此外,一些学者通过数值模拟等方法获得了不同因素对离层发育的影响,还有不少学者对煤层采后覆岩离层的监测或观测方法进行了研究,其中光纤监测是近年来新兴的覆岩采动变形监测手段,可对覆岩裂隙发育过程及时监测。

### 1.3.6　离层水害研究现状

　　谢宪德通过研究南桐二井 5406 采区突水前后充水含水层观测孔水位变化及南桐二井 6505 采区顶板离层裂隙充水过程发现:离层裂隙存在于沉降带内且沿层面产生;离层空腔积水补给范围主要为移动盆地,离层积水水压小于充水含水层水压,离层空腔积水的水压、水量明显受采动控制;采动裂隙是离层水透水的直接原因;离层水突水时,地面观测孔水位变化滞后于井下透水;可采取向离层裂隙打放水孔的方式防止离层水害发生。谢宪德还通过在重庆万盛鱼田堡矿离层水突水地表施工 2401、2403 工作面采后水文观测孔,直接观测到长兴组地层中上部有两条离层裂隙,钻进过程中钻孔出现"吸风""冲洗液漏失"等现象是存在真空离层的证据。

# 1.4　存在的问题与研究技术路线

### 1.4.1　研究思路及技术路线

本书以内蒙古上海庙矿区新上海一号煤矿、榆树井煤矿生产现场为主要研究对象,少量涉及鹰骏三号井田以及西北侏罗系其他矿井的地质条件和工程问题,研究对象基本可以涵盖西部侏罗系工程地质特点。通过实验室测试和工程探测研究工程致劣因素,在此基础上提出工程劣化效应概念和工程劣化控制技术体系,根据致劣因素与外因的关系,提出协同治理技术措施;通过矿压观测,掌握了此类软岩矿压显现规律,可以指导工程设计;最后分析技术效果。研究技术路线如图 1-5 所示。

### 1.4.2　研究现状存在的问题评述

① 膨胀性软岩的特征性指标(吸水率、抗压强度、膨胀性矿物)不足以恰当描述侏罗系软岩特征,表现出来的工程特点也更为复杂,需进一步研究。

② 西北侏罗系软岩具有弱胶结、低强度、强膨胀、高富水的特点,影响工程效果的因素十分复杂,现有的工程措施更多侧重于解决工程问题,对水-岩相互作用的影响重视不足。

③ 以往对软岩工程问题的研究,主要致力于巷道变形控制问题。采场泥化、底鼓、采煤支架陷底、刮板机上抬等同样是由软岩所引起的,要实现安全、高效生产,不仅要解决软岩巷道围岩变形问题,同时还要解决采场作业环境恶化问题。

④ 传统的矿井突水溃砂灾害,是指浅埋煤层上部松散层水砂溃入井下,流砂层是原生态的。深埋煤层巨厚基岩下采煤引起的突水溃砂则是由基岩所引起的,弱胶结基岩在水动力作用下离散崩解形成水-砂混合流体,可以称之为次生态。这是近年来侏罗纪煤田多发而又典型的一种地质灾害,由于这种地质灾害与软岩特点密切相关,因此应纳入软岩工程问题研究。

⑤ 弱含水层短时高强度携砂突水地质灾害,一方面与地层沉积结构有关,另一方面与软岩特点有关,其孕灾机理更为复杂,前人鲜有研究。

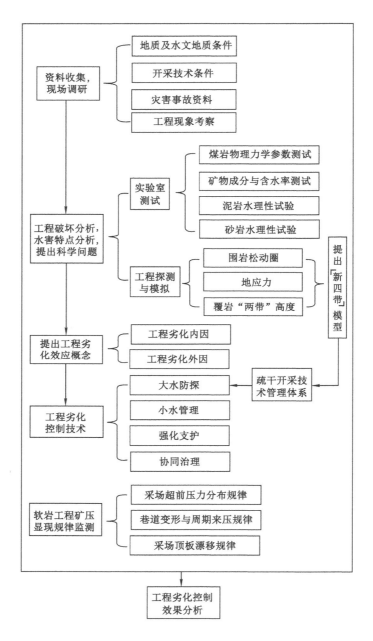

图 1-5　研究技术路线

⑥ 富水性和导水通道是评价顶板水害的两个关键要素,《煤矿防治水细则》提供了"三图-双预测"技术,从水源、通道、水量三个方面评价预测顶板水害,形成了科学的技术评价体系,对我国煤层顶板水害防治做出了突出贡献。但是,该技术方法要求的地学信息多,我国大部分煤矿(区)水文地质勘探程度较低,同时具备多种地学信息的案例较少,存在数据来源不足的问题,以少量数据刻画动辄数十甚至上百平方千米地层的富水规律,效果显然不佳,这是一个现实问题,需要有一种简便易行的替代方法。

前人对顶板水害方面的研究,侧重于富水性评价预测、导水通道、孕灾机理、防排水等方面,但软岩条件下弱含水层可以短时高强度突水,而且是携泥砂突水,这同样属于软岩工程问题之一。

# 第2章　研究区概况

鄂尔多斯盆地在地质学上又称陕甘宁盆地,北起阴山、大青山,南抵陇山、黄龙山、桥山,西至贺兰山、六盘山,东达吕梁山、太行山,总面积约 37 万 $km^2$,是我国第二大沉积盆地。鄂尔多斯盆地包括宁夏大部,甘肃陇东地区庆阳市、平凉市,陕北地区延安市、榆林市,关中地区的北山山系以北区域,内蒙古黄河以南鄂尔多斯高原的鄂尔多斯市。

鄂尔多斯盆地,北至黄河大拐弯的伊盟隆起;南至渭北高原,即关中的北山,从黄龙山经铜川背斜、永寿梁、崔木梁、岭山(凤翔县北端)至宝鸡,地质上属祁吕贺山字形构造体系的前面弧;东至秦晋交界的黄河谷地,包括吕梁山以东;西至石嘴山-银川-固原大向斜,贺兰山-六盘山以东属于祁吕贺山字形构造体的东侧盾地。

盆地内分布 7 个含煤区,隶属的 4 个省区均有煤炭分布。鄂尔多斯盆地是一个整体升降、坳陷迁移、大型多旋回克拉通盆地,盆地内各煤田沉积环境不同、沉积物源不同、受到的构造应力差异、沉积结构不同等,导致侏罗系煤田岩层特性条件以及煤层开采技术条件有一定的差异,但共性更为明显,即煤层层数多、碎屑岩沉积环境、成岩期较短、岩石强度低等。

## 2.1 自然地理

### 2.1.1 地理位置

(1) 榆树井煤矿

榆树井煤矿位于内蒙古自治区鄂托克前旗境内,内蒙古自治区与宁夏回族自治区接壤地带,黄河河套鄂尔多斯盆地西北缘;东距内蒙古自治区鄂托克前旗约 74 km,西距宁夏回族自治区银川市 48 km,行政区划属鄂托克前旗上海庙镇。

矿井位于上海庙矿区南部,井田呈南北条带状展布,根据国土资源部国土资划字〔2006〕74 号文件对榆树井井田范围的批复,井田南北长 7.4 km、东西宽

2.9～4.1 km,井田面积 24.56 km²。地理坐标:东经 106°40′30″～106°43′00″,北纬 38°13′00″～38°17′00″。

(2)新上海一号煤矿

新上海一号煤矿井田与榆树井煤矿井田毗邻,其南侧即为榆树井煤矿井田,两者之间为人为边界。

矿井位于上海庙矿区南部,井田呈南北条带状展布,根据国土资源部国土资划字〔2008〕78 号文件对新上海一号煤矿矿区范围的批复,井田南北长约 12.5 km,东西宽 2.0～3.5 km,井田面积 26.604 3 km²。地理坐标:东经 106°40′30″～106°43′00″,北纬 38°16′30″～38°23′15″。

(3)鹰骏三号井田

鹰骏三号井田与新上海一号煤矿井田、榆树井煤矿井田相邻,其间以区域性大断层分割,行政区划属鄂托克前旗上海庙镇,井田面积 43.83 km²。

## 2.1.2　地形地貌

研究区位于毛乌素沙漠西北边缘,南部多沙丘,沙丘多呈链状分布,部分被植物固定,有少量随季风流动的新月状沙丘。北部为低缓丘陵、草滩戈壁,地形呈缓波状起伏,北高南低、东高西低,相对高差较小,海拔高度 1 290～1 320 m,相对高差 30 m,如图 2-1 所示。井田原始地貌单元为宁夏陶灵盐台地缓坡丘陵区,属构造剥蚀、侵蚀堆积地貌单元。

　(a)沙丘(冬季)　　　　　　(b)耕地(冬季)　　　　　　(c)草滩戈壁(冬季)

图 2-1　研究区地形地貌

## 2.1.3　地表水系

井田内地表径流不发育,无常年河流及溪沟,仅井田西南部方向有河流水洞沟流经,属黄河一级支流,发源于宁夏灵武市与盐池县交界处的宝塔地区,在明长城南侧拐弯,流经鄂托克前旗上海庙镇的芒哈图后入黄河干流,全长 60 km,流域面积 950 km²。水洞沟沟宽 50～200 m,沟深 6～14 m,多年平均流量 0.017 m³/s,井田东部有零星小海子分布。地表水系影像图如图 2-2 所示。

图 2-2　地表水系影像图

### 2.1.4　气象条件

本井田地处西北内陆地区,属半干旱、半沙漠大陆性气候,四季分明,降水稀少,蒸发量大,昼夜温差大。年降水量最大为 299.1 mm,多在 150 mm 以内,蒸发量 2 771 mm,降水集中在每年 7—9 月;最高气温 41.4 ℃(1953 年),最低气温－28.0 ℃(1954 年),气候干热,昼夜温差大;风季多集中在春秋两季,最大风力可达 8 级,一般为 4～5 级,多为北及西北风,春季沙尘暴天气出现频繁,尤以 3—5 月为甚;无霜期短,约在 5 月中旬至 9 月底,冰冻期自每年10 月至次年 3 月下旬,最大冻土深度为 1.09 m(1968 年),一般为 0.5～1.0 m。

## 2.2　研究区地质概况

### 2.2.1　新上海一号煤矿地质概况

(1)地层

根据《鄂尔多斯盆地聚煤规律及煤炭资源评价》中的地层分区,本勘查区地层属华北地层大区、华北地层区西部鄂尔多斯西缘分区、银川小区,以中生

代地层最为发育。自下而上地层有:三叠系延长组($T_3y$),侏罗系延安组
($J_2y$)、侏罗系直罗组($J_2z$),白垩系志丹群($K_1zd$);古近系(E)及第四系(Q),
如图 2-3 所示。其中,侏罗系延安组为含煤地层,白垩系、古近系及第四系为
盖层。

① 三叠系延长组($T_3y$):区域上连续分布,属大型内陆湖泊型碎屑岩沉
积建造,揭露地层埋深 215.86~780.95 m,西浅东深。岩性以黄绿色、灰绿色
中粗粒砂岩为主,夹灰、深灰色粉砂岩及泥岩,具有交错层理、波状层理等,顶
部为一古侵蚀面,上覆侏罗系,呈假整合接触关系。

② 侏罗系延安组($J_2y$):为区域性含煤地层,本组岩性上部为浅灰色、
灰色泥质粉砂岩,富含植物化石,波状层理,产状平缓,局部为水平层理、斜
层理或交错层理,可采煤层 0~3 层;中部以灰色、灰黑色的细砂岩、粉砂岩、
中粗砂岩为主,夹灰白色的泥质粉砂岩、薄层泥岩,岩石中多见菱铁矿结核,
可采煤层 1~7 层;下部为杂色薄层泥岩、泥质粉砂岩,可采煤层 2~3 层,波
状、水平状或交错层理,河流-湖泊三角洲沉积。底部以“宝塔山砂岩”为标
志,岩性为灰白色及肉红色含砾粗砂岩,顶部以直罗组“七里镇砂岩”相区
分。地层厚度 159.75~345.94 m,平均 288.29 m,地层总体上西浅东深、西
薄东厚。

根据岩石组合、含煤特征、旋回结构等进一步划分为五段:

a. 延安组第一段($Jy_1$):位于延安组底部,含“宝塔山砂岩”标志层。岩性
下粗上细,煤层发育在中上部,含可采煤层 3 层,其中 18 煤层为主要可采
煤层。

b. 延安组第二段($Jy_2$):由两个粒度向上变细的沉积层序组成,整体上碎
屑沉积物粒度较第一段细,粗碎屑所占比例较小,含可采煤层 5 层,其中 15 煤
层位于该段下部,为全区连续分布的主要可采煤层。

c. 延安组第三段($Jy_3$):由两个粒度向上变粗的沉积层序组成,含煤 5 层,
其中 8 煤层为区内主要可采煤层。

d. 延安组第四段($Jy_4$):总体上由两个粒度向上变细的层序组成,含 4、5、
6 煤层,5 煤层为主要可采煤层,本段在井田西部局部地区受侵蚀。

e. 延安组第五段($Jy_5$):由两个粒度向上变细的层序构成,总体碎屑物粒
度较粗,含可采煤层 3 层,煤层编号 $2_上$、2、$2_下$,其中 2 煤层为主要可采煤层,本
段分布于井田东部,井田西部受侵蚀缺失。

③ 侏罗系直罗组($J_2z$):由一套河湖相沉积的砂岩、粉砂岩、砂质泥岩组
成,颜色以灰绿、黄绿、蓝灰、灰褐色为特征,底部为灰白色厚层状,局部为杂褐

| 界 | 系 | 组 | 厚度 /m | 柱状图 | 煤层编号 | 煤层厚度 /m | 标志层 | 岩性描述 |
|---|---|---|---|---|---|---|---|---|
| 新生界 | 第四系 | | $\dfrac{1.00\sim29.40}{6.86}$ | | | | | 主要为风积砂、黄土，底部为砾石 |
| | 古近系 | | $\dfrac{9.20\sim75.45}{31.75}$ | | | | | 灰白色砾岩夹砖红色泥岩薄层，底部含砾石 |
| 中生界 | 白垩系 | | $\dfrac{122.03\sim300.10}{188.28}$ | | | | | 上部灰白色、褐黄色粗至细粒砂岩，夹砾岩、粉砂岩，下部以灰白色砾岩为主。局部地段全部为砾岩 |
| | 侏罗系 | 直罗组 | $\dfrac{0\sim270.05}{107.86}$ | | | | "七里镇砂岩" | 灰绿、紫红色粉砂岩、细砂岩、中砂岩及粗砂岩，粉砂岩与细砂岩或中砂岩互层，间隔出现巨厚层部夹泥岩或砂质泥岩，底部常见粗砂岩，俗称"七里镇砂岩" |
| | | 延安组 | $\dfrac{159.75\sim345.94}{288.29}$ | | 2 2下 3 | $\dfrac{1.11\sim3.95}{1.71}$ $\dfrac{0.45\sim2.50}{1.5}$ 0.38 0.64 | 2煤层是厚度较大的上部煤层 | 上部：浅灰色中粒砂岩与灰黑色泥岩、粉砂岩互层；下部：浅灰、灰黑色砂砂岩，中、细粒砂岩，含煤屑及化石，底部为粗粒砂岩 |
| | | | | | 5 | $\dfrac{2.95\sim6.25}{4.34}$ 0.21 | 5煤层是上含煤组下部的可采厚煤层，层位稳定 | 浅灰色至深灰色细砂岩、粉砂岩互层，顶部夹泥岩、砂质泥岩，两个旋回部有粗粒岩分布。岩石含炭屑、植物化石、黄铁矿结核。浅灰至灰黑色细砂岩、粉砂岩及泥岩，含丰富的炭屑，随距蚀源区远近、河床部位不同，粗、中、细粒砂岩分别发育，5煤层为主要可采煤层 |
| | | | | | 7 | 0.45 | 7煤层顶底板多为厚层粗粒砂岩 | |
| | | | | | 8 9 10 11 12 13 | $\dfrac{0.85\sim4.25}{2.56}$ 0.98 0.72 0.47 0.46 0.81 | 8煤层位于中含煤组中上部，厚度大，层位稳定 | 下部：灰色、深灰色、灰黑色粉砂岩与中粒砂岩、细砂岩互层，局部夹泥岩，8煤层为主要可采煤层 |
| 生界 | | | | | 14 15 16 | 0.29 $\dfrac{2.98\sim4.95}{3.89}$ $\dfrac{0.30\sim3.70}{1.77}$ | 15煤层顶板多为灰白色粗粒石英砂岩，厚度大，层位稳定，全区可采，下部距16煤层一般10 m左右 | 上部：浅灰色、灰黑色细粒砂岩与粉砂岩互层，局部夹泥岩、粗粒砂岩。中部：北部为厚层粗砂岩，其余为粉砂岩与细岩、中粒砂岩互层，局部夹煤线。下部：浅灰、深灰色细砂岩与粉砂岩互层，局部夹泥岩 |
| | | | | | 17 18 18下 19 | 0.74 $\dfrac{0.50\sim5.29}{2.45}$ 0.73 $\dfrac{0.40\sim4.35}{2.28}$ | 18煤层顶板标志层为灰白色细至粗粒石英砂岩，含细砾，厚度较大，层位稳定 | 上部：浅灰、深灰、灰黑色中粒砂岩、细砂岩、粉砂岩互层。下部：浅灰、灰黑色细砂与粉砂岩、中粒砂岩、粗砂岩互层，18煤层为主要可采煤层，19、20、21煤层为可采煤层 |
| | | | | | 20 20下 21 | 0.35 $\dfrac{0.29\sim5.07}{1.49}$ $\dfrac{0.25\sim6.64}{1.98}$ | 20、21煤层，层位稳定，为可采煤层 "宝塔山砂岩" | 21煤层直接底板为"宝塔山砂岩"，岩性为灰白色及肉红色含砾粗粒砂岩，砂岩结构疏松，固结程度差，孔隙发育 |
| | 三叠系 | 延长组 | >522.03 | | | | | 灰绿色、浅灰色细砂岩与中粒砂岩、粉砂岩互层 |

图 2-3　新上海一号煤矿井田综合地质柱状图

色、黄色的粗粒石英长石砂岩及含石英成分的小砾石,俗称"七里镇砂岩"。与下伏含煤地层呈低角度不整合或假整合接触。地层厚度 0～270.05 m,平均107.86 m,地层埋深西浅东深,厚度西薄东厚。

④ 白垩系(K₁zd):上部为灰色、灰白色的泥质粉砂岩、泥岩,夹中粗砂岩、细砂岩、粉砂岩薄层,波状、交错层理;下部为灰白色的砂砾岩,砾石成分主要为石英岩、砂岩,少量为花岗岩、灰岩及中基性岩。砾石直径 0.3～7 cm,次棱角状,泥质、钙质胶结,局部砾石周围黄铁矿富集,常见绿泥石化、高岭土化,有少量黑云母。地层厚度 122.03～300.10 m,平均 188.28 m,厚度较稳定,底板形态平缓,与下伏直罗组呈角度不整合接触。

⑤ 古近系(E):主要为砖红、紫红、紫色、浅紫色的泥岩,局部为灰色、灰紫色的泥岩,夹灰色、灰白色的细砂岩、粉砂岩、中粗砂岩及砂砾岩,半胶结。地层厚度 9.20～75.45 m,平均 31.75 m,与下伏地层呈不整合接触。

⑥ 第四系(Q):松散沉积物、风积砂丘或冲积砂土,地层厚度 1.00～29.40 m,平均 6.86 m。

(2) 构造

井田主体构造形态为一向东倾伏的单斜构造,北部在此基础上发育有宽缓的次级褶曲,区内岩层较为平缓,一般岩层倾角为 3°～13°,断裂构造不发育,褶曲不发育,只有中北部呈现的轴向近东西宽缓的褶曲存在。井田内共发现断层 47 条,落差大于 20 m 的断层 12 条。

(3) 水文地质概况

① 新生界松散含水层。井田内广泛分布,含水层由第四系风积砂和古近系砂层及砾岩组成,含水类型为孔隙潜水。据钻探揭露,井田内新生界含水层厚度为 1.5～73.3 m,平均 34.04 m。井田中南部厚度较大,北部厚度小。

由于区内无地表水流,干旱少雨,地下水主要靠沙漠凝结水及雨季大气降水补给。井田北部地下水埋深 20～30 m,富水性弱,中部及南部地下水埋深 10～17 m,富水性较好。根据水井调查资料,井田中部和南部农灌井较多,井深一般 40 m 左右,抽水量 20～30 m³/h,降深不超过 5 m;抽水量40～50 m³/h,降深不超过 10 m,可连续抽水,停抽后 3～5 min 水位基本恢复到位。水化学类型为 Cl-Na 型、Cl·SO₄-Na 型、Cl·SO₄-Na·Ca 型等,矿化度 579.34～1 984.81 mg/L,总硬度 194.28～755.17 mg/L,pH 值 7.80～11.21,水温 11～13 ℃。

② 白垩系砾岩含水层。白垩系砾岩含水层下伏于古近系含水层下,层位较为稳定、连续,其底板埋深 181.20～287.70 m。地层岩性为浅紫、紫红色、黄

绿色细砂岩、中砂岩、粗砂岩、砾岩、砂砾岩,间夹有泥岩、砂质泥岩,胶结物以钙质为主。白垩系底部发育巨厚状的砾岩,砾岩厚度 1.7～135.5 m,平均 61.53 m,南部厚度最大,向北部依次减小。

白垩系底部以砾岩为主,砾石成分主要为石英岩、砂岩,少量为花岗岩、灰岩及中基性岩,砾石直径 0.3～7 cm,泥质、钙质胶结,岩芯较为破碎,裂隙较发育,且多为砂泥质半填充或无填充。根据抽水试验成果,白垩系水位标高＋1 179.01～＋1 278.26 m,渗透系数 0.005 5～0.288 3 m/d,单位涌水量 0.007 1～0.059 7 L/(s・m),富水性弱。

③ 侏罗系直罗组含水层。直罗组含水层是延安组煤层的直接或间接充水含水层,主要由浅灰、灰绿、青灰色厚层粗砂岩、中砂岩、细砂岩组成。其底部为"七里镇砂岩",由灰白色厚层状、局部杂褐色、黄色的粗粒石英长石砂岩及含砾砂岩组成。含水层厚度 6.97～132.00 m,平均 43.69 m。砂岩厚度变化较大,东南部最大,向北递减。

直罗组含水层水位标高＋1 171.287～＋1 255.7 m,渗透系数 0.023 3～0.281 2 m/d,统一口径单位涌水量为 0.010 3～0.120 6 L/(s・m),富水性弱至中等。

④ 8 煤层顶板延安组含水层。该含水层为 8 煤层的直接充水含水层,由中、细砂岩构成,砂岩厚度 0～89.47 m,平均 24.56 m。砂岩厚度变化较大,东南部厚度最大,向西北方向减小,井田 8 煤层隐伏露头线西部煤层遭剥蚀。

8 煤层顶板的砂岩含水层水位标高＋1 212.5～＋1 218.14 m,渗透系数 0.003～0.186 5 m/d,统一口径单位涌水量 0.000 8～0.024 5 L/(s・m)。

⑤ 8 煤层底板至 15 煤顶板含水层。该含水层为 15 煤层顶板直接充水含水层,由中、细砂岩构成,砂岩厚度 0～60.4 m,平均 21.22 m。砂岩厚度变化较大,中东部厚度较大,向西减小。含水层水位标高＋1 061.45～＋1 235.34 m,渗透系数 0.000 6～0.750 9 m/d,统一口径单位涌水量 0.000 4～0.0245 L/(s・m),富水性弱。

⑥ 15 煤层底板至 21 煤层顶板含水层。该含水层为 21 煤层顶板直接充水含水层,中、细砂岩构成,砂岩厚度 0.80～58.24 m,平均 29.26 m。砂岩厚度变化较大,井田中部厚度较大。

15 煤层底板至 21 煤层顶板的砂岩含水层水位标高＋1 271.35～＋1 271.93 m,渗透系数 0.000 6～0.013 m/d,统一口径单位涌水量 0.007 2～0.021 3 L/(s・m),富水性弱。

综上所述,21 煤层以上延安组砂岩主要由中、细粒砂岩构成,整体富水性弱。

⑦ 三叠系延长组砂岩含水层。延长组为煤系地层的基底地层,水位标高 $+1\,191.208$ m,渗透系数 0.022 1 m/d,单位涌水量 0.040 6 L/(s·m)。本次施工的 B-46 孔位于井田东北部,该孔单孔抽水试验数据为:水位标高 $+1\,222.73$ m,渗透系数 0.360 1 m/d,单位涌水量 0.116 3 L/(s·m)。

### 2.2.2　榆树井煤矿地质概况

(1) 地层

延长组($T_3y$)最大揭露厚度 146.45 m;延安组($J_2y$)厚度 144.80～361.80 m,平均 257.64 m;直罗组($J_2z$)厚度 5.37～292.68 m,平均 102.31 m;白垩系($K_1zd$)厚度 140.90～213.05 m,平均 168.43 m;古近系(E)厚度 0～39.55 m,平均 24.65 m;第四系(Q)风积砂丘或冲积砂土厚度 1.05～23.56 m,平均 6.76 m。

(2) 井田构造

构造形态总体呈现近南北走向、向东倾斜的单斜构造,倾角一般在 5°～10°之间,平均 8°左右,西部和东北部倾角略小于中东部,局部沿地层走向略有起伏。井田内褶曲不发育,清水营向斜是唯一较大的褶曲,由宁夏境内北延至本区。井田内共发现断层 59 条,其中落差大于 100 m 的断层 2 条,分别为 $F_1$ 逆断层及 $DF_1$ 逆断层;落差 10～80 m 的断层 10 条;落差大于 5 m 的断层 31 条。井田内构造复杂程度中等偏简单。

(3) 水文地质概况

① 松散岩类孔隙含水岩系。以砂、砾石、卵石为主,含水层单一,风积砂分布较广,一般厚度 5～10 m,富水性好,水化学类型为 Cl·SO$_4$-Na·Ca 型或 Cl-Ca·Mg 型,矿化度平均 810 mg/L。地形低洼处有地下潜水,除古河道地段水量较大外,其他地段水量均不大;水位、水量随季节变化明显,主要由大气降水补给;排泄除局部消耗于蒸发外,主要沿沟谷向古河道排泄。

② 白垩系裂隙-孔隙含水岩系。白垩系志丹群砂岩裂隙-孔隙含水层在系统内广泛分布,含水层厚度由西向东逐渐增厚,最厚达 600 m 左右,分为上、下两部分。上部含水岩组以河流相和洪积扇相沉积为主,岩性为中细砂岩、砾状砂岩、砾岩及泥岩等。泥岩厚度较小,且多呈透镜体状展布,尚不能构成区域性隔水层。浅层地下水在地势较高的分水岭部位水位埋深多大于 20 m,在湖盆滩地或相对低洼地区水位埋深较浅,多小于 5 m。受局域水流系统的控制,在地形低洼地段(湖淖)可自流。依据孔隙度、渗透系数、单位涌水量等水文地质特征,结合埋藏深度知,含水层的富水性存在差异。下部含水层岩性为

河流相砂岩,底部主要为砾岩,泥质含量相对较高,胶结程度差,其间有透镜状隔水体,含水层厚度多在 100～300 m 之间。

③ 侏罗系直罗组含水岩系。由于该含水层埋藏较深,裂隙不发育,受上部侏罗系顶部泥岩阻隔,在区域上无深大断裂与大气降水和地表水沟通,总体上构成非径流型盆地。受石油、煤炭开采和沉积环境的影响,地下水水质普遍较差,加上其水量较小,补径排条件较弱,一般对供水无开采利用价值。但该含水层直接覆盖在煤层之上,是煤层开采直接充水含水层,因此是煤矿床水文地质勘探的主要目的层,系统内该含水岩系区域研究程度较低,仅是个别井田开展了水文地质补充勘探。

侏罗系水位标高＋1 229.01～＋1 263.02 m,埋藏较深;钻孔单位涌水量 0.017 9～0.145 6 L/(s・m),渗透系数 0.043 2～0.344 0 m/d,大部分地段富水性弱,仅局部地段富水性中等,矿化度 2 666～3 521 mg/L,水化学类型为 $SO_4・Cl-Na$ 型,单位涌水量 0.009 6～0.229 8 L/(s・m),渗透系数 0.037 8～0.481 8 m/d,含水层富水性弱至中等,矿化度 2 501.33～10 600.41 mg/L,水化学类型为 $Cl・SO_4-Na$ 型、$SO_4・Cl-Na$ 型,水质差。

### 2.2.3 鹰骏三号井田地质概况

鹰骏三号井田与新上海一号煤矿井田、榆树井煤矿井田处于同一矿区,同属于侏罗系煤田,地质条件、水文地质条件、开采技术条件等具有高度相似性。

(1) 地层概况

① 三叠系延长组($T_3y$)。属坳陷型湖盆河流-三角洲-湖泊沉积体系,岩性以黄绿色、灰绿色中粗粒砂岩为主,夹灰、深灰色粉砂岩及泥岩,具交错层理、波状层理等,顶部为一古侵蚀面,上覆侏罗系地层,与上覆延安组地层呈假整合接触。根据钻孔资料,揭露地层埋深 525.7～1 286.92 m,西浅东深,井田内钻孔最大揭露厚度 94.4 m($B_{13}$孔)。

② 侏罗系延安组($J_2y$)。上部岩性为浅灰色、灰色泥质粉砂岩,见可采煤层 2 层($2、2_下$);中部以灰色、灰黑色的细砂岩、粉砂岩、中粗砂岩为主,夹灰白色的泥质粉砂岩和薄层泥岩,可采煤层 4 层(5、8、13、15);下部为褐色、褐黄色等杂色薄层泥岩、泥质粉砂岩,底部以灰白色的细至中粗粒砂岩与基底呈假整合接触,含可采煤层 4 层(18、19、20、21),河流-湖泊三角洲沉积。底部为"宝塔山砂岩",顶部以直罗组"七里镇砂岩"区分,本组地层厚度 159.69～496.45 m,平均 322.44 m。

③ 直罗组($J_2z$)。由一套河湖相沉积的砂岩、粉砂岩、砂质泥岩组成,与下伏含煤地层呈低角度不整合接触,大部分地区成为延安组上含煤组及下含煤组上部煤层的直接顶板,地层厚度 61.30～417.66 m,平均 243.96 m。上部为灰色、浅紫色、灰白色的泥质粉砂岩、细砂岩、粉砂岩夹泥岩薄层;中部为浅灰色、灰色、灰绿色的泥质粉砂岩夹泥岩薄层,波状、水平层理;底部为若干层灰白色厚层状、局部杂褐色的粗粒石英长石砂岩及含石英成分的小砾石,俗称"七里镇砂岩"。

④ 白垩系($K_1zd$)。上部为浅紫色、紫色、灰色、灰白色、灰绿色的泥质粉砂岩、泥岩,夹中粗砂岩、细砂岩、粉砂岩薄层,波状、交错层理;下部为灰白色的砂砾岩,砾石成分主要为石英岩,少量为花岗岩、灰岩及中基性岩。砾石直径 0.3～7 cm,次棱角状,泥质、钙质胶结,局部砾石周围黄铁矿富集,常见绿泥石化、高岭土化,有少量黑云母,地层厚度 78.35～345.90 m,平均250.38 m,与下伏直罗组呈不整合接触。

⑤ 古近系(E)。砖红、紫红、紫色、浅紫色的泥岩,局部为灰色、灰紫色的泥岩,夹灰色、灰白色的细砂岩、粉砂岩、中粗砂岩及砂砾岩,半胶结,地层厚度64.05～274.90 m,平均 117.13 m,与下伏地层呈不整合接触。

⑥ 第四系(Q)。井田内广泛分布,均为松散沉积物。岩性多为风积砂丘或冲积砂土,地层厚度 4.75～64.65 m,平均 20.83 m,不整合于各时代地层之上。

(2)井田构造

① 褶曲。上海庙向斜:该向斜位于井田南部,轴向近南北,枢纽向南倾伏,由南部井田边界附近经 2412 孔西 172 m、$X_9$ 孔西 155 m、2812 孔西102 m、$X_4$ 孔西 120 m 向北延伸至首采区,并在 3212 孔附近尖灭。三维地震控制其轴延伸长度 4 300 m 左右,最大幅度 30 m,最大幅宽约为 1 500 m。两翼不对称,西翼宽缓,倾角约为 8°,东翼狭窄且较陡,倾角约 23°。

上海庙背斜:该背斜位于井田南部,轴向近南北,在 2813 与 2915 两孔之间有扭曲,枢纽向南倾伏,由南部井田边界附近经 2413 孔东 80 m、2613 孔东60 m,在 2813 孔东南 210 m、2915 孔东南 135 m、$X_5$ 孔西 190 m、3214 孔附近向北延伸,并在 3315 孔东 380 m 附近尖灭。三维地震控制向斜轴延伸长度为5 080 m 左右,最大幅度 80 m,最大幅宽约为 1 980 m。两翼不对称,西翼狭窄且陡峭,倾角 23°左右,东翼较宽缓,倾角约为 8°。

Ⅰ号向斜:该向斜规模较小,位于 3315、3214、3013 及 3113 等孔之间,与上海庙背斜北端形成一组波状起伏褶曲形态。向斜轴向北东-南西,两翼地层走向北东。三维地震控制向斜轴延伸长度为 1 680 m 左右,最大幅度 20 m,最大幅宽约为 520 m,两翼倾角约为 8°。

② 断层。井田内断层除了井田西部边界的 $F_1$(区域性逆断层)及东南角附近的 $FD_1$ 两断层规模较大外,其他均为落差小、延伸短的伴生或裂隙断层,且多数位于 $F_1$ 逆断层、$FD_1$ 两条断层附近。

断裂构造走向以北东和北北东向为主。井田内各煤层共解释断层 168 条,其中 $F_1$ 为逆断层,其余 167 条均为正断层;可靠断层 45 条,较可靠断层 74 条,控制程度较差断层 49 条。

(3) 井田水文地质概况

① 新生界松散含水层。新生界砂及砂砾石层,为孔隙潜水。含水层厚度 4.5～129.64 m,平均 49.62 m。井田中部大部分地段较薄,向西南部、中东部以及东北部逐渐增厚,3414 孔、3015 孔、3016 孔以及 3816 孔附近地段达到最厚。

区内无地表水流,干旱少雨,地下水补给来源匮乏,主要靠沙漠凝结水及雨季大气降水补给。井田内地下水位埋深 20～55 m,地下水流向大致由东向西径流,水位标高 +1 321.22 m,单位涌水量 0.040 4～0.046 0 L/(s·m),渗透系数 0.071 5～0.082 3 m/d,富水性弱至中等。阳离子主要为 $Na^+$,个别井 $Mg^{2+}$、$Ca^{2+}$ 含量较高;阴离子主要为 $SO_4^{2-}$、$Cl^-$,个别井 $HCO_3^-$ 含量较高。其中,$Na^+$ 含量 7.13～460 mg/L,$Ca^{2+}$ 含量 41.27～230.14 mg/L,$Mg^{2+}$ 含量 12.08～155.27 mg/L,$Cl^-$ 含量 144.07～535.60 mg/L,$SO_4^{2-}$ 含量 224.91～820.32 mg/L,$HCO_3^-$ 含量 70.33～487.06 mg/L。溶解性总固体 643.00～2 225.00 mg/L,总硬度 219.68～1 220.09 mg/L,pH 值为 7.50～8.39。水化学类型为 $SO_4·Cl$-Na 型、$Cl·SO_4$-Na 型及 $SO_4·HCO_3$-Mg·Ca 型。

新生界松散层潜水溶解性总固体整体偏高,水质较差,溶解性总固体最高达 2 225.00 mg/L,平均 1 279.07 mg/L。

② 白垩系孔隙-裂隙含水层。底板埋深 342.15～528.80 m。岩性以浅紫、紫红色、黄绿色细砂岩、中砂、粗砂岩、砾岩、砂砾岩为主,间夹有泥岩、砂质泥岩,胶结物以钙质为主。含水层厚度 75.0～211.44 m,平均 129.19 m,总体呈现中部薄、向东北部以及西南部变厚的趋势。水位标高 +1 271.44～+1 320.03 m,单位涌水量 0.003 0～0.034 4 L/(s·m),渗透系数 0.002 8～

0.047 7 m/d,富水性弱。上部砂岩的富水性好于下部砾岩的富水性。

阳离子主要为 $Na^+$,个别孔 $Ca^{2+}$ 含量较高;阴离子主要为 $Cl^-$、$SO_4^{2-}$。其中,$Na^+$ 含量 438.7～704.8 mg/L,$Ca^{2+}$ 含量 27.45～234.5 mg/L,$Mg^{2+}$ 含量 15.52～117.2 mg/L,$Cl^-$ 含量 357.93～647.60 mg/L,$SO_4^{2-}$ 含量 346.98～1 352.00 mg/L,$HCO_3^-$ 含量 41.07～179.27 mg/L。溶解性总固体 1 283～2 973 mg/L,总硬度 138～1 069 mg/L,pH 值为 7.69～11.91。水化学类型为 $Cl \cdot SO_4$-Na 型、$SO_4 \cdot Cl$-Na 型及 $SO_4 \cdot Cl$-Na·Ca 型。

③ 侏罗系直罗组含水层。为下部延安组煤层顶板的直接充水含水层,含水层厚度 0～281.03 m,平均 68.07 m,西部和中部较薄,向中东部逐渐变厚,至 3016 孔附近地段达到最厚。直罗组底部为数层灰白色厚层状、局部杂褐色及黄色的粗粒石英长石砂岩以及含石英成分的小砾石,俗称"七里镇砂岩",与下伏含煤地层呈低角度不整合接触。"七里镇砂岩"厚度 0～44.55 m,平均9.74 m。西北部和东南部较薄,向中东部逐渐变厚,至 3416 孔附近地段达到最厚。直罗组含水层水位标高＋1 264.31～＋1 278.35 m,单位涌水量0.077 8～0.144 5 L/(s·m),渗透系数 0.046 9～0.182 3 m/d,富水性弱至中等。阳离子主要为 $Na^+$,阴离子主要为 $SO_4^{2-}$、$Cl^-$。其中,$Na^+$ 含量 764.9～1 136 mg/L,$Ca^{2+}$ 含量 53.5～103.2 mg/L,$Mg^{2+}$ 含量16.50～35.55 mg/L,$Cl^-$ 含量 520.4～910 mg/L,$SO_4^{2-}$ 含量 961～1 232 mg/L,$HCO_3^-$ 含量110.9～180.5 mg/L。溶解性总固体 2 750～3 462 mg/L,总硬度206～404 mg/L,pH 值为 8.18～9.27。水化学类型为 $SO_4 \cdot Cl$-Na 型或 $Cl \cdot SO_4$-Na 型。

④ 侏罗系延安组含水层。2 煤层顶板延安组含水层由中、粗、细砂岩构成,砂岩厚度 0～86.41 m,平均 13.10 m。含水层水位标高＋1 254.77～＋1 267.67 m,单位涌水量 0.026 8～0.079 5 L/(s·m),渗透系数 0.068 7～0.144 2 m/d,富水性弱。

阳离子主要为 $Na^+$,阴离子主要为 $SO_4^{2-}$、$Cl^-$。其中,$Na^+$ 含量 964.30～1 164 mg/L,$Ca^{2+}$ 含量 23.80～70.7 mg/L,$Mg^{2+}$ 含量 23.3～36.05 mg/L,$Cl^-$ 含量 645～875 mg/L,$SO_4^{2-}$ 含量 1 070～1 389 mg/L,$HCO_3^-$ 含量 87.66～221.30 mg/L,$CO_3^{2-}$ 含量 0.00～96.36 mg/L。溶解性总固体 3 080～3 547 mg/L,总硬度 156～294 mg/L,pH 值为 8.44～10.02。水化学类型为 $SO_4 \cdot Cl$-Na型、$Cl \cdot SO_4$-Na 型。

# 2.3 矿井生产概况

### 2.3.1 新上海一号煤矿生产概况

新上海一号煤矿设计生产能力 400 万 t/a,按 700 万 t/a 系统能力装备。立井开拓、中央并列式通风,综采综掘工艺,全部垮落法管理顶板。工业场地内布置主立井、副立井、一号回风立井等三条井筒,主井装备一对 30 t 的箕斗,副井装备一宽一窄双层双车罐笼。根据井田特点,共划分为三个分区、两个水平开拓;一水平大巷标高＋800 m,二水平大巷标高＋740 m,两水平之间以暗斜井沟通,二水平没有集中运输大巷,如图 2-4 所示。二水平尚未开拓,目前采掘活动集中在一水平各分区内。矿井水文地质类型划分为中等。

可采或局部可采煤层有 5 煤层、8 煤层、15 煤层、16 煤层、18 煤层、19 煤层、20 煤层、21 煤层。其中,5 煤层因受风化剥蚀仅在井田东部小面积残留;8 煤层、15 煤层为主采煤层,其他煤层厚度相对较薄且不稳定。8 煤层的 111082 工作面为首采工作面,2012 年 11 月开始回采。目前,5 煤层共动用 2 个工作面(112051、112052 工作面)均位于一分区内,全井田剩余的资源储量因不经济而不再开采;8 煤层共回采 5 个工作面(一分区北翼 111082、111084、113081、113082 工作面,二分区 211082 工作面);15 煤层共回采 6 个工作面(一分区南翼的 114151、114153、114157 工作面,一分区北翼的 114152、114156、114158 工作面)。目前二分区的 211082 工作面正在回采;一分区的 114155 工作面作为接续工作面,正在进行设备安装;二分区的 15 煤层正在开拓。

中央泵房(＋880 m 水平)外环水仓容积 2 988 m³,内环水仓容积 1 600 m³,装备 MD500-85×6E 型耐磨矿用排水泵 4 台,MDA500-57×9 型耐磨矿用排水泵 1 台。2021 年矿井正常涌水量 157.5 m³/h,最大涌水量 235.3 m³/h。经联合试运转,排水系统最大排水能力 1 701 m³/h,满足排水要求。此外,安装了 2 台排水能力 500 m³/h 的矿用潜水泵供灾变时应急使用。

### 2.3.2 榆树井煤矿生产概况

榆树井煤矿设计生产能力 300 万 t/a,实际按 400 万 t/a 生产能力装备。矿井采用中央并列式通风方式,主、副立井进风,回风立井回风。共划分为两

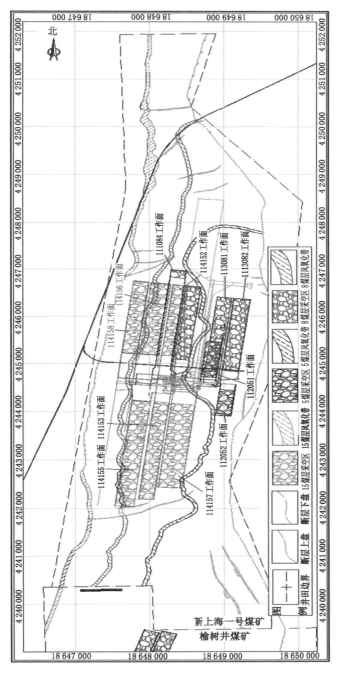

图 2-4　新上海一号煤矿采掘工程平面图

个水平,一水平标高为 +980 m,开拓 2 煤层、5 煤层、8 煤层;二水平标高为 +710 m,开拓 15 煤层、18 煤层等。两水平之间采用暗斜井联系。矿井水文地质类型划分为中等。

目前,矿井采掘活动集中在一水平,二水平尚未开拓。走向长壁后退式采煤方法、综采工艺,垮落法管理顶板,掘进工作面为综掘工艺。2 煤层已回采 3 个工作面,包括 11201、11202、11203 工作面;5 煤层已回采 8 个工作面,包括 11501、11502、11503、11505、11506、11507、11508、11510 工作面;8 煤层已回采 4 个工作面,包括 13800、13801、13802、13805 工作面,如图 2-5 所示。

矿井采用中央并列式通风方式,主、副井进风,风井回风。地面通风机房安装 2 台 FBCDZ№28 型防爆对旋轴流抽出式主要通风机,一用一备。总回风量 7 685 $m^3$/min,总排风量 7 769 $m^3$/min,矿井负压 770 Pa,等积孔 5.5 $m^2$。通过通风机电机反转实现反风。生产水平和采区、各主要硐室均实行独立通风;采煤工作面采用 U 形全负压通风;掘进工作面采用局部通风机压入式通风。副立井井底布置矿井主排水泵房及主、副水仓,主、副水仓总容积 3 718 $m^3$。主排水泵采用 4 台 MD500-85×5E 型卧式离心泵,额定流量 500 $m^3$/h、扬程 425 m,配套电机功率 900 kW。主排水管路采用 2 趟 $\phi$325 mm×10 mm 无缝钢管,沿副立井敷设至地面。

矿井在 11 采区布置采区水泵房及采区水仓,11 采区水仓总容积 1 075 $m^3$。11 采区排水泵采用 3 台 BQS350-200/4-315N 型潜水泵,额定流量 350 $m^3$/h、扬程 200 m,配套电机功率 315 kW。11 采区排水管路采用 2 趟 $\phi$325 mm×10 mm 无缝钢管,沿 11 采区回风巷→总回风巷→主排水泵房敷设。矿井在 13 采区布置采区水泵房及采区水仓,13 采区水仓总容积 1 089 $m^3$。13 采区排水泵采用 3 台 BQS350-200/4-315N 型潜水泵,额定流量 350 $m^3$/h、扬程 200 m,配套电机功率 315 kW。13 采区排水管路采用 2 趟 $\phi$325 mm×10 mm 无缝钢管。

### 2.3.3 鹰骏三号井田生产概况

鹰骏三号井田位于内蒙古自治区鄂托克前旗西侧约 74 km 处,规划井田面积为 66.14 $km^2$,临沂矿业集团有限责任公司控股的内蒙古鲁蒙能源开发有限公司在本区有两个探矿权,探矿权面积 56.07 $km^2$。根据本次勘探成果,鹰骏三号井田(探矿权范围内)共计查明煤炭资源量为 120 246.7 万 t。其中,探明资源量为 53 632.7 万 t,控制资源量为 24 805.8 万 t,推断资源量为 41 808.2 万 t。

矿井设计井型为 600 万 t/a,目前尚处于前期手续办理阶段。

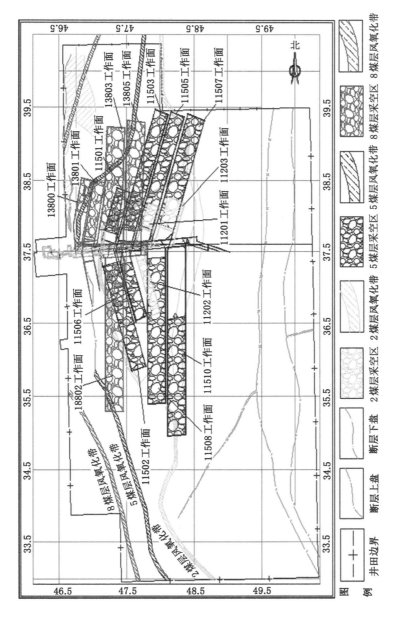

图 2-5　榆树井煤矿采掘工程平面图

# 第3章　岩石物理力学参数测试

## 3.1　新上海一号井田岩石物理力学参数测试

### 3.1.1　煤层顶底板岩石物理力学试验

新上海一号煤矿井田精查勘探阶段,共采集可采或局部可采煤层(2 煤层、5 煤层、8 煤层、10 煤层、15 煤层、18 煤层、19 煤层、20 煤层、21 煤层)的顶底板岩芯样 35 个,进行物理力学测试,测试结果:岩石容重 2.25～2.67 g/cm³,平均 2.55 g/cm³;含水率 0.3%～7.9%,平均 3.14%;普氏硬度系数 1～4,平均 1.34;天然状态下单轴抗压强度 7.2～47.2 MPa,平均 13.34 MPa;天然状态下抗拉强度 0.2～3.1 MPa,平均 0.37 MPa;内摩擦角 27°02′～31°18′,平均 28°12′;黏聚力系数 1.0～6.5,平均 2.19;泊松比 0.12～0.47,平均 0.24。

### 3.1.2　延安组煤系地层物理力学测试

矿井补充勘探期间,采集煤系地层 B-8、B-37、B-38 等 3 个钻孔岩样做力学试验。

测试结果:延安组煤系地层内岩石(不含煤样)天然块体密度 2.04～2.72 g/cm³,平均 2.31 g/cm³;天然含水率 0.65%～13.81%,平均 6.43%;天然抗压强度 0.76～87.2 MPa,平均 16.12 MPa;干燥抗压强度 4.53～97.96 MPa,平均 29.1 MPa;饱和抗压强度 0～67.53 MPa,平均 5.5 MPa;天然抗拉强度 0.11～6.91 MPa,平均 1.18 MPa;软化系数 0～0.83,平均 0.1;泊松比 0.01～0.58,平均 0.22;黏聚力 0.04～5.47 MPa,平均 1.04 MPa;内摩擦角 36.3°～49.4°。

### 3.1.3　全基岩段物理力学测试

为进一步掌握侏罗系煤田更多覆岩物理力学特点,在 Z₁ 钻孔全基岩段取芯,覆盖地层包括白垩系、侏罗系直罗组、侏罗系延安组等地层,分段分层做力学试验。

（1）白垩系地层

共做 15 组试验，测试结果：容重 2.0～2.62 g/cm³，平均 2.23 g/cm³；孔隙率 3.3％～24.4％，平均 18.2％；天然状态下含水率 0.4％～8.1％，平均 4.86％；软化系数 0.14～0.75，平均 0.27；普氏硬度系数 0.5～3.8，平均 1.18；天然抗压强度 5.2～40.0 MPa，平均 12.0 MPa；饱和抗压强度 0.8～32.0 MPa，平均 6.3 MPa；天然抗拉强度 0.1～2.4 MPa，平均 0.5 MPa。

（2）侏罗系直罗组地层

共做 33 组试验，测试结果：容重 2.03～2.47 g/cm³，平均 2.26 g/cm³；孔隙率 6.8％～19.6％，平均 13.77％；天然状态下含水率 0.4％～5.6％，平均 3.2％；软化系数 0.15～0.76，平均 0.25；普氏硬度系数 0.6～6.4，平均 1.37；天然抗压强度 5.6～66.8 MPa，平均 13.71 MPa；饱和抗压强度 0.8～49.6 MPa，平均 5.99 MPa；天然抗拉强度 0.1～4.4 MPa，平均 0.58 MPa。

（3）侏罗系延安组地层

共做 84 组试验，测试结果：容重 2.095～2.58 g/cm³，平均 2.3 g/cm³；孔隙率 5.5％～20.3 ％，平均 12.79％；天然状态下含水率 0.5％～4.2％，平均 2.5％；软化系数 0.12～0.8，平均 0.44；普氏硬度系数 0.7～6.1，平均 2.41；天然抗压强度 7.2～64.4 MPa，平均 24.08 MPa；饱和抗压强度 1.2～52.4 MPa，平均 12.99 MPa；天然抗拉强度 0.2～12.0 MPa，平均 1.14 MPa。

（4）全部基岩物理力学参数平均值

容重 2.0～2.62 g/cm³，平均 2.3 g/cm³；孔隙率 3.3％～24.4 ％，平均 12.79％；天然状态下含水率 0.4％～8.1％，平均 2.5％；软化系数 0.12～0.8，平均 0.44；普氏硬度系数 0.5～6.4，平均 2.41；天然抗压强度 5.2～66.8 MPa，平均 21.4 MPa；饱和抗压强度 0.8～52.4 MPa，平均 11.29 MPa；天然抗拉强度 0.1～12.0 MPa，平均 1.0 MPa。

可见，新上海一号煤矿煤系地层以及上覆直罗组、白垩系地层总体为低强度地质软岩，但存在各层异性特点，如白垩系地层平均抗压强度 12 MPa，其中个别岩层抗压强度却达到了 40 MPa；直罗组岩层平均抗压强度 13.71 MPa，个别岩层却达到了 66.8 MPa；延安组（煤系地层）平均抗压强度 24.08 MPa，个别岩层却达到了 64.4 MPa。根据白垩系、侏罗系直罗组、侏罗系延安组各岩组平均软化系数、天然状态下平均抗压强度、饱和状态下平均抗压强度等，绘制图 3-1。从中可见看出，随着埋深增加、成岩期变长，力学强度相应有所提高。

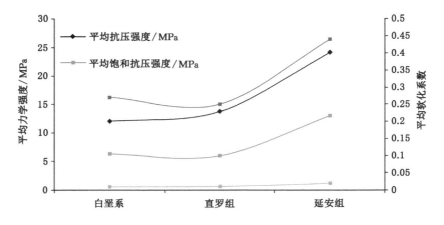

图 3-1　各岩组主要物理力学参数变化趋势线

### 3.1.4　井下钻孔取芯力学试验

（1）8 煤层直接顶板岩石测试

为配合本课题研究，在新上海一号煤矿 113082 工作面（8 煤层）巷道内施工取芯钻孔，顶板共钻孔 9 个，每个钻孔采取岩芯长度为 15 m，每 1.5 m 制作试块 3 块，3 块试件为 1 组试验，每孔为 10 组试验，分别进行力学试验。

1$^{\#}$孔岩芯用来做天然状态下抗压强度与含水率测试，新上海一号煤矿 8 煤层顶板岩层天然状态下含水率 2%～10.4%，平均 8.49%；单轴抗压强度 3.8～25.4 MPa，平均 6.77 MPa。

2$^{\#}$孔岩芯用来做饱和状态下抗压强度与含水率测试，8 煤层顶板岩石达到饱和吸水时含水率 10.4%～14.7%，平均 12.7%；饱和抗压强度 3.5～6.5 MPa，平均 4.54 MPa。

3$^{\#}$孔岩芯分别做干燥状态和饱和状态下抗压强度测试，并计算出软化系数。岩石干燥状态下抗拉强度 6.7～23.6 MPa，平均 9.96 MPa；饱和状态下抗压强度 3.5～6.5 MPa，平均 4.54 MPa；岩石软化系数在 0.1～0.4 之间，多数在 0.2 左右，极个别达到 0.5 左右。均属于软岩，尤其泥岩更容易遇水软化，强度损失较大，对岩石的稳定危害较为突出。

4$^{\#}$孔岩芯用来做天然状态下抗拉强度和含水率测试，岩石天然状态下含水率 8.2%～12.5%，平均 10.47%；抗拉强度 0.31～0.82 MPa，平均 0.443 MPa。

5$^{\#}$孔岩芯用来做饱和状态下抗拉强度和含水率测试，岩石饱和状态下含水率 10.8%～14.5%，平均 12.8%；抗拉强度 0.25～0.57 MPa，平均 0.34 MPa。

6#孔岩芯用来做干燥状态下抗拉强度测试,8 煤层直接顶板干燥状态下抗拉强度 0.62～1.19 MPa,平均 0.79 MPa。

7#孔岩芯用来做天然状态下抗折强度与含水率测试,天然状态下含水率 4.8%～13%,平均 9.01%;抗折强度 0.51～1.38 MPa,平均0.95 MPa。

8#孔岩芯用来做饱和状态下抗折强度与含水率测试,饱和状态下含水率 8.3%～14.8%,平均 12.05%;饱和抗折强度 0.5～1.26 MPa,平均 0.85 MPa。

9#孔岩芯用来做干燥状态下抗折强度测试,干燥状态下抗折强度 1.24～2.4 MPa,平均 1.60 MPa。

根据上述测试数据分别绘制岩石抗压强度与含水率相关性曲线,可以看出,随着含水率的提高岩石力学强度下降明显。

（2）8 煤层直接底板岩石测试

在 113082 工作面巷道内施工取芯钻孔,8 煤层底板共钻孔 9 个,每个钻孔长度为 15 m,每 1.5 m 制作试块 3 块,3 块试件为 1 组试验,每孔为 10 组试验,分别进行力学试验。

1#孔岩芯做饱和状态下抗压试验,8 煤层底板在天然状态下含水率1.6%～13.4%,平均 4.89%;单轴抗压强度 5～47.1 MPa,平均 22.35 MPa。

2#孔岩芯做天然状态下抗压试验,8 煤层底板在饱和状态下含水率7.1%～16.3%,平均 11.79%;抗压强度 2.6～22 MPa,平均10.74 MPa。

3#孔岩样极为不均质,有相当一部分岩样膨胀软化严重,不能制作试验试样,底板强度和变形表现出多变性、不均匀性和不稳定性。

4#孔岩芯做饱和状态下抗拉试验,试样制作过程中部分岩芯强度较低,无法制作试样,其余样品含水率 7.3%～14.5%,平均 10.4%;抗拉强度 0.38～0.53 MPa,平均 0.46 MPa。

5#孔岩芯做天然状态下抗拉试验,饱和状态下岩石含水率 12.2%～15.4%,平均 13.85%;抗拉强度 0.17～0.33 MPa,平均 0.24 MPa。

6#孔岩芯做干燥状态下抗拉试验,干燥状态下岩石抗拉强度 0.58～0.79 MPa,平均 0.66 MPa。

7#孔岩芯做饱和状态下抗折试验。由于所取岩芯过于软弱,很多未能做成试件,根据已测试数据,天然状态下岩石含水率 9.2%～19.3%,平均 12.63%;天然抗折强度 0.43～1.46 MPa,平均 1.1 MPa。

8#孔岩芯做天然状态下抗折试验,饱和状态下岩石含水率 13.2%～15.6%,平均 14.55%;抗折强度 0.57～0.82 MPa,平均0.69 MPa。

9#孔岩芯做干燥状态下抗折试验,干燥状态下岩石抗折强度 1.25～

1.69 MPa,平均 1.47 MPa。

随着含水率的提高,岩石抗压强度、抗拉强度、抗折强度均降低。

(3) 15 煤层直接顶板岩石力学参数测试

为配合本课题研究,在 114152 工作巷道内施工取芯钻孔,15 煤层顶板共钻孔 9 个,每个钻孔长度为 15 m,每 1.5 m 制作试块 3 块,3 块试件为 1 组试验,每孔为 10 组试验,分别进行力学试验。

1#孔岩芯进行天然状态下抗压试验,天然状态下 15 煤层顶板岩层含水率3.5%~10.6%,平均 8.73%;天然状态下单轴抗压强度 2.4~27.8 MPa,平均 8.48 MPa。

2#孔岩芯进行饱和状态下抗压试验,饱和状态下 15 煤层顶板岩层含水率9.9%~13.9%,平均 11.83 MPa;抗压强度 3~7.2 MPa,平均 4.26 MPa。

3#孔岩芯进行干燥状态下抗压试验,干燥状态下抗压强度 15~47.7 MPa,平均 23.16 MPa;饱和状态下抗压强度 3.3~6.1 MPa,平均4.23 MPa;软化系数0.07~0.38,平均 0.2。蒙脱石和伊利石易在泥岩中形成薄弱面,使得泥岩的稳定性显著降低。

4#孔岩芯进行天然状态下抗拉试验,抗拉强度 0.28~0.68 MPa,平均0.38 MPa;天然含水率 2.1%~11.8%,平均 9.46%。

5#孔岩芯进行饱和状态下抗拉试验,但很多试样遇水泥化或崩解,无法进行试验,部分试验结果为:抗拉强度 0.2~0.53 MPa,平均 0.32 MPa;饱和状态下岩石含水率 9.3%~13.8%,平均 11.4%。

6#孔岩芯进行干燥状态下抗拉试验,天然状态下岩石含水率 3%~9.4%,平均 7.38%;抗拉强度 0.47~0.73 MPa,平均 0.618 MPa。

7#孔岩芯进行天然状态下抗折试验,天然状态下岩石抗折强度 0~0.7 MPa,平均0.406 MPa。

8#孔岩芯进行饱和状态下抗折试验,饱和状态下岩石含水率 10.3%~13.3%,平均 12.07%;抗折强度 0.33~0.51 MPa,平均0.42 MPa。

9#孔岩芯进行干燥状态下抗折试验,干燥状态下岩石抗折强度 0.91~1.35 MPa,平均 1.2 MPa。

随着岩石含水率提高,其抗压强度、抗拉强度、抗折强度等均显著降低。

### 3.1.5 小结

根据井下采取的岩芯样力学参数测试结果知,矿井主采煤层(8 煤层、

15 煤层）顶底板抗压强度低（平均 12.6 MPa）、抗拉强度低（平均 0.4 MPa）、抗折强度低（平均 0.8 MPa），属于典型的地质软岩。随着吸水量的增加，力学强度下降明显（平均软化系数 0.4），表明这类岩石对水十分敏感，详见表 3-1。

表 3-1　主采煤层顶底板综合力学参数表

| | 抗压强度/MPa | | | 抗拉强度/MPa | | | 抗折强度/MPa | | |
|---|---|---|---|---|---|---|---|---|---|
| | 最小 | 最大 | 平均 | 最小 | 最大 | 平均 | 最小 | 最大 | 平均 |
| 天然状态 | 2.47 | 47.1 | 12.6 | 0.3 | 0.8 | 0.4 | 0.1 | 1.5 | 0.8 |
| 饱和状态 | 8.3 | 15.6 | 12.8 | 0.2 | 0.6 | 0.3 | 0.3 | 1.3 | 0.7 |
| 干燥状态 | 0.4 | 1.5 | 0.8 | 0.3 | 1.3 | 0.7 | 0.9 | 2.4 | 1.4 |
| 软化系数 | 0.1～0.6/0.40 | | | | | | | | |

## 3.2　榆树井煤矿岩石物理力学参数测试

### 3.2.1　煤层直接顶底板岩石物理力学参数测试

榆树井煤矿钻孔穿过可采或局部可采煤层层数较多，包括 2 煤层、4 煤层、5 煤层、8 煤层、12 煤层、15 煤层、17 煤层、18 煤层等。ZK$_{402}$ 钻孔专门采取煤层（直接）顶板岩样以及煤层（直接）底板岩样做物理力学试验。经测试，煤系地层岩石物理力学参数为：天然容重 2.3～2.69 g/cm³，平均 2.44 g/cm³；干容重 2.24～2.6 g/cm³，平均 2.4 g/cm³；孔隙率 1.2%～16.5%，平均 8.83%；含水率 0.03%～5.48%，平均 1.37%；天然抗压强度 2.4～57.9 MPa，平均 18.92 MPa；天然抗拉强度 0.23～1.71 MPa，平均 0.59 MPa；软化系数 0.08～0.42，平均 0.23；抗折强度 0.64～2.62 MPa，平均 1.41 MPa；内摩擦角 33.86°～42.21°。

### 3.2.2　煤系地层岩石物理力学参数测试

在榆树井井田施工了 Y$_2$ 钻孔，专门用于采取延安组煤系地层岩芯，并做力学参数试验。测试结果：天然容重 1.84～2.55 g/cm³，平均 2.21 g/cm³；天然抗压强度 6～76.8 MPa，平均 21.45 MPa；天然抗拉强度 0.1～4.0 MPa，平均 0.92 MPa；内摩擦角 29°41′～37°20′，平均 34°27′；黏聚力 0.8～18.0 MPa，平均 4.5 MPa；泊松比 0.19～0.34，平均 0.27。

# 3.3 鹰骏三号井田岩石物理力学参数测试

### 3.3.1 主采煤层直接顶板及底板岩石物理力学参数测试

2 煤层是侏罗系延安组最上部可采煤层,也是主采煤层,项目共施工了 $B_2$、$B_3$、$B_4$、$J_1$、$J_2$、$J_3$ 等 6 个取芯钻孔。

(1) $B_2$ 钻孔岩芯测试数据

从 2 煤层(主采煤层)顶板 96.27 m 至 2 煤层底板下 31.04 m 取岩芯做物理力学参数测试:岩石天然容重 2.17~2.62 g/cm³,平均 2.32 cm³;含水率 0.61%~2.67%,平均 1.34%;天然抗压强度 1.27~63.89 MPa,平均 19.57 MPa;饱和抗压强度 1.26~35.21 MPa,平均 9.12 MPa;软化系数 0.04~0.76,平均 0.39;天然抗拉强度 0.2~9.71 MPa,平均2.68 MPa;内摩擦角 27.76°~36.05°,平均 32.72°;黏聚力 0.66~5.18 MPa,平均 2.48 MPa;弹性模量(0.36~3.92)×$10^{-4}$ MPa,平均 1.57×$10^{-4}$ MPa;泊松比 0.16~0.27,平均 0.23。

(2) $B_3$ 钻孔岩芯测试数据

从 2 煤层顶板 19.62 m 至 2 煤层底板下 50.43 m 段取芯并做物理力学参数测试:岩石天然容重 2.10~2.53 g/cm³,平均 2.28 cm³;含水率0.81%~1.89%,平均 1.33%;天然抗压强度 11.01~49.39 MPa,平均 23.15 MPa;饱和抗压强度 4.78~23.64 MPa,平均 20.84 MPa;岩体软化系数 0.33~0.66,平均 0.55;天然抗拉强度 1.15~7.26 MPa,平均 2.88 MPa;内摩擦角 30.08°~35.22°,平均 32.46°;黏聚力 0.99~4.1 MPa,平均2.11 MPa;弹性模量(0.67~3.03)×$10^{-4}$ MPa,平均 1.41×$10^{-4}$ MPa;泊松比0.19~0.26,平均 0.24。

(3) $B_4$ 钻孔岩芯测试数据

从 2 煤层(主采煤层)顶板 155.85 m 至 2 煤层底板下 22.06 m 段内取芯并做物理力学参数测试:岩石天然容重 2.16~2.57 g/cm³,平均 2.31 cm³;含水率0.58%~2.75%,平均 1.31%;天然抗压强度 0.98~54.79 MPa,平均 10.79 MPa;饱和抗压强度 1.78~46.47 MPa,平均 8.9 MPa;岩体软化系数 0.23~0.86,平均 0.62;天然抗拉强度 0.07~6.82 MPa,平均 1.14 MPa;内摩擦角 26.45°~35.42°,平均 30.62°;黏聚力 0.36~4.71 MPa,平均 0.98 MPa;弹性模量(0.47~3.59)×$10^{-4}$ MPa,平均 0.83×$10^{-4}$ MPa;泊松比 0.16~0.27,平均 0.25。

(4) $J_1$ 钻孔岩芯测试数据

从 2 煤层顶板 17.75 m 至 2 煤层底板 42.73 m 段取芯并做物理力学参数

测试:岩石天然容重 2.1~2.65 g/cm³,平均 2.31 g/cm³;含水率 0.77%~1.92%,平均1.27%;天然抗压强度 1.26~55.33 MPa,平均 16.56 MPa;饱和抗压强度0.77~27.37 MPa,平均 6.19 MPa;软化系数 0.07~0.52,平均 0.34;内摩擦角27.07°~35.41°,平均 31.09°;黏聚力 0.14~4.92 MPa,平均 1.52 MPa;弹性模量(0.277~3.405)×10⁻⁴ MPa,平均 1.08×10⁻⁴ MPa;泊松比 0.19~0.27,平均 0.25。

（5）$J_2$ 钻孔岩芯测试数据

从 2 煤层顶板 23.81 m 至 2 煤层底板 55.32 m 段取芯并做物理力学参数测试:岩石天然容重 2.12~2.66 g/cm³,平均 2.25 g/cm³;含水率 0.73%~1.87%,平均 1.20%;天然抗压强度 1.94~97.83 MPa,平均 11.22 MPa;饱和抗压强度 1.08~27.17 MPa,平均 4.48 MPa;软化系数 0.15~0.86,平均 0.48;内摩擦角 26.7°~37.9°,平均 31.35°;黏聚力 0.22~4.56 MPa,平均 0.92 MPa;弹性模量(0.319~4.56)×10⁻⁴ MPa,平均 0.92×10⁻⁴ MPa;泊松比 0.16~0.27,平均 0.25。

（6）$J_3$ 钻孔岩芯测试数据

从 2 煤层顶板 41.8 m 至 2 煤层底板 48.13 m 段取芯并做物理力学参数测试:岩石天然容重 2.19~2.63 g/cm³,平均 2.32 g/cm³;含水率 0.67%~2.35%,平均 1.34%;天然抗压强度 4.44~54.21 MPa,平均 13.26 MPa;饱和抗压强度 0.74~7.28 MPa,平均 3.37 MPa;软化系数 0.06~0.75,平均 0.31;内摩擦角 28.19°~33.91°,平均 31.03°;黏聚力 0.49~4.11 MPa,平均 1.27 MPa;弹性模量(0.35~2.84)×10⁻⁴ MPa,平均 0.8×10⁻⁴ MPa;泊松比 0.19~0.27,平均 0.26。

综合以上各钻孔测试结果,2 煤层顶底板岩石(不含煤层)物理力学主要参数如下:岩石天然容重 2.10~2.66 g/cm³,平均 2.30 g/cm³;含水率 0.58%~2.75%,平均 1.29%;天然抗压强度 0.58~97.83 MPa,平均 15.41 MPa;饱和抗压强度 0.71~46.67 MPa,平均 7.21 MPa;软化系数 0.04~0.86,平均 0.42;天然抗拉强度 0.07~9.71 MPa,平均 2.21 MPa;内摩擦角 26.45°~37.90°,平均 31.46°;黏聚力 0.14~5.18 MPa,平均 1.48 MPa;弹性模量(0.28~5.29)×10⁻⁴ MPa,平均 1.04×10⁻⁴ MPa;泊松比 0.16~0.27,平均 0.25。

### 3.3.2　全基岩段岩石物理力学参数测试

$B_6$ 钻孔从 2 煤层顶板上 497.3 m(位于白垩系上部)至延安组煤系地层底界全部基岩段取芯,经测试:岩石天然容重 2.14~2.63 g/cm³,平均 2.30 g/cm³;含水率0.39%~3.23%,平均 1.59%;天然抗压强度 1.45~

37.66 MPa,平均 10.47 MPa;饱和抗压强度 1.06～18.17 MPa,平均 6.0 MPa;软化系数 0.14～0.75,平均0.40;天然抗拉强度 0.16～5.8 MPa,平均 1.25 MPa;内摩擦角 24.76°～35.93°,平均 31.11°;黏聚力 0.22～3.48 MPa,平均 1.17 MPa;弹性模量(0.39～2.26)×10$^{-4}$ MPa,平均 0.85×10$^{-4}$ MPa;泊松比 0.19～0.27,平均 0.25。

### 3.3.3 煤物理力学参数测试

将煤样试验数据提取出来做专项分析:煤天然容重 1.24～1.44 g/cm$^3$,平均 1.30 g/cm$^3$;含水率 6.81%～11.78%,平均 9.0%;天然抗压强度 7.45～24.4 MPa,平均 14.81 MPa;饱和抗压强度 5.11～15.11 MPa,平均 10.85 MPa;软化系数 0.44～0.9,平均 0.73;天然抗拉强度 0.98～2.63 MPa,平均 1.64 MPa;内摩擦角 30.18°～35.13°,平均32.01°;黏聚力 0.82～2.08 MPa,平均 1.4 MPa;弹性模量(0.56～10.07)×10$^{-4}$ MPa,平均 1.38×10$^{-4}$ MPa;泊松比 0.23～0.26,平均 0.25。

对比岩石与煤力学参数,可以看出岩石平均抗压强度小于煤抗压强度,说明在工程上煤层较岩层更稳定。

## 3.4 本章小结

① 煤层顶底板岩石总体力学强度低,符合软岩指标化定义。

② 煤系地层岩石总体力学强度低,符合软岩指标化定义。

③ 煤系地层上部的直罗组地层、白垩系地层,总体上力学强度低,符合软岩指标化定义。

④ 各类岩石力学强度随含水率提高而降低,水对围岩抗压能力影响大。

⑤ 煤层平均抗压强度 7.45～24.4 MPa,平均 14.81 MPa,表明煤层承载能力好于大部分岩石的承载能力。

⑥ 煤层饱和抗压强度 5.11～15.11 MPa,平均 10.85 MPa,平均吸水软化系数 0.73,优于大多数岩石的吸水软化系数,表明煤层力学指标受水影响较小。

⑦ 煤层上覆基岩在力学强度方面各向异性明显,虽然总体上为软岩地层,但也有少数岩层抗压强度超过 40 MPa,甚至达到 60 MPa,为采后覆岩发生离层提供了物质基础。

# 第 4 章　矿物成分分析与相关试验

## 4.1　矿物成分分析

### 4.1.1　新上海一号煤矿岩石矿物成分分析

在新上海一号煤矿井下以打钻方式采取 8 煤层、15 煤层的顶底板岩样，实验室内先用 XRF 测定了矿物中的金属元素，然后再用 XRD 测试了其中各种矿物的含量。

（1）8 煤层顶板泥岩

二氧化硅含量 46.9% ～ 59.8%，平均 55.2%；高岭石含量 22.52% ～ 32.0%，平均 28.1%；伊利石含量 7.73% ～ 19.21%，平均 12.5%；蒙脱石含量 2.38% ～ 7.46%，平均 5.1%。

（2）8 煤层底板泥岩

二氧化硅含量 51.65% ～ 61.53%，平均 55.2%；高岭石含量 25.8% ～ 32.48%，平均 28.3%；伊利石含量 3.26% ～ 10.03%，平均 9.5%；蒙脱石含量 4.71% ～ 9.5%，平均 7.0%。

（3）15 煤层顶板泥岩

二氧化硅含量 42.03% ～ 62.36%，平均 49.6%；高岭石含量 29.54% ～ 36.98%，平均 32.7%；伊利石含量 5.98% ～ 18.53%，平均 11.7%；蒙脱石含量 0.8% ～ 12.84%，平均 6.0%。

（4）15 煤层顶板泥岩

二氧化硅含量 40.58% ～ 60.74%，平均 52.8%；高岭石含量 20.76% ～ 43.44%，平均 33.2 %；伊利石含量 5.98% ～ 18.53%，平均 10.4%；蒙脱石含量 0.8% ～ 12.84%，平均 4.8%。

综合以上数据，二氧化硅含量 40.58% ～ 69.74%，平均 53.0%；高岭石含量 20.76% ～ 43.44%，平均 30.3%；伊利石含量 3.26% ～ 19.21%，平均 11.0%；蒙脱石含量 0 ～ 12.84%，平均 5.7%。蒙脱石、伊利石的亲水性很强，遇水体积可增加几倍,易造成岩石软化、膨胀;由膨胀产生的膨胀力也是巷道围岩支护体系遭受破坏的源动力之一。

### 4.1.2 榆树井煤矿岩石矿物成分分析

以榆树井煤矿 11801 工作面为研究对象,上巷、下巷内各打两个取芯钻孔,采集煤层顶板 15 m、底板 10 m 范围内的岩芯做矿物成分分析。经实验室分析,煤层顶底板岩石含有的高岭石平均含量分别达到 40.00% 和 39.23%;煤层顶底板岩样中蒙脱石平均含量分别为 17.17% 和 19.23%。

## 4.2 膨胀性及泥化试验

### 4.2.1 泥岩膨胀性试验

共采集岩石样本 37 件,其中细粒砂岩或中粒砂岩 2 件,无膨胀或膨胀量较低;泥岩或砂质泥岩共 35 件,膨胀率均较高。剔除 2 件砂岩数据,泥岩膨胀率 2.9%~63.1%,平均 28.72%。

### 4.2.2 泥岩泥化试验

为模拟泥岩块遇水后可能发生的物理或形体上的变化,新上海一号煤矿井下 113082 工作面采集 8 煤层底板岩石,呈灰黑色,层状结构,块状构造,如图 4-1 所示。经实验室测定,本次采集的泥岩样本天然状态下单轴抗压强度 12.14 MPa,晶相中二氧化硅质量占比 51.2%,高岭石质量占比 29.9%,伊利石质量占比 11.04%,蒙脱石质量占比 7.86%。

图 4-1 现场采集的试验品(泥岩)

取水杯一只,倒入纯净水适量[图 4-2(a)];将岩块浸于水中,由于泥质胶结物的溶解和黏土矿物的吸水膨胀,数分钟之内岩块结构性开始遭受破坏,35 min 后变成叶片状且体积膨胀增大[图 4-2(b)];稍作扰动即成泥浆[图 4-2(c)]。

（a）将泥岩块浸入水中　　　（b）岩块结构发生变化　　　（c）以笔扰动成泥浆状

图 4-2　泥岩遇水泥化过程

## 4.3　砂岩物理与水理性质试验

### 4.3.1　砂岩试块选取

砂岩分为两类:一类砂岩较为坚硬,呈浅灰白色,钙质胶结,成岩度高,坚硬,经实验室测试,单轴抗压强度超过 10 MPa,最高 76.1 MPa,如图 4-3(a)所示;另一类较为坚硬,呈浅灰黄色,泥质胶结,较疏松,经实验室测试,单轴抗压强度小于 10 MPa,最低 5.6 MPa,如图 4-3(b)所示。从研究区(井下)多个采场采集砂岩样本数十件,开展的试验内容包括:坚硬砂岩浸水崩解试验,观察岩块浸水过程特征;疏松砂岩崩解试验,观察浸水过程岩块特征变化;砂岩粒度分析试验,并对分选性做出评价;岩石薄片光学鉴定,于显微镜下对其成分、结构及构造进行观察及鉴定,分析其成因及形成环境并进行命名;砂岩构造与成岩作用分析。

（a）坚硬砂岩　　　　　　（b）疏松砂岩

图 4-3　坚硬与疏松砂岩对比图

### 4.3.2 砂岩浸水崩解试验

（1）坚硬砂岩崩解试验

选取两块坚硬砂岩,用清水浸泡至岩样完全软化、失去强度,浸水过程中每隔 2 h 对岩样观察一次,并进行拍照与记录。试验过程与记录(图 4-4)如下:未浸水前,样品岩体呈灰白色,经初步观察为钙质胶结的粗粒石英砂岩,块状结构,分选性好,胶结度不高,岩体硬度较高。岩石在浸水 2～4 h 岩体表面有少量气泡产生;浸水 6～8 h 岩体表面固体颗粒开始脱落,其岩体边角开始有软化现象,但其岩石结构仍保持完整,强度未明显降低。浸水达到 10～12 h 后,其表体颗粒脱落数量明显增加,岩体结构明显下降,手指轻捏可将岩体边角捏下,但岩体中心部位仍保持一定的强度。浸水 14～16 h,岩体中心部位的强度进一步下降,用手轻掰即可将岩体分开,扰动后仍有部分块体没有成为散砂体。可见胶结性较好、力学强度较高的砂岩块浸水后强度降低,但没有完全崩解为散砂。

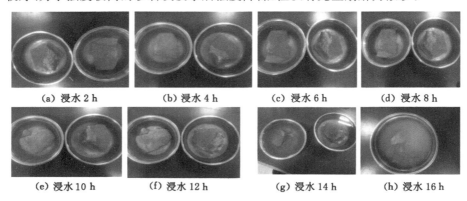

（a）浸水 2 h　　　（b）浸水 4 h　　　（c）浸水 6 h　　　（d）浸水 8 h

（e）浸水 10 h　　　（f）浸水 12 h　　　（g）浸水 14 h　　　（h）浸水 16 h

图 4-4　样品浸水崩解试验记录图

（2）疏松砂岩崩解试验

选择胶结性差、强度较低的一类砂岩,共做成 16 块试件做崩解试验。其中,8 块遇水即崩解,4 块 2 h 后完全崩解,3 块 3 h 后完全崩解。采集一块疏松中粒砂岩,准备一杯纯净水,做试验前准备,如图 4-5(a)所示;将砂岩放置于纯净水中,如图 4-5(b)所示;岩块入水后砂岩随即开始崩解,如图 4-5(c)所示;48 s 后完全崩解成散砂;将崩解物倾倒入另一广口瓶内,如图 4-5(d)所示。

上述两项试验表明:侏罗纪煤系地层的砂岩均具有浸水崩解性,部分砂岩成岩度高、胶结性好、抗压强度高,相对不容易崩解或崩解性较弱;另一部分砂岩强度较低、胶结性差,浸水后随即崩解,在水动力下具有显著的流砂属性,可以形成水-砂混合流体。

　（a）试验前准备　　　（b）砂岩入水　　　（c）崩解为散砂并堆积　　（d）将崩解物倒出

图 4-5　疏松砂岩浸水崩解试验

### 4.3.3　砂岩粒度分析试验

（1）试验仪器

标准筛 1 套,托盘天平 1 架,烘箱 1 个,软毛钢丝刷 1 个,如图 4-6 所示。

（2）样品制作

试验开始前将砂岩块用清水浸泡至完全崩解为散砂状,耗时约 6 h;将崩解后的颗粒样品放入 1 000 mL 的三角瓶中,保持 130 mL/min 以下的杯口溢流量进行冲洗,每隔 0.5 h 轻微搅拌一次,直到瓶中上部的水变成透明为止。然后取出冲洗管,静置数分钟后,倒去瓶中大部分水。将冲洗好的样品移入烘箱内,在 107 ℃下恒温 3 h,冷却后开始振筛,制样成品如图 4-7 所示。

　　图 4-6　试验样品及试验设备　　　　　图 4-7　制样成品图

（3）样品筛分

本次试验所用标准筛为土力学实验室的标准筛,标准筛分为 5 层,自上而下孔径分别为:2 mm、1 mm、0.5 mm、0.25 mm、0.075 mm。称取 4 组样品,每组样品 100 g,如图 4-8 所示。将 4 组样品分别放入 4 个标准筛内,用手振筛 15 min 后,分别称取每个标准筛中不同粒级的质量,如图 4-9 所示。

（4）数据处理与分析

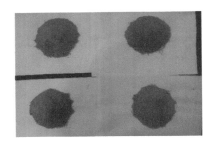

图 4-8　试验样品图

图 4-9　筛分成果图

计算各粒级质量分数：

$$x_i = \frac{M_i}{M} \times 100\% \quad (i = 1, 2, \cdots, n)$$

绘成粒度组成分布表格和累积分布曲线。

计算不均匀系数：

$$a = d_{60}/d_{10}$$

累积分布曲线上某两个质量百分数所代表的颗粒直径之比值，常用累积质量 60% 的颗粒直径与累积质量 10% 的颗粒直径之比。不均匀系数越接近于 1，则表明粒度的组成越均匀，一般岩石的不均匀系数在 1～20 之间。

计算分选系数：

$$s = \sqrt{\frac{d_{75}}{d_{25}}}$$

按特拉斯克方程求出分选系数。1＜S＜2.5，分选好；2.5＜S＜4.5，分选中等；S＞4.5，分选性差。4 组样品试验结果见表 4-1。

表 4-1　4 组粒度分级组成表

| 组号 | 粒度范围/mm | 质量/g | 各粒级质量分数/% |
|---|---|---|---|
| 1 组 | ＞2 | 3.26 | 3.26 |
| | 1～2 | 8 | 8.00 |
| | 0.5～1 | 25.42 | 25.42 |
| | 0.25～0.5 | 1.09 | 1.09 |
| | 0.075～0.25 | 56.43 | 56.43 |
| | ＜0.075 | 5.8 | 5.80 |
| | 总和 | 100 | 100.00 |

表 4-1(续)

| 组号 | 粒度范围/mm | 质量/g | 各粒级质量分数/% |
|---|---|---|---|
| 2 组 | >2 | 2.99 | 2.99 |
| | 1~2 | 8.36 | 8.36 |
| | 0.5~1 | 25.8 | 25.80 |
| | 0.25~0.5 | 2.88 | 2.88 |
| | 0.075~0.25 | 54.84 | 54.84 |
| | <0.075 | 5.13 | 5.13 |
| | 总和 | 100 | 100.00 |
| 3 组 | >2 | 2.25 | 2.25 |
| | 1~2 | 7.7 | 7.70 |
| | 0.5~1 | 25.72 | 25.72 |
| | 0.25~0.5 | 1.64 | 1.64 |
| | 0.075~0.25 | 57.09 | 57.09 |
| | <0.075 | 5.6 | 5.60 |
| | 总和 | 100 | 100.00 |
| 4 组 | >2 | 3.16 | 3.16 |
| | 1~2 | 8.09 | 8.09 |
| | 0.5~1 | 27.05 | 27.05 |
| | 0.25~0.5 | 1.88 | 1.88 |
| | 0.075~0.25 | 54.46 | 54.46 |
| | <0.075 | 5.36 | 5.36 |
| | 总和 | 100 | 100.00 |
| 平均 | >2 | 2.92 | 2.92 |
| | 1~2 | 8.04 | 8.04 |
| | 0.5~1 | 26.00 | 26.00 |
| | 0.25~0.5 | 1.87 | 1.87 |
| | 0.075~0.25 | 55.71 | 55.71 |
| | <0.075 | 5.47 | 5.47 |
| | 总和 | 100 | 100.00 |

数据表明:粒径大于 2 mm 的颗粒占 2.25%～3.26%,平均 2.92%;粒

径为 1~2 mm 的颗粒占 7.7%~8.36%,平均 8.04%;粒径在 0.5~1 mm 之间的颗粒占 25.42%~27.05%,平均 26%;粒径在 0.25~0.5 mm 的颗粒占 1.09%~2.88%,平均 1.87%;粒径在 0.075~0.25 mm 的颗粒占54.46%~57.09%,平均 55.71%;粒径小于 0.075 mm 的颗粒占5.13%~5.8%,平均 5.47%。

粒度分布差距不大,其中粒径在 0.075~0.25 mm 的颗粒占 50% 以上,粒径在 0.5~1 mm 的颗粒占 25% 以上,其他粒径的颗粒相对较少。

由砂岩粒度组成累积分布曲线(图 4-10)可知,不均匀系数为 2.541,分选系数为 2.432,表明砂岩粒度分布组成较为均匀,分选性好,见表 4-2。

表 4-2　不均匀系数及分选系数

| 组号 | $d_{10}/mm$ | $d_{25}/mm$ | $d_{60}/mm$ | $d_{75}/mm$ |
|---|---|---|---|---|
| 1 | 0.093 | 0.126 | 0.231 | 0.773 |
| 2 | 0.097 | 0.131 | 0.250 | 0.743 |
| 3 | 0.094 | 0.127 | 0.228 | 0.749 |
| 4 | 0.096 | 0.129 | 0.257 | 0.763 |
| 平均 | 0.095 | 0.128 | 0.242 | 0.757 |
| 不均匀系数 $a$ | 2.541 | | | |
| 分选系数 $S$ | 2.432 | | | |

### 4.3.4　砂岩薄片鉴定

(1)标本特征

砂岩为浅灰色至灰白色,中砂至粗砂结构,呈粒序层理,分选度较好,磨圆度为次棱角状,碎屑成分含量为 85%,碎屑成分有石英、斜长石、燧石和其他岩屑等,钙质胶结物,胶结物含量约 15%,胶结类型为孔隙式胶结,称为岩屑长石中粗粒砂岩,手标本及显微观镜下特征如图 4-11 所示。

(2)岩石结构

岩石为粗粒岩屑长石砂岩,粗砂结构,粒度范围:0.2~1 mm 及 0.5~1 mm 占 80%,0.2~0.5 mm 占 20%,碎屑呈次棱角状至次圆状,分选度中等至较好,颗粒之间多为点状接触,部分为点-线状接触,颗粒支撑,胶结方式为孔隙式胶结。

(3)岩石成分

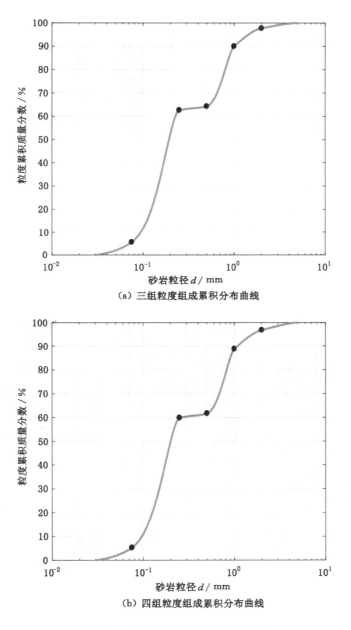

（a）三组粒度组成累积分布曲线

（b）四组粒度组成累积分布曲线

图 4-10  砂岩粒度组成累积分布曲线

（a）手标本特征

（b）显微镜下特征

图 4-11　岩石标本特征

　　单晶石英和复晶石英含量约 55％。单晶石英多来源于花岗岩,富含次生气液包裹体,弱波状消光;复晶石英主要为糜棱岩型、脉石英型及花岗岩岩型,前二者多见。糜棱岩型和脉石英型的复晶石英见亚颗粒,亚颗粒之间呈缝合线接触,石英亚颗粒的粒度呈双峰形,其中糜棱岩型具有明显的定向排列和强烈的波状消光,如图 4-12 所示。

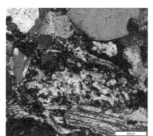
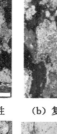
（a）石英质糜棱岩具有定向性

（b）复晶石英,石英质糜棱

　　　　　　（c）石英质糜棱岩-碎斑岩

（d）花岗岩型石英

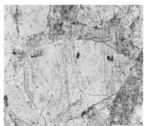
（e）花岗岩型石英（单偏光）

（f）波状消光石英及亚颗粒

图 4-12　显微镜下石英成像

　　长石含量约 13%。长石主要来自花岗岩类的物源,包括微斜长石、斜长石、条纹长石和正长石;条纹长石具有原生条纹结构,条纹定向排列,具有一致的消光和干涉特征,斜长石发育有聚片双晶,可见发生弱绢云母化,如图 4-13所示。

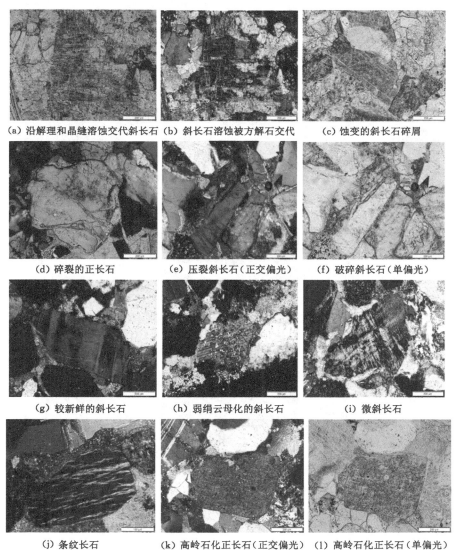

(a) 沿解理和晶缝溶蚀交代斜长石　(b) 斜长石溶蚀被方解石交代　(c) 蚀变的斜长石碎屑

(d) 碎裂的正长石　　(e) 压裂斜长石(正交偏光)　　(f) 破碎斜长石(单偏光)

(g) 较新鲜的斜长石　　(h) 弱绢云母化的斜长石　　(i) 微斜长石

(j) 条纹长石　　(k) 高岭石化正长石(正交偏光)　　(l) 高岭石化正长石(单偏光)

图 4-13　显微镜下长石成像

岩屑含量约 10%。岩屑类型主要为花岗岩岩屑、燧石岩、各种浅变质岩岩屑和沉积岩岩屑。浅变质岩岩屑有千枚岩、板岩岩屑、变质粉砂岩,沉积岩岩屑主要为泥岩岩屑,如图 4-14 所示。

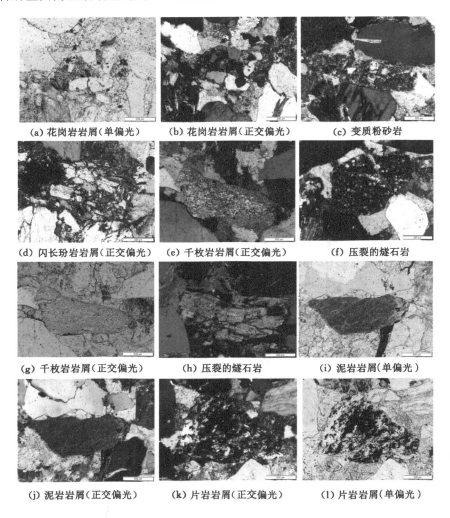

（a）花岗岩岩屑（单偏光）  （b）花岗岩岩屑（正交偏光）  （c）变质粉砂岩

（d）闪长玢岩岩屑（正交偏光）  （e）千枚岩岩屑（正交偏光）  （f）压裂的燧石岩

（g）千枚岩岩屑（正交偏光）  （h）压裂的燧石岩  （i）泥岩岩屑（单偏光）

（j）泥岩岩屑（正交偏光）  （k）片岩岩屑（正交偏光）  （l）片岩岩屑（单偏光）

图 4-14　显微镜下岩屑成像

其他矿物、自生矿物和重矿物含量约 2%。黑云母:褐色,片状,一组极完全解理,显著多色性,常因压实作用而发生变形,绿泥石化;白云母:白色,片状,一组极完全解理,二级顶部及以上的彩色干涉色,因其为薄片状常发生变形;蒙脱石:片状,黄绿色,正常干涉色为二级彩色,但由于粒度细小,在正交偏光镜下具有一级黄以上的干涉色;褐铁矿:黄铁矿氧化所形成,有较规则的晶体外形,红褐色,如图 4-15 所示。

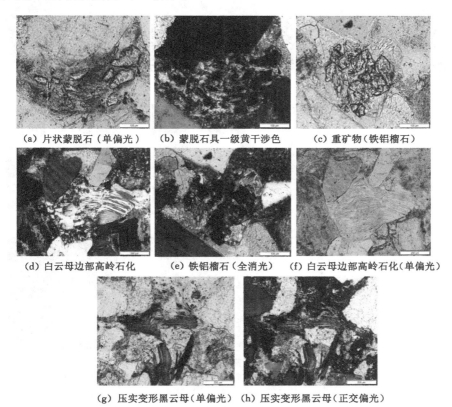

（a）片状蒙脱石（单偏光）　（b）蒙脱石具一级黄干涉色　（c）重矿物（铁铝榴石）

（d）白云母边部高岭石化　（e）铁铝榴石（全消光）　（f）白云母边部高岭石化（单偏光）

（g）压实变形黑云母（单偏光）　（h）压实变形黑云母（正交偏光）

图 4-15　显微镜下其他矿物成像

填隙物含量约 20%。分为杂基和填隙物两类,杂基多为与碎屑一起沉积的细砂级的石英和长石,呈棱角状,含量不超过 5%;胶结物以钙质胶结为主,一般为方解石和高岭石,含量约 15%。方解石占 13%,呈晶粒状、镶嵌状充填于碎屑颗粒之间和碎屑颗粒破裂缝中;高岭石仅在紧闭的颗粒之间和碎屑之间相邻最狭窄处保留。其余多为高岭石,无色透明,细小鳞片状,集合体,呈书页状或蠕虫状,正交偏光镜下为一级暗灰至灰白的干涉色,方解石呈晶粒状,如图 4-16 所示。

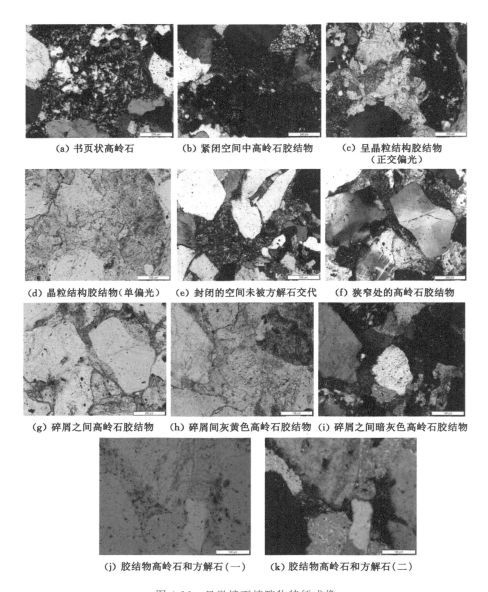

| （a）书页状高岭石 | （b）紧闭空间中高岭石胶结物 | （c）呈晶粒结构胶结物 （正交偏光） |
| （d）晶粒结构胶结物（单偏光） | （e）封闭的空间未被方解石交代 | （f）狭窄处的高岭石胶结物 |
| （g）碎屑之间高岭石胶结物 | （h）碎屑间灰黄色高岭石胶结物 | （i）碎屑之间暗灰色高岭石胶结物 |
| （j）胶结物高岭石和方解石（一） | （k）胶结物高岭石和方解石（二） | |

图 4-16　显微镜下填隙物特征成像

### 4.3.5　岩石构造及成岩作用

（1）压实和压溶作用

沉积物沉积后随着上覆沉积物的加厚和埋深的增加，在垂向静压力作用下发生机械压实,使得沉积物体积缩小、孔隙水排出而变得致密。显微镜下表现为塑性的碎屑如黑云母、泥岩岩屑发生塑性变形;刚性的碎屑在接触处发生破裂、沿解理或双晶劈开、局部波状消光等。

（2）胶结作用

从孔隙水中沉淀出来的各种自生矿物充填或部分充填粒间孔、粒内溶孔等孔隙空间。薄片中的胶结物种类有高岭石和方解石。

（3）交代作用

主要表现为方解石对石英、长石、岩屑的交代及对早期胶结物高岭石的交代。镜下表现为在某些碎屑的边部出现界线模糊的边缘与方解石过渡以及在填隙物中观察到仅在紧闭不流通的空间或狭窄的孔隙中残留高岭石。碎屑多为弱风化的长石和岩屑,呈次棱角状和次圆状,表明物源区较近,为短距离的搬运或物源区较远但气候干旱条件下的搬运,源岩类型多为石英质糜棱岩、脉岩和花岗岩及浅变质岩。沉积条件为河流相沉积,早期经历了压实作用和胶结作用,在酸性条件下形成高岭石胶结物,在成岩作用晚期转变为碱性条件,被方解石所溶蚀和交代。更详细的成因解释需结合样品来源和所在层位来分析。岩石定名为岩屑长石粗砂岩。

### 4.3.6　试验结论

由浸水特征试验、砂岩粒度分析试验、薄片鉴定三个试验综合可得出以下结论:

① 新上海一号煤矿侏罗系延安组 8 煤层顶板砂岩可命名为岩屑长石粗砂岩,其成分组成为 80% 的碎屑与 20% 的填隙物,其中碎屑主要由 55% 的石英、13% 长石、10% 的岩屑与 2% 的黑云母等其他矿物组成;填隙物主要由 5% 的杂基与 15% 的胶结物组成。其胶结方式为孔隙式胶结,属钙质胶结,胶结物主要为方解石（13%）与高岭石（2%）,表现为砂岩未浸水硬度大,浸水后未出现明显的吸水膨胀;碎屑呈次棱角状-次圆状,表明物源区较近,为短距离的搬运或物源区较远但气候干旱条件下的搬运;其沉积条件为河流相沉积,不均匀系数与分选系数表明其粒度成分均一,分选性好;其成岩作用主要为早期的压实作用和胶结作用、晚期的交代作用,因其属侏罗纪延安组,成岩时间短,整体上胶结程度与密实程度不高。

② 侏罗系延安组 8 煤层顶板砂岩经薄片鉴定为粗粒岩屑长石砂岩,粗砂结构,粒度范围:0.2~1 mm 及 0.5~1 mm 占 80%,0.2~0.5 mm 占 20%,而砂岩粒度分析试验中粒度在 0.25~0.75 mm 的占 50% 以上,0.5~1 mm 的占 25%,0.5~0.25 mm 的仅为 1.87%,与薄片鉴定的粒度组成结果相比有一定

的差别。其原因是因为岩样颗粒呈次棱角状-次圆状,在进行研磨时,易把颗粒碾碎导致其粒度变小,此外筛分样品中还会存在少量分解后的胶结物与杂基,同样会影响试验结果。粒度分析试验得出岩样不均匀系数为 2.541,分选系数为 2.432,表明样品砂岩粒度组成较为均匀,分选性好,级配较差,与薄片鉴定结果一致。因其成分均一、分选性好,级配差,颗粒磨圆度差、形状不规则,成岩时间短,胶结度差,说明岩样孔隙度较高、密实度低。

③ 侏罗系延安组砂岩中抗压强度较高的为钙质胶结且胶结成分以方解石和高岭石为主,高岭石为亲水黏土矿物,又因其成岩时间较短、胶结度不高,在浸水 24 h 后岩体完全软化、失去强度,稍作扰动即崩解。在一定水压的水流冲刷和浸泡下,砂岩易被冲刷失去完整结构,同时由于粒度成分均匀,颗粒磨圆度差,孔隙度高而密实度低,渗透、浸泡、冲刷和采动破坏后的砂岩分解并被水流沿导水裂隙冲出。

# 4.4　本章小结

侏罗系煤系地层的岩石分为两大类:一类是各种粒级的砂岩;另一类是泥岩或以黏土矿物为主的泥质岩石。泥岩中水敏性矿物含量高,具有吸水膨胀性,体积膨胀扩容会产生强大的膨胀力。泥岩浸水后极易泥化、水解,进一步降低其力学性能。砂岩遇水容易崩解,形成水-砂混合流体,在水动力作用下具有流砂属性。砂岩以泥质胶结为主,填隙物容易受水侵蚀。砂岩的粒级分布试验表明,此粒级的颗粒物在水流作用下具有流动性。

# 第 5 章　巷道围岩松动圈工程探测

## 5.1　多点位移计方法探测

### 5.1.1　多点位移计探测原理与测点布设

目前围岩松动圈测试方法主要有声波法、地质雷达法、多点位移计观测法以及钻孔摄像观察法,在新上海一号煤矿井下采用多点位移计方法探测巷道围岩松动圈。多点位移计探测原理:观测围岩表面与围岩内部各测点的相对位移值,即了解围岩内部位移分布状态,确定围岩松动范围。选用 DW-5 型多点位移计,量程为 $0\sim10$ cm,能见度大于 30 m。多点位移计径向各点累积变形随时间增长的变化幅度不一致,即围岩内部不同的深度受开挖的影响不同,变形情况不一样,因此可以把围岩内部的变形分成几个不同的区域,根据多点位移计埋设点的径向距离来确定松动圈的范围。

主井水仓交叉点设置监测断面 1 个;副井绕道监测断面 1 个;111082 工作面胶带巷位移监测断面 2 个。每断面布设 2 个测点,在每个测点钻孔深度 6 m 后,将多点位移计分别设置在 1.5 m、2.5 m、3.5 m、4.5 m、6 m 深度上。其测点布置如图 5-1 所示。

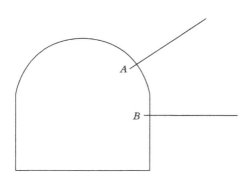

图 5-1　监测断面测点布置示意图

### 5.1.2　围岩松动圈探测结果

（1）水仓绕道（岩巷道）探测结果

测点位于主井水仓内、外环交叉点处，一次支护为锚网喷＋锚索，二次支护采用双层钢筋混凝土支护。

第 1 测点：0～1.5 m 段围岩产生变形 3 mm，1.5～2.5 m 段围岩产生变形 2 mm，2.5～3.5 m 段围岩产生变形 7 mm，3.5～4.5 m 段围岩产生变形 0 mm，4.5～6.0 m 段围岩产生变形 1 mm。巷道围岩内部 2.5～3.5 m 段围岩变形最大。

第 2 测点：0～1.5 m 段围岩产生变形 1 mm，1.5～2.5 m 段围岩产生变形 12 mm，2.5～3.5 m 段围岩产生变形 39 mm，3.5～4.5 m 段围岩产生变形 1 mm，4.5～6.0 m 段围岩产生变形 2 mm。表明巷道围岩在 2.5～3.5 m 深度变形最大，且一直在增加，未出现收敛趋势。从变形速率来看，安装仪器后的 15 天内，围岩基本没发生变形，随后 2.5～3.5 m 段围岩变形速率较大，达到 2 mm/d，而其他各段围岩变形速率较小且趋于稳定。

（2）回采巷道（煤巷）探测结果

巷道沿 8 煤层顶板粗砂岩中掘进，支护方式为锚网喷＋锚索＋U36 型钢棚联合支护。

第 1 监测断面第 1 测点探测结果：0～1.5 m 段围岩产生变形 5 mm，1.5～2.5 m 段围岩产生变形 7 mm，2.5～3.5 m 段围岩产生变形 0 mm，3.5～4.5 m 段围岩产生变形 2 mm，4.5～6.0 m 段围岩产生变形 0 mm。表明在仪器安装后的一个月内，1.5～2.5 m 段围岩变形最大。从变形速率来看，安装仪器后 30 天内，围岩基本没有产生变形，随后 1.5～2.5 m 段围岩变形速率约在 1 mm/d。

第 1 监测断面第 2 测点探测结果：0～1.5 m 段围岩产生变形 3 mm，1.5～2.5 m 段围岩产生变形 6 mm，2.5～3.5 m 段围岩产生变形 5 mm，3.5～4.5 m 段围岩产生变形 4 mm，4.5～6.0 m 段围岩产生变形 2 mm。表明围岩各个段变形都不大，这与安装仪器时此处测点远离迎头、围岩已释放部分变形有关。从变形速率来看，安装仪器后 30 天内，围岩基本无变形量产生，随后变形速率有所增加，1.5～2.5 m 段围岩变形速率约在 0.2 mm/d，30 天后趋于稳定。

第 2 监测断面第 1 测点探测结果：0～1.5 m 段围岩产生变形 1 mm，1.5～2.5 m 段围岩产生变形 14 mm，2.5～3.5 m 段围岩产生变形 9 mm，3.5～4.5 m 段围岩产生变形 3 mm。表明 1.5～2.5 m 段围岩变形最大，其他段围岩变形较小。安装仪器后 35 天内，围岩基本无变形量产生，随后 30 天内，1.5～2.5 m 段围岩变形速率约在 0.5 mm/d，其他段围岩变形速率更小。

第 2 监测断面第 2 测点探测结果:0～1.5 m 段围岩产生变形 3 mm,1.5～2.5 m 段围岩产生变形 18 mm,2.5～3.5 m 段围岩产生变形 6 mm。表明 1.5～2.5 m 段围岩变形最大,其他各段围岩变形较小。从变形速率来看,安装仪器后 35 天内,围岩变形速率基本为零,随后 30 天内,1.5～2.5 m 段内的围岩变形速率约在 0.6 mm/d,且趋于稳定。

（3）副井绕道(岩巷)探测结果

副井绕道为初喷＋锚网＋注浆锚索＋复喷＋U36 型钢棚联合支护。

第 1 测点:0～1.5 m 段围岩产生变形 1 mm,1.5～2.5 m 段围岩产生变形 25 mm,2.5～3.5 m 段围岩产生变形 2 mm,3.5～4.5 m 段围岩产生变形 2 mm,4.5～6.0 m 段围岩产生变形 3 mm。表明 1.5～2.5 m 段围岩变形最大,其他各段变形较小。1.5～2.5 m 段围岩在仪器安装 12 天内变形速率为零,随后 30 天内变形速率约在 0.8 mm/d,其他各段围岩变形速率始终不大,基本不产生变形。

第 2 测点:0～1.5 m 段围岩产生变形 1 mm,1.5～2.5 m 段围岩产生变形 19 mm,2.5～3.5 m 段围岩产生变形 4 mm,3.5～4.5 m 段围岩产生变形 5 mm,4.5～6.0 m 段围岩产生变形 2 mm。表明 1.5～2.5 m 段围岩变形最大。仪器安装后 10 天内,围岩基本无变形量产生,随后 38 天内 1.5～2.5 m 段围岩变形速率在 0.5 mm/d,而其他各段围岩变形速率始终较小。

综上,新上海一号煤矿井下巷道围岩松动圈范围见表 5-1,围岩松动圈厚度均大于 1.5 m。

表 5-1　新上海一号煤矿巷道围岩松动范围统计表

| 巷道名称 | 松动范围/m |
|---|---|
| 主井水仓交叉点(岩巷) | 2.5～3.5 |
| 111082 胶带巷(煤巷) | 1.5～2.5 |
| 副井空车线绕道(岩巷) | 1.5～2.5 |

# 5.2　孔内摄像方法探测围岩松动圈

## 5.2.1　钻孔数字摄像法探测方法与测点布置

用推杆将钻孔摄像探头推入钻孔中,摄像光源照射孔壁上的拍摄区域,孔壁图像经锥面反射镜变换后形成图像;摄像机将图像经专用视频传输电缆传输至视频分路器,一路进入主机内的存储设备,另一路进入主机内的采集卡中进行数字化;由深度值控制采集卡的采集方式;在静止捕获方式下,图像被快速地存储起来,便于室内分析围岩松动圈厚度值,直到探头到整个钻孔底部。

首先采用 $\phi32\ mm$ 的钻头在巷道两帮和顶板各打 2 个钻孔,孔深为 4 m,确保孔内清洁;采用钻孔摄像主机及摄像头测试记录孔内围岩破碎情况;将存储在主机内的钻孔视频文件通过自带的 USB 接口连接于电脑,通过钻孔摄像软件系统对围岩内各不同深度围岩松动破碎情况进行直观分析,得出巷道围岩松动范围。为了在钻孔数字摄像过程中获得比较清晰的图像,需要清洗钻孔壁,然后用高压风管将孔内壁粉尘吹净;需要保持探头筒内的清洁,尤其是玻璃筒及反光镜处干净;为了保持实时记录摄像过程中探头所处的位置,必须用光缆线紧紧地缠绕在绞车滑轮上。

榆树井煤矿采用钻孔数字摄像测量方法测试。本次实测工作在 11801 工作面两巷道中共布置了 7 个测试断面,具体情况如图 5-2 所示。其中,胶带巷布置 4 个测试断面,分别位于 300 m、400 m、450 m、500 m 处;轨道巷布置 3 个测试断面,分别位于 150 m、200 m、240 m 处。每个测试断面共布置了 5~6 个测孔,顶板孔深度 4.0~5.0 m,两帮 2.5~3.5 m。

### 5.2.2 探测结果

(1)胶带巷探测结果

① 胶带巷 300 m 处探测结果:11801 胶带巷 300 m 处,顶板右侧孔松动圈厚度 2.51 m,顶板左侧孔松动圈厚度 1.86 m,右帮上孔松动圈厚度1.99 m,右帮下孔松动圈厚度 1.87 m,左帮孔松动圈厚度 1.25 m。

② 胶带巷 400 m 处探测结果:11801 胶带巷 400 m 处,顶板右孔松动圈厚度 1.7 m,顶板左孔松动圈厚度 1.41 m,右帮上孔松动圈厚度 1.69 m,右帮下孔松动圈厚度 1.65 m,左帮孔松动圈厚度 1.40 m,顶板和右帮松动范围大于左帮。

③ 胶带巷 450 m 处探测结果:右帮上孔松动圈厚度 2.03 m,右帮下孔松动圈厚度 1.15 m,左孔松动圈厚度 1.97 m,设计的其他钻孔打孔不合格,未能进行测量。

④ 胶带巷 500 m 处探测结果:顶板左孔松动圈厚度 1.75 m,右帮上孔松动圈厚度 2.27 m,右帮下孔松动圈厚度 1.99 m,左帮孔松动圈厚度 1.68 m,设计的其他钻孔因质量不高未能有效观测。

(2)胶带巷探测结果分析

① 胶带巷 150 m 处探测结果:顶板右侧孔松动圈厚度 0.83 m,顶板左孔松动圈厚度 1.04 m,右帮上孔松动圈厚度 0.87 m,右帮下孔松动圈厚度

1.16 m,左帮上孔松动圈厚度 0.77 m,左帮下孔松动圈厚度 0.88 m。

② 胶带巷 200 m 处探测结果:顶板右孔松动圈厚度 0.68 m,顶板左孔松动圈厚度 0.66 m,右帮上孔松动圈厚度 1.17 m,右帮下孔松动圈厚度1.15 m,左帮上孔松动圈厚度 1.21 m,左帮下孔松动圈厚度 1.02 m。

③ 胶带巷 240 m 处断面探测结果:顶板右孔松动圈厚度 0.66 m,顶板左孔松动圈厚度 0.75 m,右帮上孔松动圈厚度 1.23 m,右帮下孔松动圈厚度 2.0 m,左帮上孔松动圈厚度 1.38 m,左帮下孔松动圈厚度 1.30 m。

## 5.3　探地雷达探测围岩松动圈

### 5.3.1　探测方法简介

电磁波法就是电磁感应法,是以地下不同介质的导电性和导磁性的差异为物理前提,根据电磁感应原理,通过观测、研究电磁场的空间分布规律和特点,从而寻找地下目标体或解决其他有关问题。而探地雷达是产生和向地下送入高频(50～1 000 MHz)电磁波,其电磁波信号的传播取决于地下介质的高频导电特性。地质体的导电特性主要由含水量及金属矿物含量所决定,这些也影响雷达波的传播与反射。高频雷达波在地下介质中的传播特性主要考虑速度和衰减两个方面。雷达波在岩体中的传播速度和衰减是探地雷达探测和结果分析中最重要的两个方面。

### 5.3.2　矿井总回风巷探测结果

(1)总回风巷 1# 断面探测结果

将总回风巷距掘进迎头 12 m 位置作为 1# 断面进行围岩松动圈探测,共布置测线 3 条。根据电磁剖面分析,该段的松动圈范围见表 5-2。

表 5-2　总回风巷松动圈探测成果表

| 探测断面位置 | 探测位置 | 探测长度/m | 最小值/m | 最大值/m |
|---|---|---|---|---|
| 距迎头 12 m 位置 | 右帮 | 1.75 | 1.27 | 2.58 |
| | 左帮上部 | 2.70 | 1.52 | 2.96 |
| | 左帮下部 | 1.80 | 1.00 | 1.89 |
| 距迎头 15 m 位置 | 左帮 | 2.70 | 1.67 | 2.89 |
| 距迎头 80 m 位置 | 右帮及拱顶 | 5.00 | 0.92 | 1.51 |
| | 左帮上部 | 1.50 | 0.74 | 1.21 |

（2）水仓入口处探测结果

水仓入口处探测结果见表 5-3。

表 5-3　临时泵房水仓入口处松动圈范围表

| 探测断面位置 | 探测位置 | 探测长度/m | 最小值/m | 最大值/m |
|---|---|---|---|---|
| 临时泵房<br>水仓入口处 | 右帮 | 2.70 | 1.00 | 2.17 |
| | 左帮 | 2.80 | 1.29 | 2.89 |

（3）风井绕道距 1# 交叉点 25 m 处探测结果

该探测点位于风井绕道距 1# 交叉点 25 m 位置，共布置测线 3 条，探测结果见表 5-4。

表 5-4　风井绕道距 1# 交叉点 25 m 处松动圈探测结果

| 探测断面位置 | 探测位置 | 探测长度/m | 最小值/m | 最大值/m |
|---|---|---|---|---|
| 风井绕道距 1#<br>交叉点 25 m 处 | 右帮 | 3.60 | 1.16 | 1.67 |
| | 左帮 | 2.40 | 0.94 | 1.63 |
| | 拱部 | 1.60 | 1.46 | 2.27 |
| 风井绕道距 1#<br>交叉点 30 m 处 | 全断面测线 | 7.20 | 1.22 | 2.30 |

# 5.4　本章小结

### 5.4.1　围岩松动圈分类

在大量的现场松动圈测试及松动圈与巷道支护难易程度相关性调研的基础上，结合锚喷支护机理，依据围岩松动圈的大小将围岩分为小松动圈稳定围岩（0～40 cm）、中松动圈一般稳定围岩（40～150 cm）和大松动圈不稳定围岩（>150 cm）三个大类，见表 5-5。

表 5-5　巷道支护围岩松动圈分类表

| 围岩类别 | | 分类名称 | 围岩松动圈 /cm | 支护现状及方法 | 备注 |
|---|---|---|---|---|---|
| 小松动圈 | Ⅰ | 稳定围岩 | 0～40 | 喷混凝土支护 | 围岩整体性好,不易风化的可不支护 |
| 中松动圈 | Ⅱ | 较稳定围岩 | 40～100 | 锚杆悬吊理论喷层 喷层局部支护 | 局部锚杆支护 |
| | Ⅲ | 一般围岩 | 100～150 | 锚杆悬吊理论喷层 喷层局部支护 | 刚性支护有局部破坏 |
| 大松动圈 | Ⅳ | 一般不稳定围岩 (软岩) | 150～200 | 锚杆组合拱理论喷层 钢筋网局部支护 | 刚性支护大面积破坏,采用可缩性支护 |
| | Ⅴ | 不稳定围岩 (较软围岩) | 200～300 | 锚杆组合拱理论喷层 钢筋网局部支护 | 围岩变形有稳定期 |
| | Ⅵ | 极不稳定围岩 (极软围岩) | ＞300 | 组合拱理论喷层 联合支护 | 围岩变形在一定支护下无稳定期 |

Ⅰ类围岩(0～40 cm),一般无须锚杆支护,可以喷混凝土单独支护;Ⅱ、Ⅲ类围岩(40～150 cm),用悬吊理论设计锚喷支护参数;Ⅳ、Ⅴ类围岩(150～300 cm),采用组合拱理论确定锚喷支护参数;Ⅵ类围岩(＞300 cm),利用组合拱支护在采动巷道中做过尝试而且取得一定的成果。Ⅰ～Ⅲ类围岩,现有的各种支护都可以使用;Ⅳ～Ⅵ类围岩,一切刚性支护不是不能使用就是不合理,这类围岩属于大松动圈范畴,围岩松动圈支护理论把 150 cm 常规支护不能适应的围岩定义为不稳定围岩(即软岩),从工程和支护的角度明确了软岩的概念。该分类方法以综合指标作为分类依据,它随围岩强度和地应力两个参数变化而变化,地应力、围岩强度等因素均被抽象概括于松动圈大小之中,因此分类表中无具体的地层岩石名称,亦无地应力数值。

## 5.4.2　新上海一号煤矿探测结果

新上海一号煤矿井下采用多点位移计方法探查巷道围岩松动圈,主井水仓交叉点(岩巷)围岩松动圈为 2.5～3.5 m,副井空车线绕道(岩巷)围岩松动圈为 1.5～2.5 m,煤巷道为 1.5～2.5 m,对照上述围岩松动圈分类表,属于大松动圈(Ⅳ～Ⅵ),说明新上海一号煤矿无论是煤巷道还是岩石巷道,其稳定性差,变形控制困难,支护体系复杂。

### 5.4.3 榆树井煤矿井下孔内摄像法探测结果

榆树井煤矿在井下煤巷道内采用孔内摄像法探测巷道围岩松动圈,松动圈厚度最小 0.66 m,最大 2.5 m,平均 1.46 m,仍属于大松动圈,说明榆树井煤矿煤巷道围岩稳定性差,变形控制难度大。孔内摄像法探测围岩松动圈结果见表 5-6。

表 5-6 11801 工作面围岩松动圈测试结果表

| 巷道名称 | 观测结果 | | | | |
|---|---|---|---|---|---|
| | 两帮 | | | 顶部 | |
| | 左帮/m | 右帮上/m | 右帮下/m | 顶板左/m | 顶板右/m |
| 11801 胶带巷 | 1.25 | 1.99 | 1.87 | 1.86 | 2.51 |
| | 1.40 | 1.69 | 1.67 | 1.41 | 1.70 |
| | 1.97 | 2.03 | 1.15 | — | — |
| | 1.68 | 2.27 | 1.99 | 1.75 | — |
| 11801 轨道巷 | 0.77 | 0.88 | 0.87 | 1.16 | 1.04 |
| | 1.21 | 1.02 | 1.17 | 1.15 | 0.66 |
| | 1.38 | 1.30 | 1.23 | 2.00 | 0.75 |

### 5.4.4 榆树井煤矿井下探地雷达法探测结果

榆树井煤矿采用的探地雷达法探测的巷道均为岩石巷道。探测结果表明,岩石巷道围岩松动圈最小 0.74 m,最大 2.96 m,平均 1.673 m,属于大松动圈,巷道围岩稳定性差,变形控制难度大。

内蒙古上海庙矿区侏罗系煤系地层属软岩类型,巷道围岩松动圈大,巷道容易失稳,给巷道变形控制带来极大困难。

# 第 6 章　地应力工程探测

## 6.1　地应力探测技术概述

### 6.1.1　地应力成因概述

人们对于地应力形成原因的认识经历了漫长的过程。1912 年,瑞士地质学家海姆在阿尔卑斯山大型越岭隧道的施工过程中,通过观察和分析,首次提出了地应力的概念,并假定地应力是一种静水应力状态,即地壳中任意一点的应力在各个方向上均相等。

1926 年,苏联学者金尼克修正了海姆的静水压力假设,认为地壳中各点的垂直应力等于上覆岩层的重量,而侧向应力(水平应力)是泊松效应的结果,其值应为 $\gamma h$ 乘以一个修正系数。同期的其他学者主要关心的也是如何用一些数学公式来定量地计算地应力的大小,并且也都认为地应力只与重力有关,即以垂直应力为主,不同点只在于侧压系数的不同。然而,许多地质现象(如断裂、褶皱等)均表明地壳中水平应力的存在。

20 世纪 20 年代,我国地质学家李四光就曾指出:在构造应力的作用仅影响地壳上层一定厚度的情况下,水平应力分量的重要性远远超过垂直应力分量。

20 世纪 50 年代初,瑞典科学家哈斯特发明了测试地应力的仪器和方法,并首先在斯堪的纳维亚半岛进行了地应力测量的工作。通过对测得数据进行分析,发现存在于地壳上部岩石中的地应力,大多呈水平状或近水平状,且最大水平主应力一般为垂直应力的 1~2 倍甚至更多,在一些地表处测得的最大水平应力高达 7 MPa,这从根本上动摇了延续了很长时间的地应力是重力引起的垂直应力的观点,而认为构造运动是形成地应力的一个重要因素。大量的地应力测量和研究结果都表明,在地壳岩体中普遍存在着水平方向的构造应力,其中尤以水平方向的构造运动对地应力的影响最大。另外,地应力还受到其他多重因素的影响,造成了地应力的复杂性。

通过对地应力的认识和研究,不同地点的地应力状态可能不尽相同,有时相差较大,地应力的大小和方向不可能通过数学方法计算出来,因此进行地应力实测是掌握一个地区地应力状态的唯一途径。

### 6.1.2 地应力影响因素简析

多年来对地应力的实测和研究分析表明,地应力的形成主要与构造运动有关。但在工程实践中,人们总是希望测到工程区地应力的方向、大小,有时亦需要掌握地应力的动态变化。然而到目前为止,所积累的大量应力资料中,绝大部分是在距地表不同深度的岩体中取得的。所测得的应力值实际上是地壳运动和岩体重力作用形成的应力场与各种局部影响因素叠加后的应力,有时甚至后者起了控制作用,从而使测得的应力量值和方向变化十分复杂。而局部应力和区域应力之间有相当大的差别,这就给地应力实测资料的解释和应用带来了很大的困难。一个地区的岩体中的应力场除受岩体自重和地壳运动控制外,还与该地区已有的地质构造、地形、岩体的力学性质等影响因素有关。认识这些因素对地应力场分布的影响规律,是正确分析地区应力场和使用应力测量计算结果的重要基础。

关于影响地应力的因素,世界各国都在进行研究,但研究的结果存在一定的差别。

影响地应力的因素是多种多样的,每种因素对地应力的影响程度也不相同。需要指出的是,各因素对地应力的影响不是独立的,而往往是同时存在的,只不过在不同情况下各因素的重要性有所差别。但总的来说,断裂构造是造成地壳岩体中应力发生变化的主要因素之一。由于影响地应力的因素多种多样,而且目前所得到的测量数据有限且分布不均匀,要对各种影响因素有一个准确的认识,需要做很多工作。但通过在一个地区布置大量地应力测点进行实测,掌握足够多的数据,并收集相关的资料,结合数学模型以及各种试验对地应力进行定性以至半定量的研究是可行的。

### 6.1.3 地应力探测原理

原位测量是目前获取各种不同深度工程原岩应力可靠资料的唯一方法。美国、澳大利亚、加拿大等矿业较发达的国家,对一些重要工程都普遍开展了原岩应力的实测工作。澳大利亚一些主要煤矿在进行大量地应力测量的基础上,绘制了矿区地应力分布图,用于指导井下巷道的支护,有利于对矿区的长远规划和生产布置。

根据工程需要,20 世纪 30 年代始就开展了岩石应力测量工作。目前,世界上已有几十个国家开展了地应力测量工作,测量方法可分为十余类,测量仪器达百余种。地应力测试的准确性与采用的测量方法、测量仪器和设备等密切相关。现有的地应力实测方法很多,但比较常用的方法可以归纳为三类,即应力解除法、水压致裂法、应力恢复法。

原岩应力是天然状态下岩体内某一点各个方向上应力分量总体的度量,一般情况下,6 个应力分量处于相对平衡状态。原岩应力实测则是通过在岩体内施工扰动钻孔,打破其原有的平衡状态,测量岩体因应力释放而产生的应变,通过其应力应变效应间接测定原岩应力。

(1)应力解除原理

应力解除法的基本原理是,当一块岩石从受力作用的岩体中取出后,由于其岩石的弹性会发生膨胀变形,测量出应力解除后此块岩石的三维膨胀变形,并确定其弹性模量,再由线性胡克定律即可计算出应力解除前岩体中应力的大小和方向。具体来讲,就是在岩石中先打一个测量钻孔,将应力传感器安装在测孔中并观测读数,然后在测量孔外同心套钻钻取岩芯,使岩芯与围岩脱离,岩芯上的应力因解除而恢复,根据应力解除前后仪器所测得的差值,即可计算出应力的大小和方向。

(2)应力解除过程

在岩体中施工一定深度(扰动区以外)的钻孔,将应力传感器牢固地安装在钻孔中,然后打钻套取岩芯实施应力解除,并在解除的过程中测量由于应力释放而产生的应变。

原岩应力测量一般在煤矿井下的巷道中进行,应力钻孔普遍采用在巷道内以一定的仰角向巷道顶板岩体中施工,在完整岩体中安装应力传感器进行应力测量。

在选定地应力测量地点施工导孔及安装孔,在岩芯完整位置安装应力计,然后用金刚石岩芯筒将内部黏结附着应力计的圆柱状岩芯取出,取芯过程中岩体的应变则由应力计测量出来。

## 6.2　工程探测

### 6.2.1　新上海一号煤矿地应力探测

在新上海一号煤矿风井井底车场附近选择了一个测点进行地应力实测,测点(编号为 YHJ)位于爆炸材料库附近。

首先施工地应力测量导孔,导孔的直径为 130 mm,在导孔孔底使用变径钻头施工变径孔后,又钻出了一个同心的直径为 38 mm 的安装小孔,该孔深度为 0.40 m,取出的岩芯岩性为砂质泥岩,通风并清理钻孔,让其干燥。

根据安装小孔岩芯完整情况,应力传感器安装在 9.5 m 深的位置,采用黏结的方法安装应力计。黏结剂固化约 24 h 后,对装有应力计的岩体进行应力解除,从应力解除过程来看,12 个应变片工作正常。应用专用数据处理软件对测量数据进行处理后表明,各种不同组合的应变片的数据相关性系数为 0.965,可信度较高。

根据解除距离与应变量相关性曲线,将应力计算结果列于表 6-1。

表 6-1  YHJ 测点原岩应力实测结果

| 主应力 | 实测/MPa | 倾角/(°) | 方位角/(°) |
|---|---|---|---|
| $\sigma_1$ | 16.99 | 12.3 | 96.8 |
| $\sigma_2$ | 11.85 | 72.0 | 19.6 |
| $\sigma_3$ | 9.82 | 15.5 | 185.4 |
| $\sigma_v$ | 11.26 | | |

新上海一号煤矿原岩应力场的第一主应力为水平应力,其值为 16.99 MPa,方向为 96.8°;第二主应力值大小为 11.85 MPa,方向为 19.6°;第三主应力为水平应力,其值大小为 9.82 MPa,方向为 185.4°;垂直应力为 11.26 MPa。原岩应力场中第一主应力为水平应力,最大水平应力是垂直应力的 1.51 倍,最大水平应力为最小水平应力的 1.73 倍。水平应力对巷道掘进的影响具有较为明显的方向性;实测的垂直应力与按照上覆岩层容重和埋深计算的垂直应力相近。

### 6.2.2  榆树井煤矿原岩应力探测

榆树井煤矿原岩应力现场测量工作自 2008 年 9 月 22 日开始,2008 年 10 月 4 日结束,完成原岩应力测点 2 个,应力计算结果列于表 6-2。

表 6-2  原岩应力实测结果

| 测点 | 主应力 | 实测/MPa | 倾角/(°) | 方位角/(°) |
|---|---|---|---|---|
| YSJ-1 | $\sigma_1$ | 15.68 | 15.1 | 81.6 |
| | $\sigma_2$ | 9.46 | 76.6 | 16.3 |
| | $\sigma_3$ | 8.91 | 13.0 | 173.2 |
| | $\sigma_v$ | 8.27 | | |

表 6-2(续)

| 测点 | 主应力 | 实测/MPa | 倾角/(°) | 方位角/(°) |
|---|---|---|---|---|
| YSJ-2 | $\sigma_1$ | 16.12 | 19.1 | 84.3 |
| | $\sigma_2$ | 10.20 | 67.8 | 34.2 |
| | $\sigma_3$ | 9.46 | 14.3 | 171.3 |
| | $\sigma_v$ | 8.35 | | |

　　榆树井煤矿原岩应力场的第一主应力为水平应力,方向为 81.6°~84.3°;最大水平主应力为垂直应力的 1.70~1.76 倍;实测的最大水平主应力为最小水平主应力的 1.76~1.93 倍;实测的垂直应力与按照上覆岩层厚度和容重计算的垂直应力相近。

# 第7章 采动覆岩"新四带"模型及工程意义

## 7.1 采动覆岩结构模型与历史沿革

### 7.1.1 采动覆岩"三带"模型的提出

早在 15 世纪,比利时人就观察到地下开采导致上覆岩层与地表移动现象,1913 年有学者提出了上覆岩层逐步弯曲理论;1951 年比利时人又提出了预成裂隙理论,指出超前支承压力集中作用导致覆岩的连续性遭到破坏,岩梁中的裂隙在支承压力的作用下预先形成;1958 年,苏联矿山测量研究院出版的《岩层与地表移动》一书中首次提出开采引起上覆岩层破坏形成垮落带、裂缝带、弯曲下沉带,即"三带"破坏理论;1983 年,康罗伊等采用钻孔测斜仪等仪器观测到采动覆岩内部的岩层移动现象,首次获得了采动条件下覆岩水平移动规律,并观测到了开采引起的覆岩层面滑移和离层现象。

我国从 20 世纪 50 年代以来,以刘天泉、钱鸣高、宋振骐等学者为代表,对煤矿开采覆岩破坏与采动裂隙分布做了大量研究,建立了采场岩层移动破坏与采动裂隙分布的"横三区"及"竖三带"的总体认识。

刘天泉等提出了覆岩破坏学说,按覆岩变形破坏特征及导水性能,将上覆岩层分为"三带",即垮落带、导水裂隙带、弯曲下沉带。此理论成为国内研究顶板突水机理的主要理论基础,相关的经验公式被写入《建筑物、水体、铁路及主要井巷煤柱留设与压煤开采规范》(以下简称《"三下"开采规范》)。

垮落带:位于覆岩的最下部,紧贴煤层。煤层采出后,上覆岩层失去平衡,直接顶板岩层开始垮落,并逐渐向上发展。由于碎胀原因,岩块的体积较垮落前有所增大。

导水裂隙带:位于垮落带之上,由于岩层向下弯曲受拉,在裂隙带内产生垂直或斜交于岩层的新生张裂隙,部分或全部穿过岩石分层,但其连续性未受破坏。岩层挠度差异性决定了岩层向下弯曲移动不同步,继而引起沿层面产生离层裂隙。

弯曲沉降带:基本上为整体移动,其下部在软、硬岩层交替接触处可出现离层,但离层与下伏导水裂隙带一般不连通。

### 7.1.2　采动覆岩"四带"模型的提出

20 世纪 90 年代,原山东矿业学院高延法教授采用有限元数值模拟计算方法,通过位移反分析提出了"四带"模型观点,为离层带注浆工程实践提供了理论支撑。他认为,地表松散层的沉降变形规律不同于基岩段,应单独划分出松散层沉降带;岩体垮落或岩体内部产生断裂,其本质都是物理损伤,故将垮落带与裂隙带合并称之为"破裂带"。计算地表最大下沉量和最大水平移动量所建立的本构方程为:

$$u_i = \frac{F}{E}\left[f_1(x_i,y_i,z_i,t) + \mu f_2(x_i,y_i,z_i,t)\right] + u_c(x_i,y_i,z_i) \quad (7\text{-}1)$$

式中,$u_i$ 为岩层内任一点的位移;$F$ 为外载荷;$E$ 为材料的变形模量;$x_i$、$y_i$、$z_i$ 为第 $i$ 点的坐标;$\mu$ 为泊松比;$u_c$ 为物体的体位移;$f_1$ 和 $f_2$ 函数是与 $F$、$E$、$\mu$ 等无关的坐标点和时间 $t$ 的函数。

将模拟计算结果与现场实测值进行对比后发现,地面下沉盆地边缘过长,拐点处倾斜值过小,与实际观测现象不符。于是他又提出,应在弯曲带下部单独划分出离层带,破裂带上覆岩层的离层是地表能够充分下沉的先决条件,离层带与弯曲带之间存在滑动层面,彼此层面的水平移动是无关的;表土层松散软弱,其变形模量较小,内部不会产生离层。"四带"分别为破裂带、离层带、弯曲下沉带、松散冲积层带。

### 7.1.3　采动覆岩"新四带"模型的提出

近年来,顶板离层水害多发,原有的分带模型难以有效指导离层水害防治工作,吕玉广等在实践基础上提出"新四带"模型的观点,认为煤层开采过程中,覆岩变形、破断并形成大量裂隙,其中沿岩层层理面拉开的裂隙称为离层裂隙(简称离层),当离层裂隙达到一定宏观尺度时称之为离层空间。岩层物理力学性质的差异决定了各分层岩石在整体下沉过程中存在不协调性,而这种不协调运动必然导致离层的产生。

既然从垮落带直至地表松散层都经历过下沉运动过程,则煤层上覆基岩内任何层段上都可能产生离层。产生离层现象是绝对的,但离层的宏观尺度大小是相对的;低位基岩内离层裂隙发育程度一般优于高位基岩,但在弯曲下沉带的下部单独划分出离层带的做法是不当的,故将裂隙带上部基岩段统称为基岩离层带。松散层单独划分为一带,仅是为了突出基岩的特点,强调基岩内任何层段上均可能产生离层的特点。

吕玉广等将采动覆岩划分为垮落带、裂隙带、基岩离层带、松散冲积层带。为区别于前人的"四带",故称之为"新四带"。

上述三种分带模型的空间关系如图 7-1 所示。

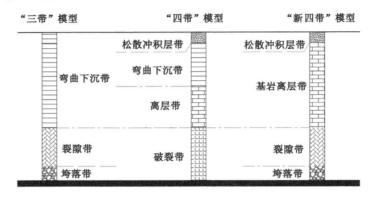

图 7-1　三种分带模型的空间关系

# 7.2　"新四带"模型的实践依据

### 7.2.1　含水层水位变化规律证实离层现象

（1）采煤工作面与顶板含水层空间关系

新上海一号煤矿开采侏罗系延安组煤层,地层从上至下依次为:第四系风积砂（厚度 1.0～6.5/2.7 m）、新近系半胶结砂岩与泥岩互层（厚度 9.2～75.3/35.1 m）、白垩系砂砾（厚度 106.5～261.7/153.8 m）、侏罗系延安组含煤岩系。

煤层上覆的侏罗系直罗组、白垩系志丹群地层中各种粒度的砂岩（砾岩、粗粒砂岩、中粒砂岩、细粒砂岩）为含水层,分别称为直罗组含水层、白垩系含水层。8 煤层下距 15 煤层约 78 m,8 煤层已回采了 4 个工作面,15 煤层已回采了 1 个工作面。

采场附近有 $Z_1$、$G_1$ 水文长观孔,分别观测直罗组含水层、白垩系含水层的水位。工作面与观测孔的相对位置关系如图 7-2 所示。111084、111082、113082、113081、114152 等工作面（煤层）上距直罗组含水层垂距分别为 18.6 m、32 m、56 m、58 m、116.5 m,上距白垩系含水层垂距分别为 184 m、

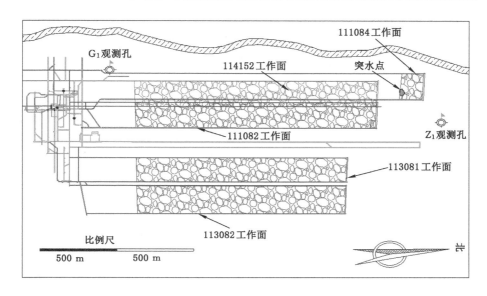

图 7-2　采掘工程平面图

192 m、196 m、201 m、276 m,空间关系如图 7-3 所示。

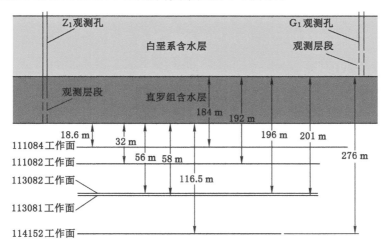

图 7-3　工作面(煤层)与含水层空间关系示意图

(2)回采对直罗组含水层水位的影响

$Z_1$ 孔观测直罗组下部约 30 m 段高内含砾粗砂岩的水位,该段俗称"七里镇砂岩",富水性弱至中等。研究表明,裂采比为11.8,111084 工作面的导水裂隙可以波及直罗组含水层(发生了突水溃砂事故);其他 4 个工作面的导水裂隙均波及不到直罗组含水层,回采过程中采空区没有涌水量,见表7-1。

表 7-1 工作面相关参数统计表(直罗)

| 工作面 | 最大采高 /m | 导裂高度 /m | 隔水层平均厚度 /m | 隔水层厚度 与导裂高度差值/m | 工作面涌水量 /m³ |
|---|---|---|---|---|---|
| 111082 | 3.7 | 43.7 | 58.6 | 14.9 | 0 |
| 111084 | 4.0 | 47.2 | 45.8 | −4.4 | 突水溃砂 |
| 113082 | 3.6 | 42.5 | 69.2 | 26.7 | 0 |
| 113081 | 3.8 | 44.8 | 78.6 | 33.8 | 0 |
| 114152 | 3.8 | 44.8 | 127.5 | 82.7 | 0 |

根据 $Z_1$ 孔多年持续观测的水位数据,绘制直罗组含水层水位历时曲线(图 7-4)。111084 工作面突水后,含水层水位下降明显,注浆堵水后水位快速回升,其他 4 个工作面导水裂隙均未波及该含水层,尤其是 114152 工作面上距"七里镇砂岩"116.5 m,各工作面在回采过程中采空区几乎没有水(导水裂隙带范围内砂岩水已提前疏干),即直罗组含水层的水并没有流失,但含水层的水位均发生有规律的变化,先是快速下降,而后缓慢回升。

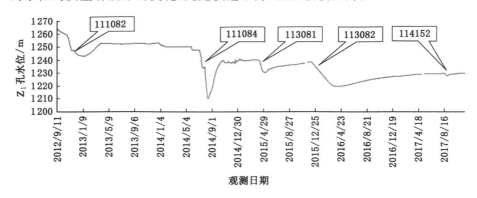

图 7-4  $Z_1$ 孔水位历时曲线

(3) 回采对白垩系含水层水位的影响

$G_1$ 孔观测白垩系下段(约 60 m)砾岩含水层的水位,该含水层富水性弱至中等。工作面(煤层)上距白垩系砾岩含水层 184～276 m。经计算,导水裂隙带均波及不到白垩系含水层,见表 7-2。

表 7-2　工作面相关参数统计表(白垩)

| 工作面 | 最大采高 /m | 导裂高度 /m | 隔水层平均厚度 /m | 隔水层厚度 与导裂高度差值/m | 工作面涌水量 /m³ |
|---|---|---|---|---|---|
| 111082 | 3.7 | 43.7 | 184 | 140.3 | 0 |
| 111084 | 3.4 | 47.2 | 192 | 144.8 | 突水溃砂 |
| 113082 | 3.6 | 42.5 | 196 | 153.5 | 0 |
| 113081 | 3.8 | 44.8 | 201 | 156.2 | 0 |
| 114152 | 3.8 | 44.8 | 276 | 231.2 | 0 |

根据 $G_1$ 孔多年持续观测的水位数据,绘制白垩系水位历时曲线 (图 7-5)。从中可以看出,上述 5 个工作面回采过程中白垩系含水层的水位 均有明显的响应,先是快速下降,然后缓慢回升,水位变化曲线表现为 "√"号。

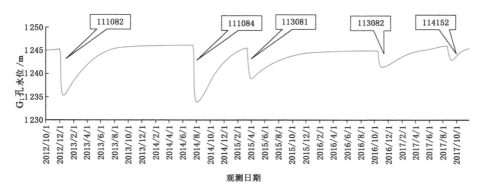

图 7-5　$G_1$ 孔水位历时曲线

根据上述水位的变化规律,推断采后覆岩内产生了离层空间,其储水能力 远大于原生的砂岩裂隙或孔隙的储水能力,砂岩裂隙-孔隙水向离层裂隙空间持 续渗透汇集,引起含水层水位下降,但这部分水体并没有进入采场;离层的发育、 发展是一个动态演化过程,覆岩持续压缩离层空间并促使离层最终趋于闭合, 此时离层空间内汇集的水体在覆岩挤压作用下最终要回归到原来的裂隙或孔 隙内,这个过程比较缓慢,表现为水位缓慢回升并趋近于原始水位。$Z_1$ 孔观测 到的直罗组水位有规律地降升变化,证明在低位覆岩内产生了离层;$G_1$ 孔观测到的白垩系水位有规律地降升变化,证明在高位覆岩内也产生了离层。

### 7.2.2 采场淋水现象证明覆岩内存在离层现象

煤层顶板砂岩或多或少含有裂隙水,采场顶板淋水并不少见。值得注意的是,顶板淋水区域多出现在采煤工作面倾斜下部,更多地集中在下部端头附近,较少在采场倾斜上部出现。

笔者 30 年来在山东济宁、内蒙古上海庙等多个矿区从事煤矿一线生产管理工作,发现检修班或因故停产期间,淋水范围会从工作面下部端头向工作面中上部扩展,停产时间越长,淋水区向上部扩展的范围越大;工作面达到一定的推进速度时淋水消失。可见采场是否出现淋水以及淋水区范围大小与工作面推进速度有关。

根据 120 余个采煤工作面统计数据分析,当工作面推进速度大于 10 m/d 时,出现淋水的工作面约占 6%,且集中在下端头;当工作面推进速度处于 6~8 m/d 区间时,下部端头淋水的工作面约占 21%,下部和中部均淋水的工作面约占 9%;当工作面推进速度处于 4~6 m/d 区间时,下部端头淋水的工作面约占 34%,中下部淋水的工作面约占 19%,上部端头淋水的工作面约占 6%;当工作面推进速度小于 4 m/d 时,下部端头淋水的工作面约占 41%,中下部淋水的工作面约占 37%,上部端头淋水的工作面约占 9%。采煤工作面顶板淋水统计数据见表 7-3。

表 7-3　采煤工作面顶板淋水情况统计表

| 推进速度 $v$/(m/d) | 顶板不同位置出现淋水工作面占比/% | | |
|---|---|---|---|
| | 下部端头 | 中部 | 上部端头 |
| $v \geqslant 10$ | 3 | 0 | 0 |
| $6 < v \leqslant 10$ | 21 | 9 | 0 |
| $4 \leqslant v < 6$ | 34 | 19 | 6 |
| $v < 4$ | 41 | 37 | 9 |

用离层裂隙可以较好地解释这种现象,如图 7-6 所示。煤层通常有一定的倾角,假设工作面倾斜上部、煤层顶板上方一定高度内(导水裂隙高度内)存在水质点 $A$,水进入采场的路径以红色线段表示。

质点 $A$ 从启动到进入采场全程可分为两个时间段,岩层断裂以前渗流时间为 $t_1$,岩层断裂以后进入采场以前运动时间为 $t_2$。在 $t_1$ 时间内裂隙水沿离层裂隙渗流,在 $t_2$ 时间内裂隙水一方面沿离层裂隙渗流,同时在遇到穿层裂

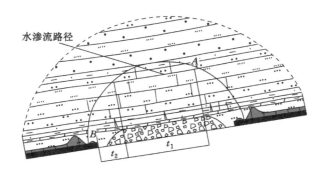

图 7-6　水质点渗流路径(时间)示意图

隙时又会沿着穿层路径渗流。则沿层面渗流总时间为 $t_1+t_2$,沿穿层裂隙(垂直于岩层面)的渗流时间为 $t_2$。$t_1+t_2$ 恒大于 $t_2$,因此该水质点不会在采场上部出现,而会出现在采场倾斜方向的中下部。即便是在垮落带内,水质点运动路径也如此。因此可以合理推测,水源位于煤层上方的位置越高,越容易在采场的中下部出现淋水,如果水就在煤层直接顶板内,则容易在采场的中上部出现。据此,可以粗略判断水源高度信息。

### 7.2.3　光纤探测证明覆岩任何层段均可能产生离层

(1)探测基本情况

2019 年,在榆树井 113082 工作面上方(地表)预先施工一个钻孔,终孔位于 8 煤层,全孔取岩芯并做力学测试。孔内安置一套特制光纤传感器,包括金属基索定点应变感测光缆($\phi$5 mm)、GFRP 传感光缆($\phi$3.5 mm)、电法线缆($\phi$10 mm),最后用水泥浆液封闭全孔。

工作面回采至监测孔 160 m 时开始采集数据,直至工作面推过监测孔 210 m 时止,历时 43 天,共采集光纤数据 44 组。力学测试数据表明,天然状态下岩石单轴抗压强度普遍小于 20 MPa,部分岩石甚至无法做成试块,极少数岩石抗压强度较高。

(2)监测数据分析

工作面距离监测孔 160 m 时的数据作为背景值,如图 7-7(a)所示;工作面距离监测钻孔 130.5 m 时,孔内上部首先监测到拉应力变化,中下部则以压应变为主,如图 7-7(b)所示;随着工作面向监测孔靠近,低位岩层受到采动影响越来越大,拉应变区域向下部延伸;拉应变区向下缩小范围,但应变量增大,如图 7-7(c)、(d)所示;拉应力导致拉应变,是离层发生的动力源,拉应力超过岩层间黏结力时便在岩层之间产生离层裂隙,裂隙的张度超过光缆极限延展性时则光缆破断。工作面距离监测孔 61 m 时,光缆第 1 次破断,位置在煤层顶板上方 97.42 m 处,如图 7-7(e)所示;其后光缆又发生了 4 次破断,如图 7-7(f)、(g)、(h)、(i)所示。

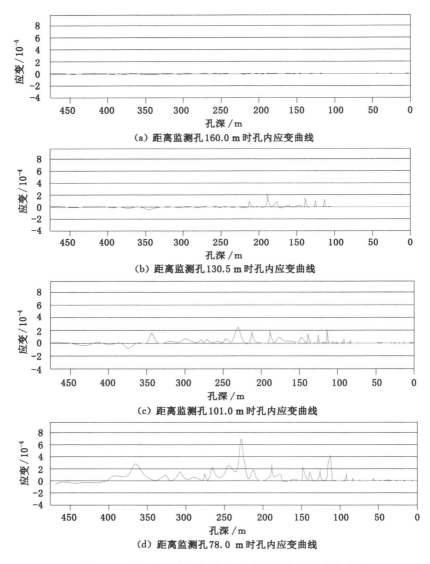

(a) 距离监测孔160.0 m时孔内应变曲线

(b) 距离监测孔130.5 m时孔内应变曲线

(c) 距离监测孔101.0 m时孔内应变曲线

(d) 距离监测孔78.0 m时孔内应变曲线

图 7-7　随工作面与监测孔相对位置变化孔内应变曲线

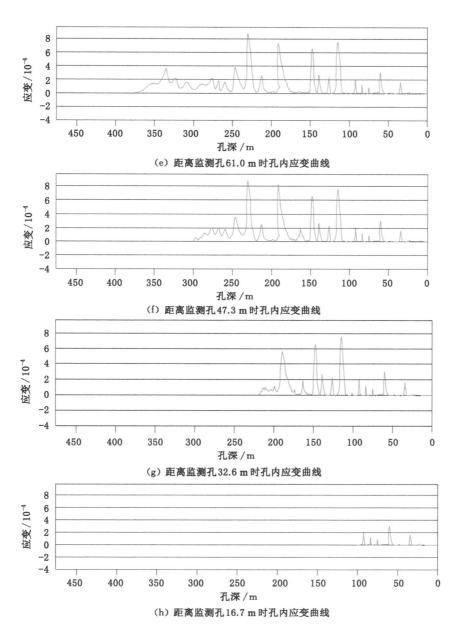

(e) 距离监测孔 61.0 m 时孔内应变曲线

(f) 距离监测孔 47.3 m 时孔内应变曲线

(g) 距离监测孔 32.6 m 时孔内应变曲线

(h) 距离监测孔 16.7 m 时孔内应变曲线

图 7-7　（续）

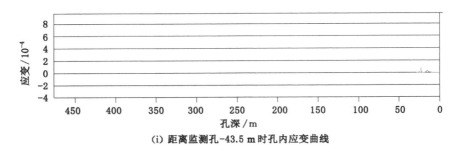

**(i) 距离监测孔-43.5 m时孔内应变曲线**

图 7-7　（续）

（3）传感光缆破断位置分析

对照监测孔揭示的地层岩性及力学参数，孔内光缆 5 次破断时所处的空间位置（详见表 7-4、图 7-8）如下：

第 1 次破断位置位于煤层顶板上方 97.4 m 处，上位岩性为中粒砂岩，抗压强度为 56.6 MPa，下位岩性为泥岩，抗压强度为 9.9 MPa。

第 2 次破断位置位于煤层顶板上方 172.0 m 处，上位岩性为砂质泥岩，抗压强度为 55.3 MPa，下位岩性为粗粒砂岩，抗压强度为 1.8 MPa。

第 3 次破断位置位于煤层顶板上方 252.1 m 处，上位岩性为细粒砂岩，抗压强度为 63.9 MPa，下位岩性为砂质泥岩，抗压强度为 8.8 MPa。

第 4 次破断位置位于煤层顶板上方 367.3 m 处，上位岩性为细粒砂岩，抗压强度为 36.8 MPa，下位岩性为粗粒砂岩，抗压强度为 16.5 MPa。

第 5 次破断位置位于煤层顶板上方 442.7 m 处，上位岩性为砾岩，抗压强度为 36.8 MPa，下位岩性为细粒砂岩，抗压强度为 5.5 MPa。

表 7-4　孔内线缆破断位置统计表

| 破断次数 | 与监测孔相对位置/m | 埋深/m | 破断点位于煤层上方位置/m | 上位岩层 | | 下位岩层 | |
| --- | --- | --- | --- | --- | --- | --- | --- |
| | | | | 岩性 | 抗压强度/MPa | 岩性 | 抗压强度/MPa |
| 第 1 次 | 61.0 | 375.0 | 97.4 | 中粒砂岩 | 56.6 | 泥岩 | 9.9 |
| 第 2 次 | 47.3 | 300.0 | 172.0 | 砂质泥岩 | 55.3 | 粗粒砂岩 | 18.8 |
| 第 3 次 | 32.6 | 220.0 | 252.1 | 砾岩 | 63.9 | 砂质泥岩 | 8.8 |
| 第 4 次 | 16.7 | 105.0 | 367.3 | 细粒砂岩 | 36.8 | 粗砂岩 | 16.5 |
| 第 5 次 | −36.5 | 30.0 | 442.7 | 砾岩 | 42.8 | 细砂岩 | 5.5 |

| 地层 | 岩性 | 累深/m | 柱状 1:500 | 比重 /(g/cm³) | 天然抗压强度 /MPa 最小～最大 / 平均 | 内摩擦角 /(°) | 泊松比 |
|---|---|---|---|---|---|---|---|
| 第四系 | 风积砂 | 6.21 | | | | | |
| 古近系 | 粗砂岩 | 20.1 | | | | | |
| | 砾岩 | 29.9 | | 2.26 | 40.4～44.4/42.8 | 39°22′ | 0.2 |
| 白垩系 | 细砂岩 | 57.31 | | 2.04 | 5.2～5.6/5.5 | 26°22′ | 0.34 |
| | 中砂岩 | 68.79 | | 2.23 | 12.0～13.6/12.8 | 30°27′ | 0.46 |
| | 粉砂岩 | 89.32 | | 2.24 | 10.0～12.0/10.8 | 31°22′ | 0.42 |
| | 细砂岩 | 108.69 | | 2.44 | 35.6～38.0/36.8 | 38°32′ | 0.21 |
| | 粉砂岩 | 113.74 | | 2.29 | 16.0～17.6/16.5 | 32°51′ | 0.34 |
| | 砂质泥岩 | 124.23 | | 2.32 | 12.8～14.0/13.5 | 31°34′ | 0.43 |
| | 细砂岩 | 131.72 | | 2.11 | 6.8～7.2/6.9 | 24°57′ | 0.51 |
| | 粉砂岩 | 165.2 | | 2.12 | 16.0～19.6/17.7 | 32°44′ | 0.29 |
| | 粗砂岩 | 179.10 | | 2.03 | 7.2～8.4/7.9 | 27°22′ | 0.51 |
| | 细砂岩 | 189.9 | | 2.24 | 17.6～20.0/18.8 | 31°34′ | 0.47 |
| | 砾岩 | 222.3 | | 2.47 | 60.8～66.8/63.9 | 20°42′ | 0.68 |
| 侏罗系直罗组 | 砂质泥岩 | 228.4 | | 2.29 | 8.0～9.6/8.8 | 26°47′ | 0.58 |
| | 中砂岩 | 240.1 | | 2.48 | 16.0～18.8/17.1 | 33°25′ | 0.26 |
| | 泥岩 | 258.12 | | 2.32 | 6.0～6.4/6.3 | 20°42′ | 0.31 |
| | 粉砂岩 | 283.72 | | 2.45 | 20.0～22.8/21.9 | 34°39′ | 0.36 |
| | 砂质泥岩 | 301.23 | | 2.41 | 52.1～58.8/55.3 | 40°22′ | 0.47 |
| | 粗砂岩 | 325.14 | | 2.24 | 17.6～20.0/18.8 | 31°34′ | 0.47 |
| | 中砂岩 | 351.10 | | 2.03 | 7.2～8.4/7.9 | 27°22′ | 0.51 |
| | 泥岩 | 353.22 | | 2.22 | 8.4～12.6/10.9 | 29°12′ | 0.29 |
| | 粗砂岩 | 375.02 | | 2.46 | 55.0～58.8/56.6 | 43°39′ | 0.17 |
| 侏罗系延安组 | 泥岩 | 386.54 | | 2.3 | 9.6～10.0/9.9 | 28°44′ | 0.23 |
| | 粉砂岩 | 393.21 | | 2.24 | 8.9～12.2/10.4 | 31°12′ | 0.40 |
| | 煤 | 397.15 | | | | | |
| | 细砂岩 | 420.12 | | 2.3 | 5.2～5.6/5.5 | 25°42′ | 0.4 |
| | 煤 | 420.58 | | 2.47 | 42.8～45.2/44.4 | 39°22′ | 0.31 |
| | 砂质泥岩 | 423.38 | | 2.18 | 20.0～24.0/22.0 | 33°27′ | 0.28 |
| | 煤 | 423.7 | | | | | |
| | 细砂岩 | 455.79 | | 2.23 | 5.6～9.5/7.8 | 29°27′ | 0.23 |
| | 泥岩 | 472.42 | | 2.21 | 18.8～20.4/19.7 | 26°46′ | 0.27 |
| | 8 煤层 | 476.18 | | | | | |

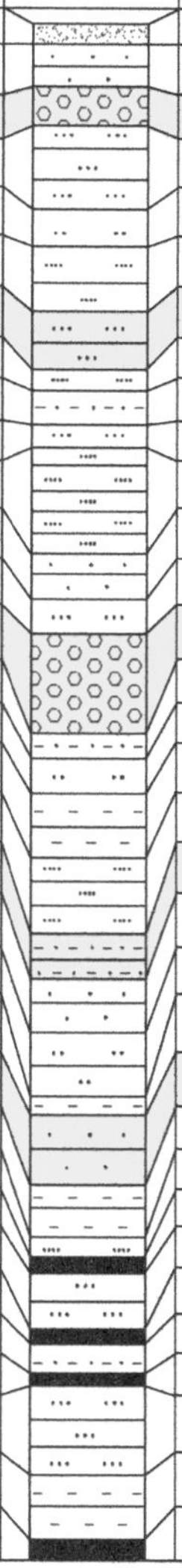

图 7-8　监测孔地层柱状图及力学参数测试结果

拉应力是产生离层的动力源,在同等应力作用下岩性不同的岩层产生的应变不同。上硬下软的地层组合更容易发生离层。

### 7.2.4 超前应力分布规律

煤壁前方（覆岩内）拉应力与压应力区的分布情况及相互转化关系可以概化为图 7-9 所示。图中，$Od$ 为工作面煤壁位置竖直线，$Oe$ 为支承压力向煤壁内影响距离（工作面推进方向），$eb$ 为监测孔竖直线位置，$db$ 为基岩露头线；$X$ 轴为拉应力轴，$Y$ 轴为压应力轴；$Ob$ 弧线为拉应力区与压应力区在某一时间节点的分界线。

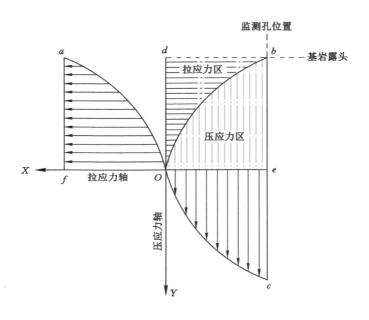

图 7-9  煤壁前方覆岩内应力分布图（剖面）

当工作面靠近监测孔某一相对位置时，煤壁前方的覆岩内 $Odb$ 区域岩层受煤层后方（采空区）岩层断裂、下沉、垮落的影响，向采空区方向反转，其内部产生拉应力，从上向下受拉深度（相对于煤壁）逐渐缩小，但应力值逐渐增大，如 $Oaf$ 区域所示；由于岩梁传递作用，$Obe$ 区域内岩层受到上部岩层反转的附加应力（压应力），由近及远受压范围逐渐增大、应力值逐渐增大，如 $Oce$ 区域所示，$O$ 点拉应力最大、压应力最小，$Oe$ 方向上拉应力与压应力此消彼长。

可见，高位上覆岩层所受的拉应力超前于煤壁，为高位上首先产生离层创造了条件；在时间关系上，拉应力发生在前、压应力产生在后；$O$ 点（煤壁浅表岩层）失去了承载能力。

# 7.3　采动覆岩分带模型工程意义

### 7.3.1　"三带"模型的工程意义

"三带"模型的工程意义主要体现在两个方面。

（1）指导防隔水煤（岩）柱设计

当煤层顶板存在富水性中等及以上间接充水含水层，又不易疏干或疏干不经济时，需要留设防隔水煤（岩）柱，防隔水煤（岩）柱的高度必须满足下式：

$$H_f > H_k + H_{li} \qquad\qquad (7\text{-}2)$$

式中，$H_f$ 为防隔水煤（岩）柱高度（采空区顶界到含水层之间隔水层厚度），m；$H_k$ 为垮落带高度，m；$H_{li}$ 为导水裂隙带高度，m。

由于地层结构的复杂性、物理力学性质各向异性、各层异性等，精准探测"两带"高度在实践中是很困难的。为了确保防隔水煤（岩）柱的有效隔水性，通常在裂隙带之上应再增加一定的隔水层厚度，即通常所说的保护层。

（2）校核采煤支架的工作阻力

采煤支架额定工作阻力必须适应采场围岩条件，支架工作阻力过小，容易发生压死支架事故，甚至引起顶板突水灾害等连锁反应。支架额定工作阻力必须满足下式：

$$F_g > 9.8h\gamma kS \qquad\qquad (7\text{-}3)$$

式中，$F_g$ 为支架额定工作阻力，$kN/m^2$；$h$ 为最大采高，m；$\gamma$ 为上覆岩层平均容重，$kN/m^3$；$S$ 为支架支护顶板的面积，$m^2$；$k$ 为采高倍数。

应用式（7-3）时，假定垮落带岩层的重量全部由采煤支架承担，而垮落带高度则用采高乘以倍数表达。

### 7.3.2　"四带"模型指导离层注浆工程实践

为了减少地面下沉量、减轻地表变形量，保护地面建筑，从 20 世纪 90 年代开始，向采后覆岩内高压灌注粉煤灰、黏土、水泥浆液或复合浆液的注浆工程在全国多地都有开展。近年在环保政策趋紧的情况下，将煤矸石球磨后制成浆液作为充填材料以消化煤矸石为主要目的的离层注浆在山东省、内蒙古自治区等地均有工程实践。"四带"模型一度被用来指导离层带注浆，抓住离层带的有利空间提高浆液注入量。

但"四带"模型没有给出离层带的计算方法或量化判据。在离层带邻近导水裂隙带内实施高压注浆存在着溃浆的安全风险，实践中均在裂隙带上方保留至少 60 m 的隔浆岩层,即注浆层段与所谓的离层带在空间上并不对应。同时,"四带"将垮落带与裂隙带合并为破裂带,弱化了"三带"模型原有的工程意义。

### 7.3.3 "新四带"模型指导离层水害防治

"新四带"与"四带"在基岩内存在离层、表土松散层变形机理与基岩变形机理不同等观点上是一致的,但"新四带"认为离层可能产生在基岩的任何层段上。"新四带"传承了垮落带、裂隙带的观点,使"三带"原有的工程意义得以强化,同时可以指导离层水害的防治。

离层水害的发生需要同时具备五个条件:岩石物理力学条件、富水性(水源)条件、导水通道条件、汇水时间条件、离层空间条件。离层空间所在的围岩必须具备一定的富水性,通过一定时间的渗透汇集才可以在离层空间内形成自由水体,富水性越好所需要的汇水时间越短,这是发生离层水害的物质基础。缺少导水通道条件,离层水体无法溃入采场,而采矿扰动形成的导水裂隙是其必然的导水通道,断层或其他劣化岩层完整性的构造只会破坏离层空间的封闭性,开放的离层空间无法汇集水源。

关于离层水害的突水通道,有学者认为离层水体下方相对隔水层可视为板状隔水岩梁,在离层水体重力作用下,隔水岩梁破断而突水,即"静水压涌";也有学者认为采煤支架工作阻力不足,导致"压架切顶"形成贯通性导水裂隙;还有学者认为,关键层周期性破断时击打下方离层水体,产生超能力动力现象,从而破坏了离层水体下方的隔水岩梁而导致突水。笔者则认为,导水裂隙发育高度一方面受关键层控制,另一方面又随着采高变化而呈台阶式发育。导水裂隙是基于岩体损伤和导水性而做出的定义,导水裂隙带高度是特定的开采条件下导水裂隙能够发育的最大高度,任何形式下的岩体破断,只要破断产生的裂隙具备导水能力,均应归入导水裂隙范畴。因此,上述关于离层水害突水通道的各种观点均无法回避导水裂隙这个关键点,导水裂隙是离层水害必然的导水通道。

高位覆岩内的离层空间虽然具备汇水时间条件,但因缺少导水裂隙这个导水通道条件而无法突水,如图 7-10 中的离层 1 所示;低位覆岩内形成的离层裂隙很快被上行发育的导水裂隙"刺穿",不具备汇水的时间条件,无法在短时间内汇集一定量的水体,而是表现为采空区涌水,如图 7-10 中的离层 3 所示;导水裂隙带顶部附近的离层汇水时间相对较长,同时具备导水通道条件。

综上可以得出结论:只有位于导水裂隙带顶部附近的离层空间才能形

成离层水害(如图 7-10 中的离层 2 所示)。这个结论为离层水害的防治提供了靶域。

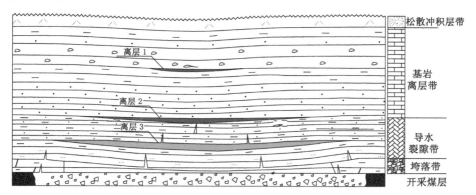

图 7-10  覆岩离层与导水裂隙示意图

# 第8章 弱富水基岩短时高强度携砂突水机理研究

近年来,随着西北侏罗纪煤田开发强度的提高,巨厚基岩下采煤水-砂混合突涌地质灾害日益突出,如内蒙古上海庙矿区、塔然高勒矿区、宁夏宁东矿区、陕西永陇矿区、黄陇煤田旬耀矿区等。我国西北地区薄基岩下开采浅埋煤层"突水溃砂"案例较多,华东、华北地区为了增加可采资源量,提高开采上限,此类地质灾害也时有发生。国内学者对浅埋煤层开采引起的上部松散含水砂层溃入采场的研究十分深入,泥砂来源于第四系松散层已成为共识,而西北侏罗纪巨厚基岩下采煤"水-砂混合突涌"事故则不同,基岩提供水源和砂源,弱富水含水层可以短时高强度突水,成为一种新的危害性较大的地质灾害,目前业内学者对此鲜有研究。

本书以内蒙古上海庙矿区 2014 年发生的"7·28"事故以及陕西照金煤矿发生的 2015 年发生的"4·25"事故为例,研究由基岩引起的"水-砂混合突涌"型地质灾害的致灾机理和防治技术。

## 8.1 两起典型事故简介

### 8.1.1 "7·28"突水事故简介

(1) 水文地质条件简介

事故发生在内蒙古上海庙矿区新上海一号煤矿的 111084 工作面,开采侏罗系延安组 8 煤层,其上覆地层自上而下为:

① 侏罗系延安组($J_2y$):地层平均厚度 293.09 m,煤层顶板砂岩为含水层,赋存极不稳定,呈透镜体分布,砂岩总厚度 0~89.47 m,平均 24.86 m,单位涌水量 0.000 7~0.002 6 L/(s·m),渗透系数 0.003~0.186 5 m/d,富水性弱。与上方直罗组呈低角度不整合接触。

② 侏罗系直罗组($J_2z$):地层平均厚度 119.07 m,河湖相沉积。下部以灰白色、灰色的中粗粒砂岩为主,该段俗称"七里镇砂岩",沉积结构极不稳定,单

位涌水量 0.008 4～0.117 L/(s·m),渗透系数 0.023 3～0.281 2 m/d,富水性极弱至中等。与上覆白垩系地层呈小角度不整合接触。

③ 白垩系志丹群(K₁zd):地层平均厚度 182.37 m,上部以粉砂岩、泥岩、中粗砂岩、细砂岩等为主,富水性弱;下部以灰白色的砂砾岩为主。全层混合抽水试验,单位涌水量 0.006 5～0.057 8 L/(s·m),渗透系数 0.005 5～0.288 3 m/d,富水性极弱至弱。

④ 新近系(E):地层平均厚度 36.02 m,以砖红色的泥岩为主,局部夹灰白色的细砂岩、粉砂岩、中粗砂岩,成岩度低,半胶结。

⑤ 第四系(Q):为风积砂丘或冲积砂土,层厚 1.00～29.40 m,平均 5.72 m。

111084 工作面煤层厚度 3.8～4.2 m,突水时实际采高约 4.0 m。西侧邻近煤层隐伏露头,东侧为 111082 工作面采空区(2013 年 9 月回采结束,最大涌水量约 5 m³/h),南侧为工业广场煤柱。设计可采长度约 1 880 m(未含停采线以外联络巷),宽度 210 m,煤层平均厚度 3.8 m,煤层埋藏深度 358～414 m,与 111082 工作面之间留区段设煤柱宽约 40 m,构造简单,综采工艺,后退式回采,全部垮落法管理顶板。

(2) 事故经过

2014 年 6 月 20 日开始回采,同年 7 月 27 日推进 143 m 时,88# 综采支架顶板出现淋水,28 日 5:00 左右水量瞬间达到 2 000 m³/h,此后水量快速衰减,约 1 周后水量稳定在 50 m³/h。

2014 年 8 月 30 日上午 10:10 水量由此前的 50 m³/h 猛增到 1 500 m³/h,此后水量再次衰减,5 天后水量稳定在 15 m³/h。

2014 年 10 月 18 日凌晨 3:00 水量由此前的 15 m³/h 突然增加到 300 m³/h,3 天后水量稳定在 10 m³/h 左右。

2014 年 12 月 8 日 15:00 水量由此前的 10 m³/h 突然增大至 100 m³/h,约 1 周后水量稳定在 5 m³/h,此后水量稳定。

整个突水过程历时 3.5 个月,瞬时最大水量 2 000 m³/h,总出水量约 23.3 万 m³,溃出泥砂量 3.58 万 m³。水中携带泥砂量大,先是掩埋了工作面,然后泥砂从下巷涌水,长约 2 000 m 的巷道基本上被泥砂淤塞;同时泥砂从上巷涌出,约 500 m 的巷道被泥砂淤塞。总价值约 7 460 万元的设备被埋。

## 8.1.2 "4·25"事故简介

(1) 水文地质条件简介

事故发生在陕西省铜川市黄陇煤田旬耀矿区的照金煤矿 ZF202 工作面。

井田为轴向近东西的向斜构造,北翼地层倾角 2°～5°,南翼地层倾角 8°～12°,面积 10.775 km²。矿井核定生产能力 180 万 t/a,开采侏罗纪延安组 4-2 煤层,煤层厚度 0～14.8 m,平均 8.62 m;煤层埋藏深度 275.2～593.5 m,平均 486.5 m。地层及含水层情况简述如下:

第四系(Q)松散层孔隙含水层,厚度 0～42.9 m,富水性弱;白垩系下统洛河组($K_1 l$)砂岩裂隙含水层,厚度 0～522 m,平均 304.5 m,单位涌水量 0.001 42～0.007 25 L/(m·s),渗透系数 0.000 35～0.004 m/d,富水性极弱;白垩系下统宜君组砾岩层,厚度 0～40.5 m,平均 21.8 m,为隔水层;侏罗系中统直罗组($J_2 z$)砂岩裂隙含水层,厚度 11～127.12 m,平均 54.2 m,富水性弱;侏罗系中统延安组($J_2 y$)砂岩裂隙含水层,厚度 0～55.9 m,平均 35.6 m,单位涌水量 0.000 356 L/(m·s),渗透系数 0.000 149 m/d,富水性弱,如图 8-1 所示。

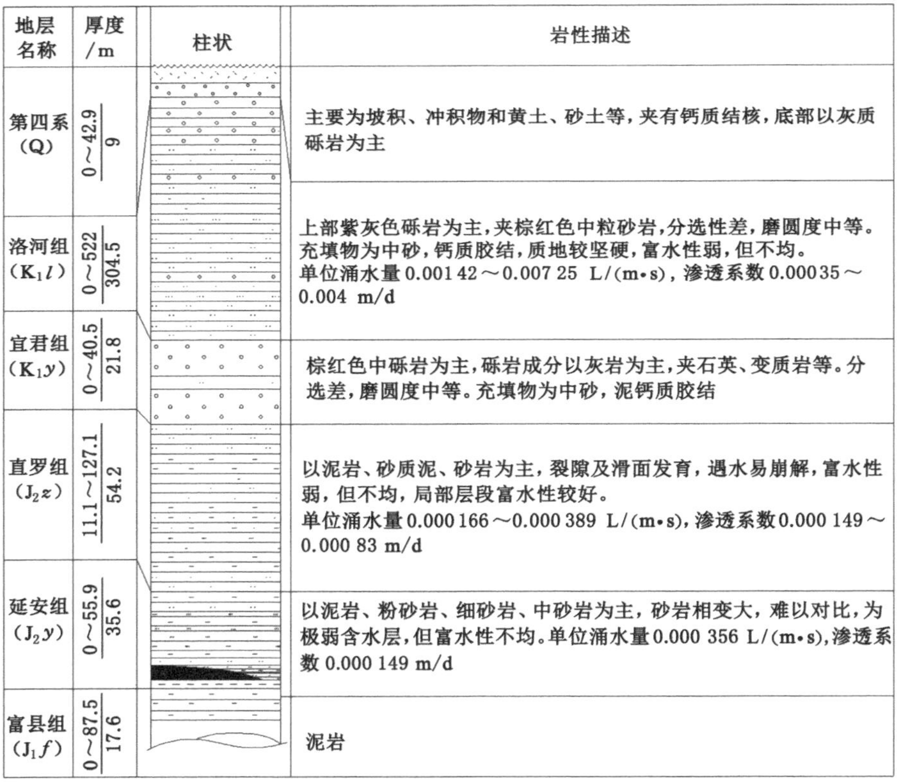

| 地层名称 | 厚度/m | 柱状 | 岩性描述 |
|---|---|---|---|
| 第四系(Q) | 0～42.9 / 9 | | 主要为坡积、冲积物和黄土、砂土等,夹有钙质结核,底部以灰质砾岩为主 |
| 洛河组($K_1 l$) | 0～522 / 304.5 | | 上部紫灰色砾岩为主,夹棕红色中粒砂岩,分选性差,磨圆度中等。充填物为中砂,钙质胶结,质地较坚硬,富水性弱,但不均。单位涌水量 0.001 42～0.007 25 L/(m·s),渗透系数 0.000 35～0.004 m/d |
| 宜君组($K_1 y$) | 0～40.5 / 21.8 | | 棕红色中砾岩为主,砾岩成分以灰岩为主,夹石英、变质岩等。分选差,磨圆度中等。充填物为中砂,泥钙质胶结 |
| 直罗组($J_2 z$) | 11.1～127.1 / 54.2 | | 以泥岩、砂质泥、砂岩为主,裂隙及滑面发育,遇水易崩解,富水性弱,但不均,局部层段富水性较好。单位涌水量 0.000 166～0.000 389 L/(m·s),渗透系数 0.000 149～0.000 83 m/d |
| 延安组($J_2 y$) | 0～55.9 / 35.6 | | 以泥岩、粉砂岩、细砂岩、中砂岩为主,砂岩相变大,难以对比,为极弱含水层,但富水性不均。单位涌水量 0.000 356 L/(m·s),渗透系数 0.000 149 m/d |
| 富县组($J_1 f$) | 0～87.5 / 17.6 | | 泥岩 |

图 8-1 照金煤矿地层综合柱状图

（2）事故经过

本起事故发生在 ZF202 工作面,开采侏罗系延安组 4-2 煤层。ZF202 工作面位于井田西部,是二采区第二个采煤工作面,底板埋深 540～661 m,厚度 7～11 m,倾角 5°～8°。工作面为走向长壁综合机械化放顶煤工作面,走向 1 475 m,倾斜宽度 150 m,设计采高 3.2 m,放顶 3.8 m,留 0.5 m 厚的护底煤,如图 8-2 所示。

煤层顶板每 100 m 打 1 个探水孔,仰角 70°,终孔于煤层顶板上约 60 m 处。实际仅施工 2 个探水孔,仰角分别为 15°、36°,孔深分别为 35 m 和 43 m,无水,设计的其他探水孔未再施工。巷道揭露煤层内高角度节理发育。

2015 年 4 月 24 日工作面推采至 1 153 m 以前,采空区正常涌水量 30～50 m³/h;24 日 22 时,8# 支架顶板出现淋水,20# 支架顶板岩石破碎;25 日 8 时许,7#～9# 架顶板淋水增大,水色发浑,人员在紧急撤离过程中听到巨大的声响,并伴有强大气流,短时间内工作面被泥砂掩埋,约 450 m 巷道有泥砂淤积。

救援工作历时 302 h,投入救援的人数达 7 566 人次,安装局部通风机 2 台、水泵 6 台,施工放水钻孔 25 个,总排水 32 267 m³,清理巷道 455.5 m,清理淤泥、砂石 1 680.45 m³。

事故造成多人当场被埋,损失惨重。

### 8.1.3　突水事故共性特点

（1）水-砂混合性突涌

两起事故均为水-砂混合性突涌型地质灾害,容易埋泵、埋设备,现场排水困难,甚至是人员来不及逃生而被泥砂掩埋。"7·28"事故溃出物以中细粒砂、粉砂为主,含小砾石(图 8-3);"4·25"事故溃出物中有混杂堆积的泥、砂及岩块、煤块,块体大小不一,颜色以灰白色、深褐色为主,块状物质主要为次棱角状,且含有大量磨圆度较好的球状、似球状砾石,成分以泥岩和砂质泥岩为主,胶结松散,分选性差,轻碰易碎,其中泥砂含量约占溃出物的 50%～60%。

（2）深埋煤层厚基岩采场突水溃砂

111084 工作面煤层埋藏深度 358～414 m,地表为第四系风积砂,厚度仅数米,属深埋煤层厚基岩采场;202 工作面埋藏深度约 400 m,地表第四系松散层厚度仅 20 余米。此类地质灾害与提高开采上限导致的地表松散层溃砂在物源上有着本质区别。

（3）弱含水层短时高强度突水

新上海一号煤矿煤系地层以及煤系地层上部没有中等或中等以上的含水

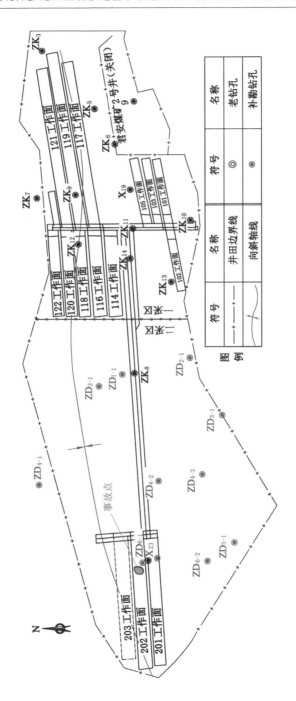

图 8-2　照金煤矿采掘工程平面图

图 8-3  "4·25"事故井下溃出物

层,含水层类型均为砂岩裂隙型,富水性极弱(全井田仅有 1 个抽水试验单位涌水量达到中等);照金煤矿上覆含水层虽然较多,但在该井田内没有中等或中等以上含水层。

(4)间歇式周期性突水

新上海一号煤矿 111084 工作面突水,在工作面停止生产的情况下每隔一定时间段就突水 1 次,整个过程呈周期性、间歇式,具有水量梯次衰减、间歇时间梯次延长的规律;照金煤矿 202 工作面突水亦有此特点。这种周期性、间歇式突水与顶板关键层周期性断裂无关,不能用关键层周期性断裂来解释。

(5)总水量有限

此类突水灾害总水量有限,只短时水量大,可能仅持续数分钟或数小时,随后快速衰减,新上海一号煤矿"7·28"事故在历时 3.5 个月内总水量约 23 万 $m^3$,短时水量高达 2 000 $m^3/h$;照金煤矿"4·25"事故总水量仅 32 267 $m^3$,但短时水量高达 1 299 $m^3/h$。

(6)软岩矿区特有的地质灾害

深埋煤层厚基岩下采场水-砂混合突涌事故仅发生在西北侏罗系煤田,而西北侏罗系煤田地层的突出特点是低强度、弱胶结、弱富水,这是与岩性有密切联系的新型地质灾害。

## 8.2  "7·28"事故孕灾机理研究

### 8.2.1  突水水源的判断

本起事故由于来势猛、短时水量大、水中携带大量泥岩和砾石,参与事故调查的专家多倾向于工作面上方存在古河床,于是在突水点附近施工了 J₂ 探查孔,取芯编录并与周边钻孔资料进行对比分析,未发现地层层序、岩性或沉积相异常,如图 8-4 所示。

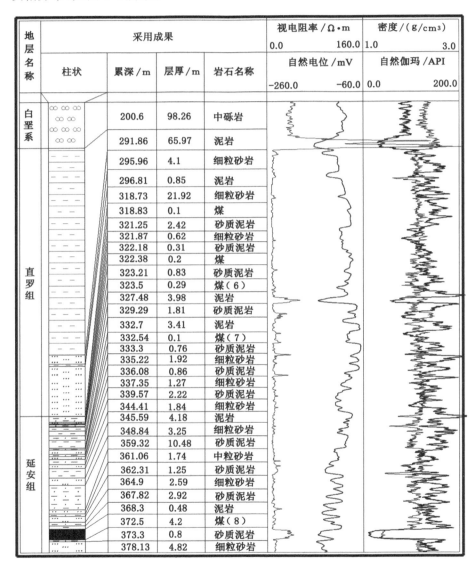

| 地层名称 | 采用成果 | | | | 视电阻率/Ω·m 0.0　160.0 自然电位/mV -260.0　-60.0 | 密度/(g/cm³) 1.0　3.0 自然伽玛/API 0.0　200.0 |
|---|---|---|---|---|---|---|
| | 柱状 | 累深/m | 层厚/m | 岩石名称 | | |
| 白垩系 | | 200.6 | 98.26 | 中砾岩 | | |
| | | 291.86 | 65.97 | 泥岩 | | |
| 直罗组 | | 295.96 | 4.1 | 细粒砂岩 | | |
| | | 296.81 | 0.85 | 泥岩 | | |
| | | 318.73 | 21.92 | 细粒砂岩 | | |
| | | 318.83 | 0.1 | 煤 | | |
| | | 321.25 | 2.42 | 砂质泥岩 | | |
| | | 321.87 | 0.62 | 细粒砂岩 | | |
| | | 322.18 | 0.31 | 砂质泥岩 | | |
| | | 322.38 | 0.2 | 煤 | | |
| | | 323.21 | 0.83 | 砂质泥岩 | | |
| | | 323.5 | 0.29 | 煤(6) | | |
| | | 327.48 | 3.98 | 泥岩 | | |
| | | 329.29 | 1.81 | 砂质泥岩 | | |
| | | 332.7 | 3.41 | 泥岩 | | |
| | | 332.54 | 0.1 | 煤(7) | | |
| | | 333.3 | 0.76 | 砂质泥岩 | | |
| | | 335.22 | 1.92 | 细粒砂岩 | | |
| | | 336.08 | 0.86 | 砂质泥岩 | | |
| | | 337.35 | 1.27 | 细粒砂岩 | | |
| | | 339.57 | 2.22 | 砂质泥岩 | | |
| | | 344.41 | 1.84 | 细粒砂岩 | | |
| 延安组 | | 345.59 | 4.18 | 泥岩 | | |
| | | 348.84 | 3.25 | 细粒砂岩 | | |
| | | 359.32 | 10.48 | 砂质泥岩 | | |
| | | 361.06 | 1.74 | 中粒砂岩 | | |
| | | 362.31 | 1.25 | 砂质泥岩 | | |
| | | 364.9 | 2.59 | 细粒砂岩 | | |
| | | 367.82 | 2.92 | 砂质泥岩 | | |
| | | 368.3 | 0.48 | 泥岩 | | |
| | | 372.5 | 4.2 | 煤(8) | | |
| | | 373.3 | 0.8 | 砂质泥岩 | | |
| | | 378.13 | 4.82 | 细粒砂岩 | | |

图 8-4　J₂ 钻孔地层柱状图

　　2302 钻孔是井田精查期间施工的地质孔,2302 孔与 $J_2$ 孔连线作地质剖面图,突水点位于剖面线附近,比较能够说明问题,如图 8-5、图 8-6 所示。

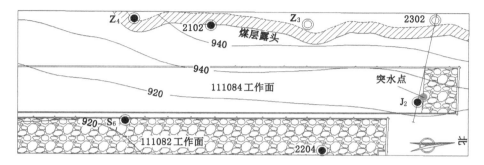

图 8-5　111084 工作面平面布置图

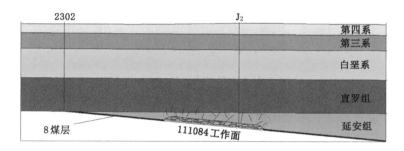

图 8-6　2302 钻孔与 $J_2$ 钻孔连线地质剖面图

　　111084 工作面上端到上部直罗组最近,隔水岩柱厚度仅 26.7 m;工作面下端到上部直罗组地层界之间隔水岩柱 56.4 m。工作面实际采高 4.0 m,根据前文裂采比 11.8 计算,导水裂隙在此处的发育高度约为 47.2 m,说明导水裂隙已经波及直罗组含水层。直罗组底部砂岩较为发育,通常又把此层段称为"七里镇砂岩"。直罗组含水层水位历时曲线以及连通试验均证实直罗组含水层是本起事故的主要充水水源。

## 8.2.2　弱含水层短时高强度突水孕灾机理

　　"七里镇砂岩"赋存极不规律,由多层砂岩组合而成,有时相变为泥岩。在前面章节已经详细介绍了新上海一号煤矿水文地质条件,全井田仅有一孔抽水试验单位涌水量达到中等富水标准[0.117 L/(s·m)],其他抽水试验的单位涌水量均小于 0.1 L/(s·m),大多小于 0.01 L/(s·m),属于富水性极弱型含水层。

那弱含水层为什么短时水量能够达到 2 000 m³/h? 研究后认为是"离层汇水作用强化了弱含水层的短时突水强度"。

根据前文"岩石物理力学参数测试":新上海一号煤矿侏罗系直罗组地层的各类岩石天然抗压强度为 5.6~66.8 MPa,平均 13.71 MPa。总体上地层为软岩,也有部分岩层达到了较坚硬甚至是坚硬的等级标准。

根据前文"采动覆岩'新四带'模型与工程意义"的研究成果:采动覆岩内只要具备"上硬下软"的岩性组合,任何层段均可能产生离层以及"只有位于导水裂隙带顶部附近的离层空间汇水后才可能发生离层水害"的论断,为我们研究"7·28"突水事故提供了理论支撑。

岩性与抗压强度之间没有固定的规律,同样是砂岩,有的抗压强度高,而有的抗压强度很低;同样是砂质泥岩,有的遇水泥化,有的却保持数十兆帕的承载能力。因此,单纯从岩性判断力学强度高低进而判定离层产生的空间层位是很难的,但可以肯定的是只要具备"上硬下软"的岩性组合条件即可以产生离层。

现将 8 煤层顶板导水裂隙波及范围内的岩石力学试验参数列于表 8-1 中。从 J₂ 钻孔地层柱状图上看,直罗组底部"七里镇砂岩"厚 21.92 m。根据 2302 钻孔与 J₂ 钻孔连线剖面图,工作面上部导水裂隙带进入了该含水层,导水裂隙带发育到该含水层附近,该含水层正处于"位于导水裂隙带顶部附近",一旦在形成离层空间并有水源汇集则可酿成离层水害。

表 8-1　煤层顶板岩层厚度及力学试验参数

| 岩性 | 厚度/m | 自然状态下单轴抗压强度/MPa | 下距煤层顶板/m |
| --- | --- | --- | --- |
| 细粒砂岩 | 21.92 | 25.4 | 50.86 |
| 煤 | 0.1 | — | 50.85 |
| 砂质泥岩 | 2.42 | 8.6 | 50.75 |
| 细粒砂岩 | 0.62 | 5.8 | 48.33 |
| 砂质泥岩 | 0.31 | — | 47.71 |
| 煤 | 0.2 | — | 47.4 |
| 砂质泥岩 | 0.83 | 5.6 | 47.2 |
| 煤 | 0.29 | — | 46.37 |
| 泥岩 | 3.98 | 8.9 | 46.08 |
| 砂质泥岩 | 1.81 | 12.1 | 42.1 |

表 8-1(续)

| 岩性 | 厚度/m | 自然状态下单轴抗压强度/MPa | 下距煤层顶板/m |
|---|---|---|---|
| 泥岩 | 3.41 | 9.6 | 40.29 |
| 煤 | 0.1 | — | 36.88 |
| 砂质泥岩 | 0.76 | — | 36.78 |
| 细粒砂岩 | 1.92 | 8.52 | 36.02 |
| 砂质泥岩 | 0.86 | — | 35.16 |
| 细粒砂岩 | 1.27 | 4.6 | 34.56 |
| 砂质泥岩 | 2.22 | 6.9 | 33.29 |
| 细粒砂岩 | 1.84 | 6.9 | 31.07 |
| 泥岩 | 4.18 | 8.75 | 26.89 |
| 细粒砂岩 | 3.25 | 11.6 | 22.71 |
| 砂质泥岩 | 10.48 | 16.3 | 19.46 |
| 中粒砂岩 | 1.74 | 3.8 | 8.98 |
| 砂质泥岩 | 1.25 | 12.3 | 7.24 |
| 细粒砂岩 | 2.59 | 8.9 | 5.99 |
| 砂质泥岩 | 2.92 | 6.5 | 3.4 |
| 泥岩 | 0.48 | — | 0.48 |
| 8 煤层 | 4.2 | — | 0 |

从实验室力学试验数据来看,该层砂岩自然状态下单轴抗压强度 25.4 MPa,相对其下位其他岩层可以称为关键层,可以合理推测下位岩层中形成了离层裂隙,而且裂隙规模较大,否则难以积聚大量水源。多年来上海庙矿区煤层"疏干开采"工程实践证实了"有砂就有水、突水必溃砂"的结论,这层细粒砂岩是可以提供水源的。

这里有个问题需要商榷,即工作面上部距离上方含水层更近,为什么没有从上部出水,而从工作面中下部出水? 这要从多方面考虑:首先,地质问题难以用数字精准表达,岩层沉积结构本身各向异性、裂隙发育程度各向异性、力学强度各向异性、渗透性各向异性等,规程、规范中给出的导水裂隙带高度计算公式也只是"经验"公式,事实上要精准探测几乎不太可能,地质上讨论的问题多数还是限于一定的宏观尺度上的。

至此可以得出结论:煤层顶板上方"七里镇砂岩"为关键层,覆岩下沉过程中在关键层的下方形成了离层空间;"七里镇砂岩"本身具有一定的富水性,砂岩裂隙水持续向离层空间内渗透汇集,形成了离层水体;导水裂隙上行发育过程中,当向上"刺破"离层水体时则将这部分水体导入采场。离层水体突然释放具有短时水量大、来势猛的特点,可描述为"离层汇水作用强化了弱含水层短时突水强度"。

### 8.2.3　泥砂来源

根据前文"矿物成分分析与相关试验"研究内容可知,西北侏罗系煤系地层(包括上部非煤系地层)具有低强度、弱胶结、砂岩遇水崩解、泥岩遇水泥化水解等特点,在水流经路线上围岩自然崩解、在较强大的水动力作用下水-砂泥混合物一同溃出,因此泥砂来自煤层顶板弱胶结岩层,与第四系松散砂层发生溃砂事故的物源不同。

### 8.2.4　突水过程特点

这里结合直罗组含水层水位变化历时曲线、白垩系水位变化历时曲线、涌水量历时曲线等讨论水-砂溃混合突涌的过程特点。根据直罗组"七里镇砂岩"含水层($Z_1$孔)和白垩系砾岩含水层($G_1$孔)的水位观测数据,绘制水位变化历时曲线叠合图,总体上都呈现出先快速下降、后缓慢回升的"√"形特点;与涌水量历时曲线相结合后可以看出,直罗组水位每次异常波动均与水量之间存在高度相关性。虽然白垩系含水层水位也是先快速下降、后缓慢回升,但对涌水量的变化没有响应(图 8-7)。

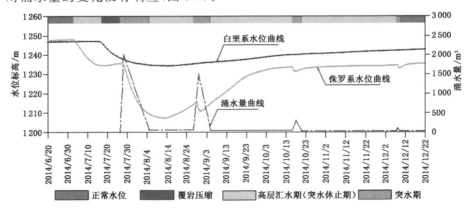

图 8-7　水位与涌水量历时曲线叠合图

下面结合曲线图突水过程的几个关键问题进行探讨。

(1) 离层蓄水期

根据前文,岩石抗压强度差异性较大,具备了离层产生的物质条件。在离层裂隙形成过程及形成后,砂岩裂隙水持续向离层空间汇集,在相对封闭的离层空间内形成"自由"水体,这个过程称为离层汇水过程,为随后发生的携砂突水提供了动力源。离层汇水过程中含水层水位表现为下降特点。

(2) 离层水体突出

岩层具有一定挠度,岩层间垂向上差异性位移引起离层裂隙的产生;导水裂隙则需要克服岩层的极限抗拉强度,岩层先发生弯曲、后出现张裂,从下而上非匀速扩展,当导水裂隙向上发展并"刺穿"已经形成的离层水体时,自由水体瞬时涌出,短时水量大、水动力强,如图 8-8(a)所示。

(3) 砂岩崩解

离层水体刚涌出时流速快、水动力强,流水通道上弱胶结的岩石在水动力作用下迅速崩解,形成水-砂双相混合物涌出。

(4) 泥砂自封堵

突水溃砂的过程十分复杂,离层积水总量是有限的,随着水量释放水流速度衰减,当水动力弱到不足以携带颗粒物时,大量泥砂自然淤塞突(涌)水通道,突水过程暂时中止,此过程称为泥砂自封堵效应,如图 8-8(b)所示。

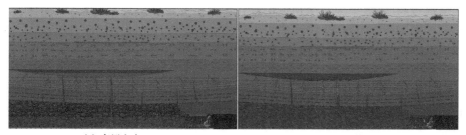

(a) 离层突水　　　　　　　　　　　　(b) 突水休止期

图 8-8　突水过程

(5) 周期性突水

突水通道被泥砂淤塞后,上覆岩层的裂隙水继续向离层空间汇集,当水量和水压增加到一定程度时会突破泥砂的阻力,再次突水。两次突水的间隔时间称为突水"休止期",突水休止期同时是离层汇水期。突水与突水休止期交替进行,表现为间歇性突水。休止期越长,说明岩层富水性越弱。

(6) 梯次衰减

离层空间始终受到上覆岩层重力挤压作用,离层空间宏观尺度持续缩小,蓄水能力逐渐变小,表现为突水量梯次递减;随着附近砂岩层裂隙水的汇集和释放,需要从更远处补给水源,表现为突水休止期梯次延长。

# 8.3 "4·25"事故案例研究

### 8.3.1 对事故发生原因初步分析

（1）事故调查组认定的事故原因

事故发生后，国家安全监管部门组织专家进行事故原因分析，根据矿方提供的资料结合现场情况，专家组给出的结论是：受采矿扰动影响，宜君组坚硬砾岩层下方形成离层空间；导水裂隙发育到上部洛河组砂岩，将洛河组砂岩裂隙水导入下部的离层空间并积聚；综采支架工作阻力偏小，在架前形成贯通性裂隙将离层水体导入采场；在导水通道上恰好遇到古河床（地质松散体），以水-砂混合形式涌出，如图 8-9（a）所示。

（2）学者认定的事故原因

彭涛等撰写的《厚覆基岩下煤层开采突水溃砂机理研究》对该起事故原因的认定如图 8-9（b）所示。

仍以该起事故为研究对象，结合后来开展的水文地质补充勘探成果，柳昭星等撰写的《深埋采场压架切顶诱发井下泥石流形成机理与防控》一文认为：综采支架工作阻力过小，无法承担直接顶板和基本顶施工的载荷，造成基本顶断裂，破断岩块滑落失稳，诱发泥石流溃出，如图 8-9（c）所示。

前两种观点基本一致，可以归纳出以下五个关键点：

① 宜君组岩层相对坚硬（单轴抗压强度 23.6～59.48 MPa），直罗组岩层软弱（单轴抗压强度 2.1～31.1 MPa），在较坚硬的宜君组下方形成了离层空间。

② 洛河组砂岩裂隙含水层富水性较好。

③ 导水裂隙发育到上部洛河组，将洛河组裂隙水导入宜君组下方离层空间并积聚。

④ 离层水体通过架前贯通性裂隙溃入采场。

⑤ 在导水通道上恰好遇到古河床（溃砂体），形成水-砂双相介质溃出。

第三种观点可以提炼为以下五个关键点：

① 采动裂隙波及上部洛河组含水层，将洛河组砂岩裂隙水导入下方直罗组地层内。

② 直罗组地层遇水软化、泥化、崩解，形成泥石流体。

③ 高位上覆关键岩破断，破断岩块回转过程中向下产生的动载荷传递至泥石流体。

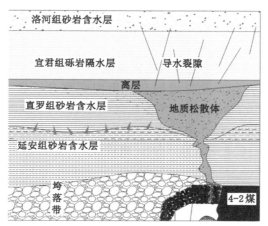

（a）事故原因认定 1

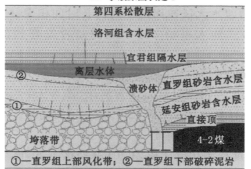

（b）事故原因认定 2

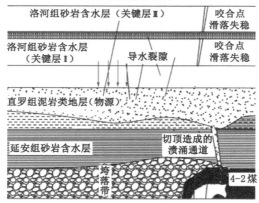

（c）事故原因认定 3

图 8-9　事故发生原因示意图

④ 综采支架工作阻力过小,在架前形成竖向贯通裂缝。

⑤ 泥石流体在冲击力下产生向下的动能,沿着贯通裂缝溃入采场。

### 8.3.2 商榷意见

(1) 引起水害的离层空间位置值得商榷

根据《补勘报告》,宜君组地层在井田内赋存并不稳定,地层厚度 0～24.36 m,平均 10.9 m,根据钻孔资料绘制宜君组地层等厚线图(图 8-10),可以看出,在 $ZD_{6-1}$ 钻孔和 $ZK_{11}$ 钻孔附近宜君组地层缺失,而事故发生地点恰好位于 $ZD_{6-1}$ 钻孔附近(宜君组地层缺失区内)。由此可见,宜君组砾岩下方出现离层空腔的判断值得商榷。

(2) 导水裂隙带发育高度值得商榷

图 8-9(a)和(b)中,导水裂隙既然发育到上部洛河组,则导水裂隙已经贯穿了宜君组、直罗组、延安组等岩层,且越向下裂隙越发育,则离层空间的封闭性遭受破坏,裂隙水无法在离层空间内长时间积聚并达到一定的量,应该是以"温和"的形式涌入采场。导水裂隙是否发育到洛河组地层,值得商榷。

(3) 古河床值得商榷

根据《补勘报告》,井田内没有发现古河床(图 8-9 中"地质松散体"或"溃砂体"),前两种观点以古河床来解释泥砂来源,值得商榷。

(4) "两带"高度探测值得商榷

TC-1"两带"高度探测孔设计在 ZF201 采空区上方,该工作面于 2015 年 1 月前已经回采结束,2018 年 4 月在其上方探测"两带"发育高度是否可行,值得商榷。

(5) 导水裂隙波及洛河组地层值得商榷

根据《补勘报告》,TC-1 孔进入基岩后,冲洗液大量消耗(孔内仍有稳定液面),未取得"两带"高度实测数据。相关文章中称"实测冒裂比为 15.9,以此计算导水裂隙高度达到 230 m",以此推断导水裂隙波及高位上的洛河组地层,值得商榷。

(6) 突水水源值得商榷

根据《补勘报告》,洛河组砂岩单位涌水量 0.001 425～0.007 25 L/(s·m),渗透系数 0.000 51～0.003 3 m/d;直罗组砂岩单位涌水量 0.000 166～0.000 389 1 L/(s·m),渗透系数 0.000 110 45～0.000 52 m/d;延安组砂岩单位涌水量 0.000 356 L/(s·m),渗透系数 0.000 149 m/d。各含水层均为极弱至弱富水,认定突水水源为洛河组砂岩裂隙水,值得商榷。

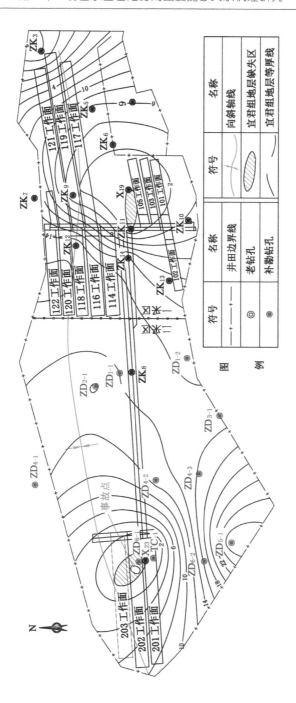

图 8-10　事故发生原因示意图

（7）支架工作阻力不足的认定值得商榷

相关文章认为，支架工作阻力过小导致压架切顶并形成架前贯通性裂缝，但没有给出支架实际工作阻力和适宜工作阻力，事故发生前工作面已经推采了 1 153 m，并没有出现过压架切顶现象，对支架工作阻力过小以及溃涌通道的认定值得商榷。

（8）破断失稳的层位值得商榷

垮落带内岩层以破断、垮落、下沉运动为主，弯曲下沉带内岩层则以整体弯曲下沉为主，图 8-9（c）中关键层破断失稳的岩体却出现在导水裂隙带上方弯曲下沉带内，值得商榷。

基于以上原因，本书对该起事故的致灾原因开展了进一步的研究。

### 8.3.3　离层水害发生的充要条件

根据抽水试验成果，4-2 煤层上部含水层均为弱至极弱含水层，本身难以引起灾害性突水，而该起事故总出水量仅 3 万余立方米，瞬时水量却达到 1 299 m³/h，突水持续时间短，符合离层水害特征。离层汇水作用将围岩中的裂隙水转化为"自由"水体，具备导水通道时，离层水瞬时溃入采场，短时水量大。结合离层水害必须同时具备的条件，对该起事故进一步进行分析研究。

前文"采动覆岩分带模型的工程意义"研究结果表明，煤层上覆基岩内任何层段均可能产生离层裂隙（达到一定规模称为离层空间），砂岩裂隙水持续向离层空间内渗透汇集，于是形成"自由"水体，当导水裂隙波及该水体时引发短时高强度突水。离层水害发生需要同时具备五个基本条件：

（1）物理力学条件

地层的非均质性（力学强度指标存在较大差异）、各层异性，控制着上覆岩层内各分层非协调性下沉，上硬下软的岩层结构容易在坚硬的岩层下方产生离层；岩石具有弱胶结性、遇水易崩角或泥化，提供砂（泥）源。

（2）汇水时间条件

离层空间内积聚的水体来自砂岩裂隙水，裂隙水向离层空间内渗透补给需要经历一定时间才能达到一定的体量，含水层富水性越弱则需要的汇水时间越长；低位上形成的离层过早被上行的导水裂隙"刺穿"，汇水时间条件不足。

（3）水源（富水性）条件

离层空间所处的围岩必须具备一定的富水性，砂泥质沉积建造的富水性具有各向异性、各层异性特点，相对富水区更容易形成离层水体，富水性越好所需要的汇水时间越短。如果围岩富水性极弱或者几乎没有重力水,即使形成了离层裂隙也无法汇聚水体,成为"无效"离层。

（4）导水通道条件

在没有特殊构造的情况下,导水裂隙是默认的导水通道,即导水裂隙必须波及离层水体才会发生离层水害。

（5）空间条件

依据相关规范的定义:"导水裂隙带,是指垮落带上方一定范围内的岩层发生断裂,产生裂隙,且具有导水性的岩层范围",则导水裂隙带上限是导水裂隙发育顶点的集合面,是一个曲面。导水裂隙带之上的离层水体因缺少导水通道条件,不会引发水害;垮落带内岩层在下沉运动过程中也可能产生过离层裂隙,由于过早被导水裂隙"刺穿",不具备汇水时间条件。只有位于导水裂隙带顶部附近的离层空间,在导水裂隙"刺穿"以前汇水时间相对充足,且最终要被导水裂隙"刺穿"而产生导水通道。因此,只有位于导水裂隙带顶部附近的离层空间才可以形成离层水害,这个论断为防治指明了方向、提供了靶域。

### 8.3.4　致灾机理再研究

（1）产生离层的物质基础分析

事故矿井有大量的岩石力学试验数据,统计结果（表 8-2）表明,煤层上覆岩层单轴抗压强度较低,成岩性差,符合西北地区弱胶结软岩地层共性特征。但单轴抗压强度两极值区间较大,极软弱、软弱、中硬、坚硬等岩层交替沉积,相对坚硬岩层是一定范围内的关键层,为离层裂隙的形成提供了物质基础。虽然事故地点坚硬的宜君组地层缺失,但是软硬互层型沉积结构足可以形成离层裂隙。

表 8-2　岩石单轴抗压强度试验数据

| 岩性 | 单轴抗压强度/MPa | 岩性 | 单轴抗压强度/MPa |
|---|---|---|---|
| 砂质泥岩 | 2.10～27.57 | 中粒砂岩 | 10.24～44.80 |
| | 15.86 | | 26.07 |
| 粉砂岩 | 15.24～41.34 | 砾岩 | 12.90～59.48 |
| | 23.87 | | 43.1 |
| 细粒砂岩 | 23.50～31.10 | 洛河组砂岩 | 15.16～27.64 |
| | 27.30 | | 20.10 |

（2）引起本起事故的离层空间位置分析

由于地层沉积结构和力学性质的复杂性,工程探测或数值模拟等方法获得的导水裂隙发育高度未必精准,但可以提供参考数据。《"三下"开采规范》中的经验公式适用东部矿区厚煤层分层开采条件,本书可以借用经验公式判断引起本起事故的离层空间所处的空间范围,大致确定研究富水性的地层范围,并不强调导水裂隙带计算结果的精准度。有研究结果表明,在相同采高情况下,中东部地区导裂带高度大于西部地区导裂高度,可见本书借用经验公式判断离层空间位置是可行的。

该矿岩层物理性质从软弱至坚硬均有分布,以下选择软岩和坚硬岩石适用公式分别估算导水裂隙发育高度。

软弱岩石适用公式:

$$H_{li} = \frac{100\sum m}{3.1\sum m + 2} \pm 4 \tag{8-1}$$

这里选+4。

坚硬岩石适用公式:

$$H_{li} = \frac{100\sum m}{1.2\sum m + 2} \pm 8 \tag{8-2}$$

这里选+8.9。

设计总采高 7.0 m(割煤 3.8 m,放煤高度 3.2 m),实际放煤高度可能略大于 3.2 m,总采高按 7.5 m 计算,按软岩适用公式计算的导水裂隙高度为 30.54 m,按坚硬岩石适用公式计算导水裂隙高度为 77.1 m,则导水裂隙带发育高度为 30.54～77.1 m。根据"只有位于导水裂隙带顶部附近的离层空间才可以形成离层水害"的判断,可以合理推断引起本次事故的离层一定位于煤层顶板上方 30.54～77.1 m 的地层范围内。

ZD$_{6-1}$、X$_{23}$ 钻孔距离突水点较近,4-2 煤层上距洛河组距离分别为59.29 m、63.44 m,可见导水裂隙并不必然发育到洛河组地层,即水源未必来自洛河组砂岩含水层。

（3）水源(富水性)条件分析

离层空间内能否在有限的时间里汇集一定的水量,取决于离层所处围岩天然富水性。既然引起本起事故的离层空间位于煤层顶板上方 30.54～77.1 m 层段内,则以此层段的地层作为富水性研究对象,总厚度 46.56 m [77.1-30.54=46.56 (m)],从而缩小了研究富水性的地层范围。

延安组、直罗组、宜君组以及洛河组均为砂泥质互层型沉积建造,富水性弱且相近,笔者将其评价为 B 型;视为同一套地层去评价,无须按地层名称划分。

本案没有岩芯采取率、孔隙(裂隙)率等地质参数;各含水层仅 0～2 个钻孔做过抽水试验,单位涌水量和渗透系数数据太少,且抽水试验层段与目标层段(煤层上方 30.54～77.1 m)层位上不对应,不足以刻画目标层的富水性规律。根据目标层段内砂岩层厚度可知,脆塑性比值可计算得到;根据构造纲要图可计算得到构造分维值,故选择砂岩层厚度、脆塑性比值、构造分维值三种参数评价目标层段的富水性。

① 富水性指数专题图

根据《煤层顶板含水层涌突水危险性双图评价技术》提供的富水性指数计算公式有:

$$F_i = \frac{M_c}{H_m} \times 100\% \tag{8-3}$$

式中,$F_i$ 为富水性指数,无量纲;$M_c$ 为目标层段内脆性岩层累加厚度,m;$H_m$ 为研究层段厚度,本例为 46.56 m(30.54～77.1 m)。

式(8-3)分子为砂岩累厚,分子包括砂岩和泥岩,富水性指数计算公式包含了砂岩厚度和脆塑性比值两种地学信息,无须单独绘制砂岩层厚度专题图、脆塑性比值专题图。经统计,计算得到 4-2 煤层顶板上 30.54～77.1 m 层段内富水性指数列表(表 8-3),导入 Surfer 绘图软件得到富水性指数等值线图(图 8-11),可以看出井田西翼局部区域富水性好。

表 8-3　富水性指数列表

| 钻孔编号 | $X$ | $Y$ | $F_i$ |
|---|---|---|---|
| ZK$_3$ | 36 557 553.086 3 | 3 883 808.447 3 | 61.2 |
| ZK$_4$ | 36 556 858.800 0 | 3 883 895.900 0 | 48.8 |
| ZK$_5$ | 36 556 888.957 4 | 3 883 206.965 8 | 62.0 |
| ZK$_6$ | 36 556 479.656 5 | 3 882 967.843 5 | 57.8 |
| ZK$_8$ | 36 553 835.040 5 | 3 882 749.930 0 | 36.6 |
| ZK$_9$ | 36 555 901.133 0 | 3 883 429.975 8 | 59.6 |
| ZK$_{11}$ | 36 555 509.791 5 | 3 882 764.079 6 | 41.1 |
| ZK$_{12}$ | 36 555 330.420 4 | 3 883 392.381 7 | 65.4 |
| X$_{23}$ | 36 551 683.063 9 | 3 882 584.089 7 | 79.3 |

表 8-3(续)

| 钻孔编号 | $X$ | $Y$ | $F_i$ |
|---|---|---|---|
| $ZD_{1-1}$ | 36 553 828.861 0 | 3 882 885.4640 | 43.4 |
| $ZD_{1-2}$ | 36 554 009.049 0 | 3 882 104.3760 | 50.5 |
| $ZD_{2-1}$ | 36 553 680.942 0 | 3 883 162.4580 | 23.7 |
| $ZD_{4-2}$ | 36 552 599.342 7 | 3 882 463.1397 | 53.9 |
| $ZD_{3-1}$ | 36 553 351.284 4 | 3 881 724.4110 | 36.2 |
| $ZD_{4-3}$ | 36 552 669.798 3 | 3 881 958.2365 | 19.8 |
| $ZD_{5-1}$ | 36 551 892.857 2 | 3 881 578.8597 | 22.0 |
| $ZD_{6-1}$ | 36 551 668.080 0 | 3 882 653.6340 | 78.7 |
| $ZD_{6-2}$ | 36 551 679.699 0 | 3 881 897.9010 | 26.2 |
| $ZD_{5-1}$ | 36 551 892.857 2 | 3 881 578.8597 | 23.5 |
| $ZK_7$ | 36 555 865.489 5 | 3 883 879.3984 | 18.3 |
| $ZK_{14}$ | 36 555 163.56 | 3 882 791.296 | 38.0 |
| $ZK_{13}$ | 36 554 898.42 | 3 882 313.047 | 43.2 |
| $K_{10}$ | 36 555 604.4 | 3 882 089.505 | 39.2 |
| $ZD_{4-1}$ | 36 552 547.58 | 3 883 859.385 | 26.4 |
| $X_{19}$ | 36 555 960.89 | 3 882 789.125 | 32.0 |
| $X_9$ | 36 556 968.01 | 3 882 749.763 | 24.5 |

② 构造分维专题图

依据构造分形理论,构造分维值作为评价地质构造复杂程度的指标具有明显的优越性,构造在一定程度上控制着富水性。事故矿井构造简单,断层不发育,一条轴向近东西的向斜贯穿整个井田,是井田主体构造,生产中发现向斜轴部附近高角度张裂隙发育,淋水点较多,工作面涌水量较大,向斜在一定程度上控制着井田富水性特征。

本书采用相似维来描述构造网络的复杂程度。设 $F(r)$ 是 $Rn$ 上任意非空有界子集,$N(r)$ 为覆盖 $F(r)$ 所需的分形基元 $B$ 的相似集 $rB$ 的最小个数集合,如果 $r \to 0$ 时,$N(r) \to \infty$,则定义集合 $F(r)$ 的相似维 $D_s$ 为:

$$D_s = \dim F(r) = \lim_{r \to 0} \frac{\lg N(r)}{-\lg r} \tag{8-4}$$

在构造纲要图上将井田按边长 400 m 划分为若干个正方形区块,区块中心点为数据坐标点。将每个方块以边长 200 m、100 m、50 m 进行再分割,记

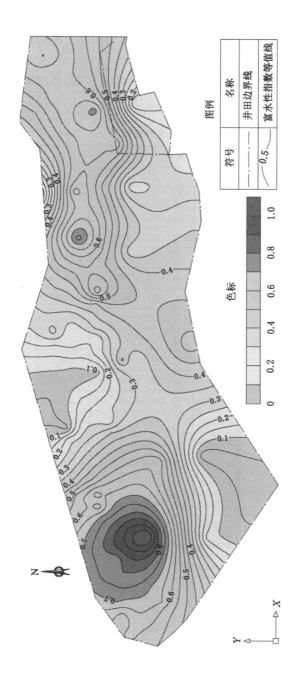

图 8-11　4-2 煤层顶板目标层段富水性指数等值线图

录有构造迹线穿过的网格数目 $N(r)$，得到 $r_0 = 200$ m、$r_0 = 100$ m、$r_0 = 50$ m 时的 $N(r)$，投放到 lg $N(r)$-lg $r$ 坐标系中，所得拟合直线斜率的绝对值即为该区块的相似维 $D_s$。

通过上述过程得到相似维 $D_s$ 数据列表（表 8-4），据此绘制构造分形专题图（图 8-12）。

表 8-4　构造分维列表

| 坐标 | | $D_s$ | 坐标 | | $D_s$ | 坐标 | | $D_s$ |
| --- | --- | --- | --- | --- | --- | --- | --- | --- |
| $X$ | $Y$ | | $X$ | $Y$ | | $X$ | $Y$ | |
| 36 550 474.570 9 | 3 882 500.000 | 1.229 | 36 554 074.570 9 | 3 882 500.000 | 0 | 36 555 274.570 9 | 3 882 100.000 | 0 |
| 36 550 874.570 9 | 3 882 900.000 | 1.085 | 36 554 474.570 9 | 3 882 500.000 | 0 | 36 555 674.570 9 | 3 882 100.000 | 0 |
| 36 551 274.570 9 | 3 882 900.000 | 1.041 | 36 554 874.570 9 | 3 882 500.000 | 0 | 36 556 074.570 9 | 3 882 100.000 | 0 |
| 36 551 674.570 9 | 3 882 900.000 | 1.161 | 36 555 274.570 9 | 3 882 500.000 | 0 | 36 556 474.570 9 | 3 882 100.000 | 0 |
| 36 551 674.570 9 | 3 883 300.000 | 0 | 36 555 674.570 9 | 3 882 500.000 | 0 | 36 556 874.570 9 | 3 882 100.000 | 0 |
| 36 552 074.570 9 | 3 883 300.000 | 1.085 | 36 556 074.570 9 | 3 882 500.000 | 0 | 36 557 274.570 9 | 3 882 100.000 | 0 |
| 36 552 474.570 9 | 3 883 300.000 | 1.161 | 36 556 474.570 9 | 3 882 500.000 | 0 | 36 550 474.570 9 | 3 881 700.000 | 0 |
| 36 552 874.570 9 | 3 883 300.000 | 0.792 | 36 556 874.570 9 | 3 882 500.000 | 0 | 36 550 874.570 9 | 3 881 700.000 | 0 |
| 36 553 274.570 9 | 3 883 300.000 | 1.161 | 36 557 274.570 9 | 3 882 500.000 | 0 | 36 551 274.570 9 | 3 881 700.000 | 0 |
| 36 553 674.570 9 | 3 883 300.000 | 1.085 | 36 550 474.570 9 | 3 882 100.000 | 0 | 36 551 674.570 9 | 3 881 700.000 | 0 |
| 36 554 074.570 9 | 3 883 300.000 | 1 | 36 550 874.570 9 | 3 882 100.000 | 0.5 | 36 552 074.570 9 | 3 881 700.000 | 0 |
| 36 554 474.570 9 | 3 883 300.000 | 1 | 36 551 274.570 9 | 3 882 100.000 | 0 | 36 552 474.570 9 | 3 881 700.000 | 0 |
| 36 554 874.570 9 | 3 883 300.000 | 1.085 | 36 551 674.570 9 | 3 882 100.000 | 0 | 36 552 874.570 9 | 3 881 700.000 | 0 |
| 36 555 274.570 9 | 3 883 300.000 | 1.085 | 36 552 074.570 9 | 3 882 100.000 | 0 | 36 553 274.570 9 | 3 881 700.000 | 0 |
| 36 555 674.570 9 | 3 883 300.000 | 1 | 36 552 474.570 9 | 3 882 100.000 | 0 | 36 553 674.570 9 | 3 881 700.000 | 0 |
| 36 556 074.570 9 | 3 883 300.000 | 1 | 36 552 874.570 9 | 3 882 100.000 | 0 | 36 554 074.570 9 | 3 881 700.000 | 0 |
| 36 556 474.570 9 | 3 883 300.000 | 1.085 | 36 553 274.570 9 | 3 882 100.000 | 0 | 36 554 474.570 9 | 3 881 700.000 | 0 |
| 36 556 874.570 9 | 3 883 300.000 | 1.085 | 36 553 674.570 9 | 3 882 100.000 | 0 | 36 554 874.570 9 | 3 881 700.000 | 0 |
| 36 557 274.570 9 | 3 883 300.000 | 0 | 36 554 074.570 9 | 3 882 100.000 | 0 | 36 555 274.570 9 | 3 881 700.000 | 0 |
| 36 557 274.570 9 | 3 883 700.000 | 1.085 | 36 554 474.570 9 | 3 882 100.000 | 0 | 36 555 674.570 9 | 3 881 700.000 | 0 |
| 36 550 474.570 9 | 3 884 100.000 | 0 | 36 554 874.570 9 | 3 882 100.000 | 0 | 36 556 074.570 9 | 3 881 700.000 | 0 |
| 36 550 874.570 9 | 3 884 100.000 | 0 | 36 552 474.570 9 | 3 882 900.000 | 0 | 36 556 474.570 9 | 3 881 700.000 | 0 |
| 36 551 274.570 9 | 3 884 100.000 | 0 | 36 552 874.570 9 | 3 882 900.000 | 0 | 36 556 874.570 9 | 3 881 700.000 | 0 |

表 8-4(续)

| 坐标 | | $D_s$ | 坐标 | | $D_s$ | 坐标 | | $D_s$ |
| --- | --- | --- | --- | --- | --- | --- | --- | --- |
| $X$ | $Y$ | | $X$ | $Y$ | | $X$ | $Y$ | |
| 36 551 674.570 9 | 3 884 100.000 | 0 | 36 553 274.570 9 | 3 882 900.000 | 0 | 36 557 274.570 9 | 3 881 700.000 | 0 |
| 36 552 074.570 9 | 3 884 100.000 | 0 | 36 553 674.570 9 | 3 882 900.000 | 0 | 36 550 474.570 9 | 3 881 300.000 | 0 |
| 36 552 474.570 9 | 3 884 100.000 | 0 | 36 554 074.570 9 | 3 882 900.000 | 0 | 36 550 874.570 9 | 3 881 300.000 | 0 |
| 36 552 874.570 9 | 3 884 100.000 | 0 | 36 554 474.570 9 | 3 882 900.000 | 0 | 36 551 274.570 9 | 3 881 300.000 | 0 |
| 36 553 274.570 9 | 3 884 100.000 | 0 | 36 554 874.570 9 | 3 882 900.000 | 0 | 36 551 674.570 9 | 3 881 300.000 | 0 |
| 36 553 674.570 9 | 3 884 100.000 | 0 | 36 555 274.570 9 | 3 882 900.000 | 0 | 36 552 074.570 9 | 3 881 300.000 | 0 |
| 36 554 074.570 9 | 3 884 100.000 | 0 | 36 555 674.570 9 | 3 882 900.000 | 0 | 36 552 474.570 9 | 3 881 300.000 | 0 |
| 36 554 474.570 9 | 3 884 100.000 | 0 | 36 556 074.570 9 | 3 882 900.000 | 0 | 36 552 874.570 9 | 3 881 300.000 | 0 |
| 36 554 874.570 9 | 3 884 100.000 | 0 | 36 556 474.570 9 | 3 882 900.000 | 0 | 36 553 274.570 9 | 3 881 300.000 | 0 |
| 36 555 274.570 9 | 3 884 100.000 | 0 | 36 556 874.570 9 | 3 882 900.000 | 0 | 36 553 674.570 9 | 3 881 300.000 | 0 |
| 36 555 674.570 9 | 3 884 100.000 | 0 | 36 557 274.570 9 | 3 882 900.000 | 0 | 36 554 074.570 9 | 3 881 300.000 | 0 |
| 36 556 074.570 9 | 3 884 100.000 | 0 | 36 550 874.570 9 | 3 882 500.000 | 0 | 36 554 474.570 9 | 3 881 300.000 | 0 |
| 36 556 474.570 9 | 3 884 100.000 | 0 | 36 551 274.570 9 | 3 882 500.000 | 0 | 36 554 874.570 9 | 3 881 300.000 | 0 |
| 36 556 874.570 9 | 3 884 100.000 | 0 | 36 551 674.570 9 | 3 882 500.000 | 0 | 36 555 274.570 9 | 3 881 300.000 | 0 |
| 36 550 474.570 9 | 3 883 300.000 | 0 | 36 552 074.570 9 | 3 882 500.000 | 0 | 36 555 674.570 9 | 3 881 300.000 | 0 |
| 36 550 874.570 9 | 3 883 300.000 | 0 | 36 552 474.570 9 | 3 882 500.000 | 0 | 36 556 074.570 9 | 3 881 300.000 | 0 |
| 36 551 274.570 9 | 3 883 300.000 | 0 | 36 552 874.570 9 | 3 882 500.000 | 0 | 36 556 474.570 9 | 3 881 300.000 | 0 |
| 36 550 474.570 9 | 3 882 900.000 | 0 | 36 553 274.570 9 | 3 882 500.000 | 0 | 36 556 874.570 9 | 3 881 300.000 | 0 |
| 36 552 074.570 9 | 3 882 900.000 | 0 | 36 553 674.570 9 | 3 882 500.000 | 0 | 36 557 274.570 9 | 3 881 300.000 | 0 |

③ 归一化处理

为了将量级和量纲不相同的两种数据进行复合叠加,需要进行归一化处理,使数据限定在 0~1 之间。归一化公式为:

$$A_i = \frac{x_i - \min x_i}{\max x_i - \min x_i} \tag{8-5}$$

式中,$A_i$ 为归一化处理后的数据;$X_i$ 为归一化处理前的原始数据;$\min x_i$ 为最小值;$\max x_i$ 为最大值。

上述两种专题图绘制前已经对数据分别进行了归一化处理。

④ 数据叠加

富水性指数共有 25 个数据(25 个钻孔资料),构造分维共有 162 个数据

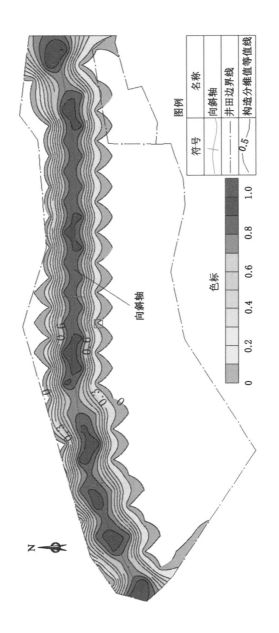

图 8-12 照金井田构造分维等值线图

（162 个正方形区块），两种数据的坐标点没有对应关系、数据量不等，通常采用 ArcGIS 绘图软件进行矢量叠加。

（4）泥砂来源

浅埋煤层薄基岩下采煤溃砂来源于上部松散含水砂层，巨厚基岩下采煤溃砂容易使人联想到古河床，事实上弱胶结岩石在水中也可变成流动状态的石流。从事故矿井采集 16 组砂岩（直罗组、延安组）做崩解试验，其中 8 组遇水即崩解，7 组 6 h 后完全崩解，1 组饱和吸水后单轴抗压强度仍高达 36 MPa。事故矿井历次勘探均没有发现古河床或地质松散体，综合起来可以得出结论：泥砂来源于弱胶结的砂岩含水层，而非来自既有的类似于古河床的溃砂体（或称地质异常体）。

（5）偶发性特点

覆岩内任何层段上均可能产生离层裂隙，但只有位于导水裂隙顶端附近的离层裂隙（离层空间）才可以发生离层水害。我们不可能对任意空间上的岩石做物理力学测试，因此精准判断离层位置是不现实的。

由于沉积相变、岩石物理力学性质差异、采高差异、采煤方法不同、导水裂隙发育高度存在差异性、富水特征的各向异性等原因，离层水害发生所需要的五个条件同时满足的概率较小，决定了此类事故发生具有一定的偶然性。例如，本例中 $ZD_{6-1}$、$X_{23}$ 钻孔之间相距仅 60 m，地层厚度变化却很大，见表 8-5。相邻的 201 工作面以及一采区 117、118、119、120 等工作面均位于相对富水区内，只是表现为采空区涌水量偏大，但没有突水溃砂，正是此类事故偶发性的体现。

表 8-5 地层厚度统计

| 钻孔号 | 直罗组厚度/m | 煤层-洛河组距离/m | 煤层-直罗组距离/m |
|---|---|---|---|
| $ZD_{6-1}$ | 44.43 | 59.29 | 17.86 |
| $X_{23}$ | 49.92 | 75.71 | 24.29 |

### 8.3.5 本起事故结论

① 根据弱含水层短时高强度突水特征，本起事故被重新认定为一起离层次生水害事故。岩石物理力学性质测试结果表明：4-2 煤层上覆岩层为软硬岩层交互型沉积结构，具备产生离层裂隙（空间）的物质条件；借助适用于不同地层条件的"两带"高度经验公式，大概确定了引起本起事故的离层空间应该位于 4-2 煤层上方 30.54～77.1 m 层段内。

② 选用砂岩层厚度、脆塑性比值、构造分维值三种地学参数,研究了 4-2 煤层顶板 30.54~77.1 m 层段内地层的富水性规律。研究结果表明,突水点位于相对富水区内,为离层水体的形成提供了水源(富水性)条件。

③ 通过砂岩浸水崩解性试验,证明延安组、直罗组砂岩遇水易崩解、砂化,在水动力作用下具有流砂属性,可以形成水-砂混合流体。

④ 因离层水害的发生需要同时满足五个条件,同时满足五个条件的概率是很小的,故此类事故具有偶发性特点。

# 8.4 本章小结

① 两起事故均是水-砂混合突涌地质灾害,泥砂来自弱胶结基岩,是侏罗系软岩条件下特有的一种地质灾害。

② 侏罗系岩层总体上强度低,但其中也夹杂着一些力学强度较高的岩层,这种上硬下软的地层结构为采动覆岩内产生离层裂隙提供了物理力学基础。

③ 弱富水的砂岩含水层内裂隙水持续向离层空间汇集,形成"自由"水体,瞬间溃出时水量大、来势猛,可以称之为短时高强度突水,但持续时间不会很长。

④ 离层水溃出时水动力作用强,弱胶结的岩层迅速崩解、泥化,于是形成水-砂混合流体溃出。

⑤ 此类地质灾害虽然总水量不是很大,但容易埋泵,水泵等难以发挥排水功能,会进一步加重灾情。

⑥ 弱富水基岩短时高强度突水必须同时具备五个条件,缺一不可,因此偶发性很强,也很难预测,但可以通过改变其中任一个条件以达到预防事故发生的目的。

# 第 9 章 采场超前压力分布规律研究

## 9.1 研究内容与技术路线

### 9.1.1 研究内容
① 巷道变形在时间域上的变化规律。
② 巷道变形在空间域上的变化规律。
③ 不同支护方式巷道变形规律。
④ 不同侧向上巷道变形规律。
⑤ 采动应力场分布规律。
⑥ 采场周期来压规律。

### 9.1.2 研究技术路线
研究技术路线如图 9-1 所示。

## 9.2 工程概况

### 9.2.1 地质条件简介
114153 综采工作面是 114 采区第四个综采工作面。地面标高＋1 313.2 m,工作面标高＋841.8～＋953.1 m。工作面走向长度 2 200 m,倾斜长度 250.6 m,回采面积 551 320 m²。开采侏罗系延安组 15 煤层,地层走向 N170°～N185°,倾向 EN80°～EN95°,倾角 4°～10°,平均 6°;煤层厚度 3.21～3.90 m,平均3.56 m。综合机械化采煤,全部垮落法管理顶板,一次采全高。顶板 60 m 范围内岩层为泥岩、砂质泥岩、粉砂岩、细粒砂岩、中粒砂岩、粗粒砂岩等互层型沉积,砂岩胶结性弱,遇水易崩解。各类岩石单轴抗压强度 0～28.3 MPa,平均5.6 MPa;砂岩含水,富水性弱,单位涌水量 0.000 21～0.008 6 L/(s·m)。底板为泥岩、砂质泥岩、粉砂岩、细粒砂岩、中粒砂岩、粗粒砂岩等互层型沉积。岩石单轴抗压强度0～42.6 MPa,平均 5.4 MPa。砂岩含水,富水性弱,单位涌水量

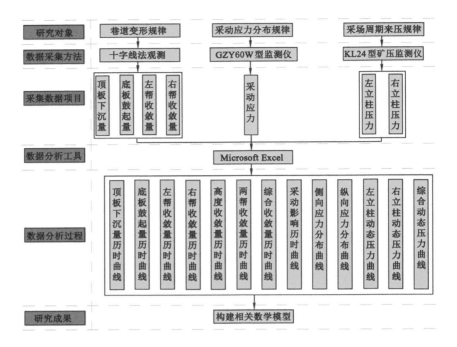

图 9-1　研究技术路线

0.000 21～0.008 6 L/(s · m),如图 9-2 所示。

工作面构造简单,构造分布情况如图 9-3 所示。

### 9.2.2　巷道支护方式

(1) 工作面上巷支护设计

采用直墙圆弧拱＋三心底拱断面,锚网梯(索)钢带＋反底拱锚网喷支护,顶及底脚 $\phi$20 mm×2 800 mm 高强锚杆,底拱 $\phi$20 mm×2 800 mm高强锚杆,间排距 700 mm×800 mm;反底拱初喷浆厚度 100 mm,复喷浆厚度100～250 mm(1#、2#测点)。局部地段稍有变更:3#、4#、5#、6#测点增加锚杆调节球垫;7#、8#、9#、10#、11#、12#、13#测点反底拱深度由800 mm变更为1 000 mm;14#、15#、16#、17#、18#、19#、20#测点巷道由4 500 mm宽变为4 200 mm,顶板锚索由 4 根变更为 3 根,钢带变更为大托盘;21#、22#、23#测点两帮各增加 1 根锚索,如图 9-4 所示。

(2) 工作面下巷(临空)支护设计

直墙圆弧拱＋三心底拱断面,锚网梯(索)喷钢带＋反底拱锚网喷支护,顶

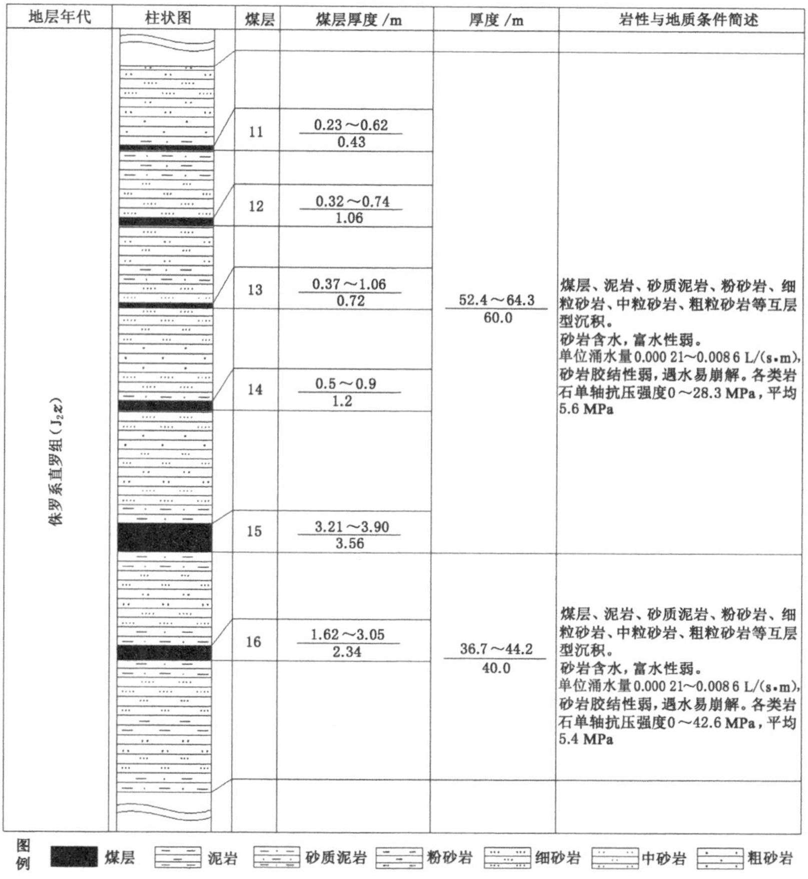

| 地层年代 | 柱状图 | 煤层 | 煤层厚度 /m | 厚度 /m | 岩性与地质条件简述 |
|---|---|---|---|---|---|
| 侏罗系直罗组（$J_2z$） | | 11 | $\dfrac{0.23\sim0.62}{0.43}$ | | |
| | | 12 | $\dfrac{0.32\sim0.74}{1.06}$ | | |
| | | 13 | $\dfrac{0.37\sim1.06}{0.72}$ | $\dfrac{52.4\sim64.3}{60.0}$ | 煤层、泥岩、砂质泥岩、粉砂岩、细粒砂岩、中粒砂岩、粗粒砂岩等互层型沉积。砂岩含水，富水性弱。单位涌水量0.000 21～0.008 6 L/(s·m)，砂岩胶结性弱，遇水易崩解。各类岩石单轴抗压强度0～28.3 MPa，平均5.6 MPa |
| | | 14 | $\dfrac{0.5\sim0.9}{1.2}$ | | |
| | | 15 | $\dfrac{3.21\sim3.90}{3.56}$ | | |
| | | 16 | $\dfrac{1.62\sim3.05}{2.34}$ | $\dfrac{36.7\sim44.2}{40.0}$ | 煤层、泥岩、砂质泥岩、粉砂岩、细粒砂岩、中粒砂岩、粗粒砂岩等互层型沉积。砂岩含水，富水性弱。单位涌水量0.000 21～0.008 6 L/(s·m)，砂岩胶结性弱，遇水易崩解。各类岩石单轴抗压强度0～42.6 MPa，平均5.4 MPa |

图例　■ 煤层　▦ 泥岩　▦ 砂质泥岩　▦ 粉砂岩　▦ 细砂岩　▦ 中砂岩　▦ 粗砂岩

图 9-2　煤层顶底板地层柱状图

底板锚杆间排距为 700 mm×800 mm，帮部为 600 mm×800 mm，$\phi$20 mm×2 800 mm 高强锚杆，顶板锚杆配合钢带支护，帮锚杆配合钢护板支护，底锚杆配合钢梯支护；底拱使用 $\phi$20 mm×2 800 mm 高强锚杆，配合使用规格 200 mm×200 mm×10 mm 的锚杆盘；底拱初喷浆厚度 100 mm，复喷浆厚度 100 mm；顶、帮支护完成后全断面喷浆 80 mm；工作面侧肩部锚杆配合使用钢带护板，非工作面侧锚杆配合使用钢带（1#、2# 测点）。局部有变更：3#、4#、5#、6#、7#、8# 测点顶板锚索变更为 4 根 $\phi$22 mm×9 000 mm 的钢绞线锚索，锚杆变更为 $\phi$22 mm×2 800 mm 高强锚杆；P4 前 10 m 开始，巷道净宽变更为 3 800 mm，净高变更为 3 500 mm；帮部锚索与锚杆间隔布置，每排 3 根锚索，工

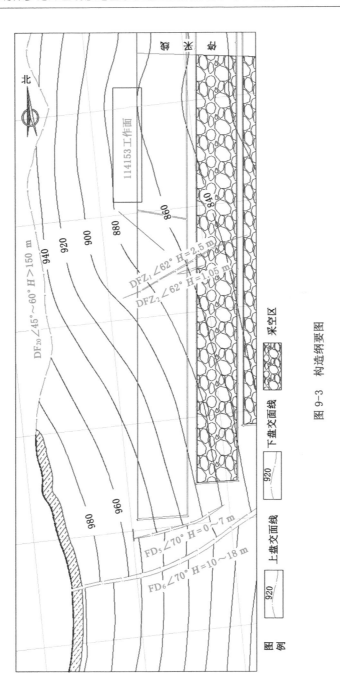

图 9-3　构造纲要图

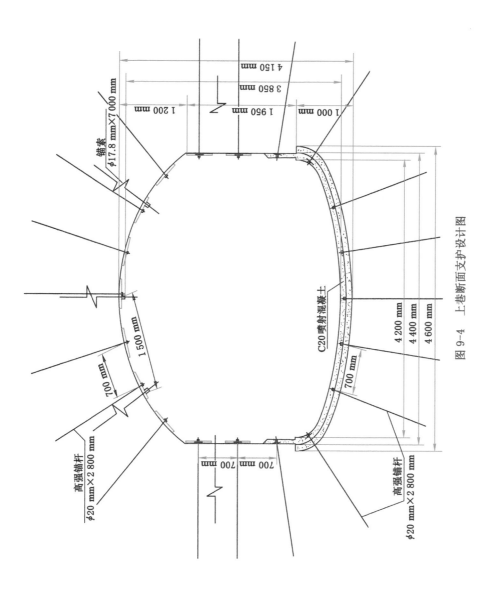

图 9-4　上巷断面支护设计图

作面侧锚索配合锚索盘支护,非工作面侧配合 W 形钢带＋锚杆盘支护,底脚为注浆锚索;帮部为 $\phi$22 mm×2 800 mm 高强锚杆,间排距 600 mm×800 mm;反底拱 $\phi$22 mm×4 000 mm 注浆锚索＋$\phi$22 mm×2 800 mm 高强锚杆联合支护,间排距 700 mm×800 mm,锚杆与注浆锚索隔排交替布置;帮部锚索盘 300 mm×300 mm×12 mm,非工作面侧帮部用 W 形钢带竖向布置。9#、10#、11#、12#、13#、14#、15#、16# 测点反底拱注浆锚索变更为 $\phi$17.8 mm×4 000 mm 普通钢绞线锚索,锚索和反底拱锚杆配合亲泥性水泥浆全长锚固,灌注的浆液水灰比为1∶1.25;工作面侧帮部第一根锚索变更为锚杆,巷道全断面喷浆变更为巷道两帮喷浆至煤岩交界面以上 1 m 位置,取消顶板喷浆;底脚注浆锚索变更为注入亲泥性水泥,水灰比为 1∶1.25。17#、18#、19#、20#、21#、22#、23#、24# 测点直墙圆弧拱＋三心拱底断面,锚网梯(索)喷＋钢带＋反底拱锚网喷支护,顶底板锚杆间排距为 700 mm×800 mm,帮部为 600 mm×800 mm,$\phi$20 mm×2 800 mm 高强锚杆;顶板锚杆配合钢带支护,帮部锚杆配合护板支护,底板锚杆配合钢梯支护;底拱 $\phi$20 mm×2 800 mm 高强锚杆,配合 200 mm×200 mm×10 mm 锚杆盘;反底拱初喷浆 100 mm,复喷浆 100 mm;顶、帮支护完成后全断面喷浆 80 mm;工作面侧肩部锚杆配合使用护板,其余锚杆配合使用钢带;P14 前 20 m 起,顶板锚索变更为 4 根 $\phi$22 mm×9 000 mm 的钢绞线锚索,顶板锚杆变更为 $\phi$22 mm×2 800 mm 高强锚杆,帮中部增加一根 $\phi$17.8 mm×4 000 mm 钢绞线锚索,锚索间距 1 000 mm。25#、26#、27#、28#、29#、30#、31#、32#、33#、34#、35# 测点巷道净宽变为 3 800 mm,巷道净高变更为 3 500 mm;帮锚杆隔两排竖向布置两根锚索,工作面侧锚索使用锚索盘,非工作面侧锚索使用 W 形钢带＋锚索盘支护;帮部使用 $\phi$20 mm×2 800 mm 高强锚杆,间排距 600 mm×800 mm;底拱使用 $\phi$22 mm×4 000 mm 注浆锚索和 $\phi$20 mm×2 800 mm 高强锚杆联合支护,锚、锚索间排距 700 mm×800 mm,锚杆与注浆锚索隔排交替布置;反底拱锚杆与注浆锚索隔排交错布置,配合钢梯支护,锚杆配合使用规格为 200 mm×200 mm×10 mm 的锚杆盘,锚索配合使用规格为 300 mm×300 mm×12 mm 的锚索盘;非工作面侧的帮部底脚锚索变更为注浆锚索,反底拱注浆锚索由 6 根变更为 3 根,锚杆与锚索间隔布置。36#、37#、38# 测点反底拱使用 $\phi$17.8 mm×4 000 mm普通钢绞线锚索＋底拱锚杆配合亲泥性水泥浆全长锚固,灌浆浆液水灰比为 1∶1.25;工作面侧帮部第一根锚索变更为锚杆;非工作面侧帮部锚索使用 W 形钢带配合 150 mm×150 mm×10 mm 锚杆盘支护。底脚注浆锚索$\phi$22 mm×4 000 mm 注入亲泥性水泥浆,注浆浆液水灰比为1∶1.25,巷道两帮喷浆至煤岩交界面以上 1.0 m 位置,如图 9-5 所示。

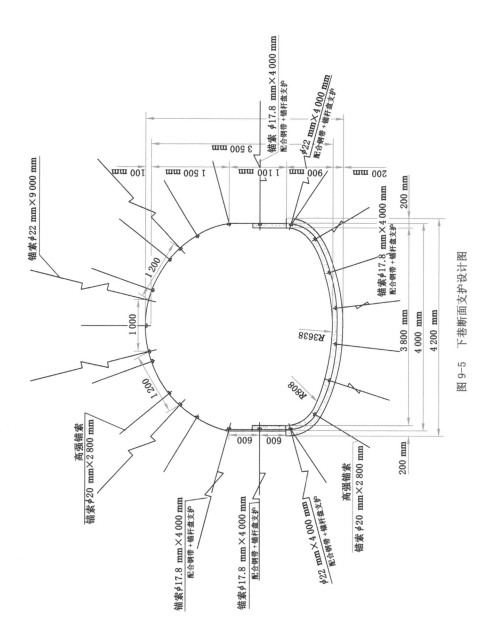

图 9-5　下巷断面支护设计图

# 9.3 巷旁应力分布规律研究

## 9.3.1 测点布置

114153 工作面共布设应力监测传感器 2 组,上巷(回风巷)、下巷(运输巷)内各 1 组,每组包含 19 个测点。上巷 1# 测点距离切眼 1 572 m,向外依次为 2#,3#,…,19# 测点;测点间距 2 m;1# 测点孔深 2 m,2#,3#,…,19# 测点的孔深依次增加 2 m。下巷 1# 测点距离切眼位置 1 672 m,其他布点方式同上巷,如图 9-6 所示。

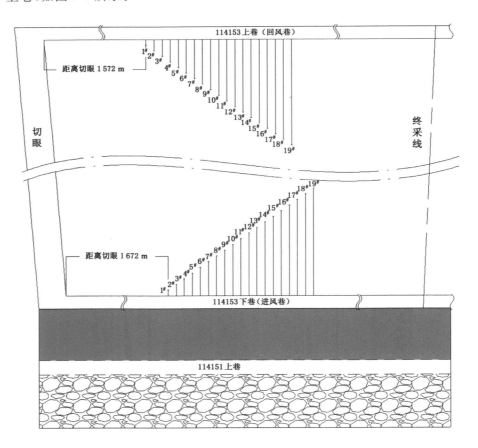

图 9-6 采场应力监测点布置示意图

上巷仪器于 2020 年 6 月 23 日安装到位,6 月 24 日开始应力观测(工作面距离 1# 测点 808.1 m);2020 年 11 月 20 日停止观测(1# 测点进入采空区 6.2 m),共持续观测 150 天。测点距离工作面超过 100 m 时每周观测 1 次,100 m 以内区段时每天观测 1 次。

下巷仪器于 2020 年 5 月 23 日安装到位,5 月 24 日开始观测(工作面距离 1# 测点 930.4 m);2020 年 11 月 9 日停止观测(1# 测点进入采空区 180 m),持续观测 171 天。测点距离工作面超过 100 m 时每周观测 1 次,进入 100 m 以内每天观测 1 次。

### 9.3.2 上巷超前应力分布规律

(1) 数据分析

根据观测数据,绘制各测点压力与测点到工作面相对距离相关性曲线,如图 9-7 至图 9-25 所示。

(2) 上巷矿山压力分布特征

通过以上数据分析,可以将巷道两侧煤柱划分出卸压区、增压区、原岩应力区。

卸压区:1#~14# 测点(仪器距离巷道帮 2~28 m),在工作面距离测点 200~0 m 范围内,随着工作面向测点靠近,应力值呈持续下降态势,采动超前支承压力无增值,据此可以得出结论:巷道两侧 0~28 m 煤柱为卸压区(负增压)。

增压区:15#、16#、17#、19# 测点(仪器距离巷道帮 30~38 m),在工作面靠近测点 47.4~23.57 m 过程中,压力值均表现为正增长,甚至超过初始压力值。压力数据见表 9-1。

表 9-1 巷道压力变化统计表

| 测点编号 | 15# | 16# | 17# | 19# |
|---|---|---|---|---|
| 孔深/m | 30 | 32 | 34 | 38 |
| 初始压力/MPa | 7.6 | 8.2 | 8.4 | 7.9 |
| 突变前压力/MPa | 2.6 | 6.8 | 7.8 | 2.6 |
| 突变后压力/MPa | 9 | 7.8 | 8.8 | 7 |
| 突变点距工作面距离/m | 47.4 | 23.57 | 25.5 | 29.57 |

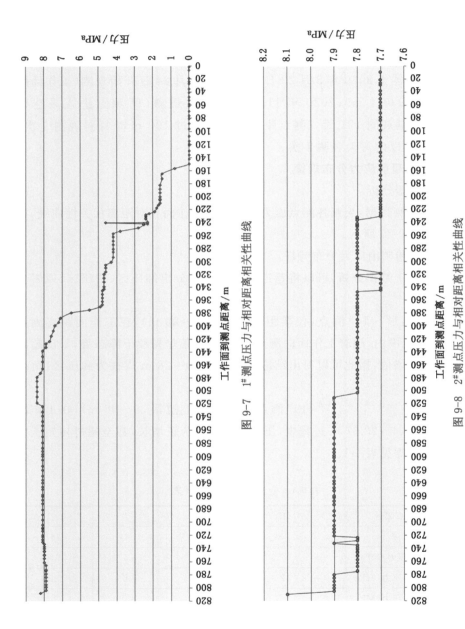

图 9-7  1# 测点压力与相对距离相关性曲线

图 9-8  2# 测点压力与相对距离相关性曲线

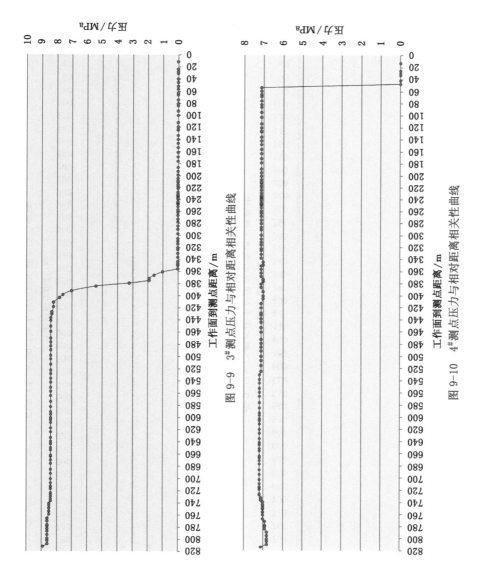

图 9-9　3# 测点压力与相对距离相关性曲线

图 9-10　4# 测点压力与相对距离相关性曲线

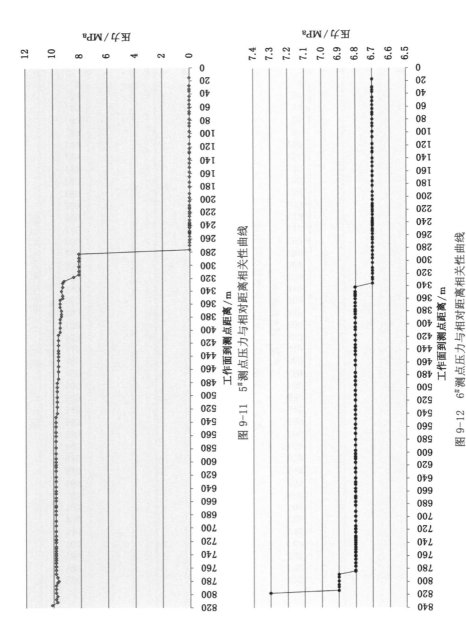

图 9-11 5# 测点压力与距离相关性曲线

图 9-12 6# 测点压力与距离相关性曲线

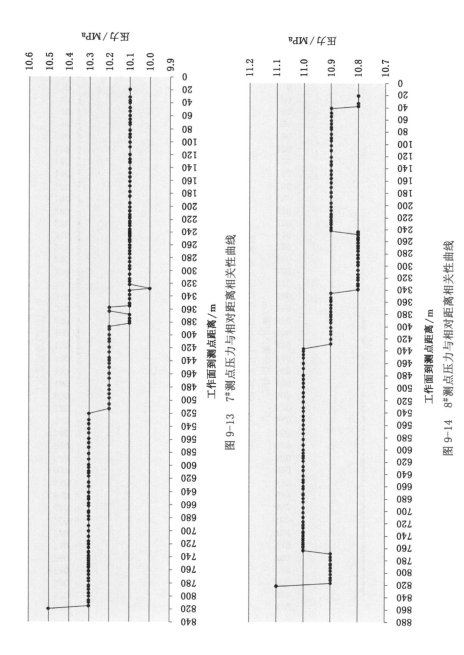

图 9-13　7#测点压力与相对距离相关性曲线

图 9-14　8#测点压力与相对距离相关性曲线

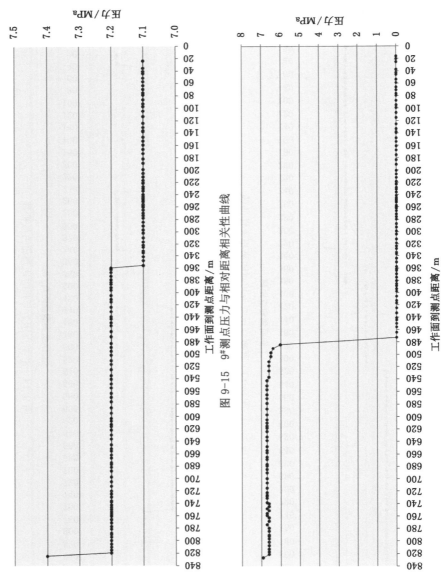

图 9-15  9#测点压力与测点相对距离相关性曲线

图 9-16  10#测点压力与相对距离相关性曲线

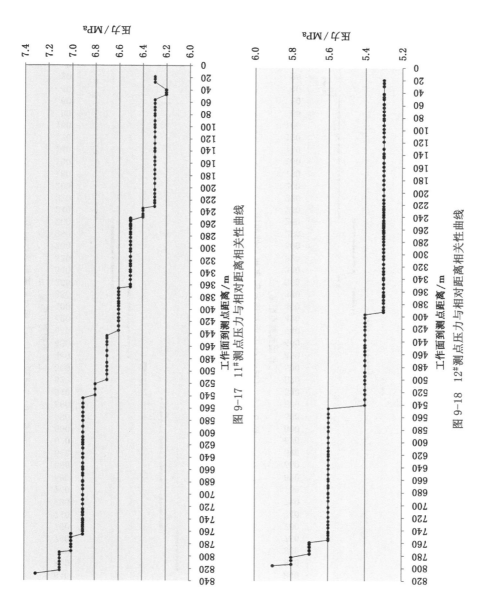

图 9-17　11#测点压力与相对距离相关性曲线

图 9-18　12#测点压力与相对距离相关性曲线

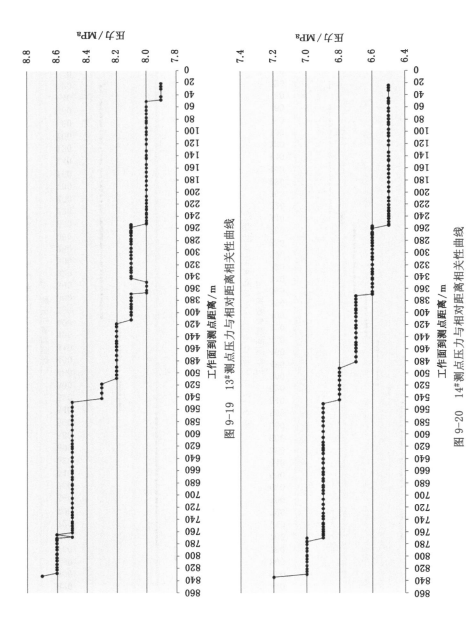

图 9-19  13#测点压力与相对距离相关性曲线

图 9-20  14#测点压力与相对距离相关性曲线

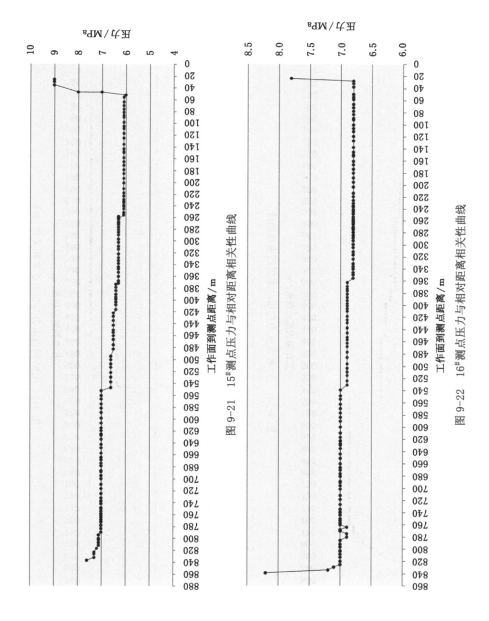

图 9-21　15#测点压力与相对距离相关性曲线

图 9-22　16#测点压力与相对距离相关性曲线

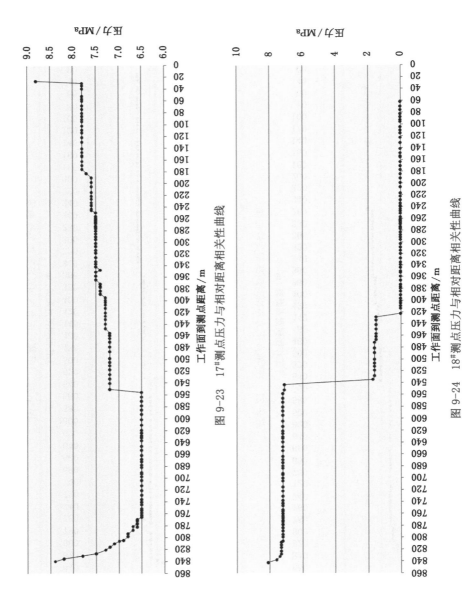

图 9-23  17#测点压力与相对距离相关性曲线

图 9-24  18#测点压力与相对距离相关性曲线

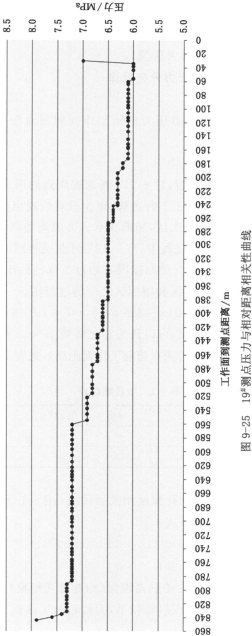

图 9-25　19# 测点压力与相对距离相关性曲线

根据以上数据绘制图 9-26,巷道两侧 0~28 m 煤柱内始终表现为卸压状态,超前支承压力没有显现,与我们以往的认识不同;巷道两侧 28~42 m 为增加区(42 m 为估计值)(18# 测点在距离工作面 42 m 时压力降为 0,此后再无回升,推测该仪器失效,无参考价值)。

### 9.3.3 下巷数据分析与超前应力分布规律

(1)数据分析

根据观测数据,绘制各测点压力值随工作面到测点距离相关性曲线,如图 9-27 至图 9-45 所示。

(2)下巷采场应力分布规律

① 随着工作面向测点靠近,1# ~11# 测点观测到的压力与相对距离相关性曲线具有共同特点:压力处于下行态势(至少没有表现出增加态势),说明巷道两侧 22 m 煤柱始终处于卸压区,超前支承压力表现为负值。

② 在工作面向测点靠近过程中,12# 、13# 测点观测到的压力均有过明显下降然后再回升的过程,但回升的幅度没有超过下降前的压力,可理解为巷道两侧 24~26 m 煤柱处于卸压区和增压区之间的过渡区。

③ 在工作面向邻近测点 121.6~226 m 时,14# ~19# 测点均有明显的增长现象,且增压幅度均大于初始值,可以认为巷道两侧 28~38 m 为增加区。各测点增压超前距(压力开始上升时测点超前工作面距离),见表 9-2。

表 9-2　增压超前距

| 测点编号 | 14# | 15# | 16# | 17# | 18# | 19# |
|---|---|---|---|---|---|---|
| 测点埋深/m | 28 | 30 | 32 | 34 | 36 | 38 |
| 增压超前距/m | 121.6 | 148.8 | 170.8 | 181.8 | 196.8 | 226 |

绘制增压区超前距与监测孔深度相关性曲线(图 9-46),分析增压超前距与测点埋深关系得到如下关系式:

$$\begin{cases} y = 0.080\ 4x^2 + 14.97x - 231.4 \\ R^2 = 0.981 \end{cases} \tag{9-1}$$

式中,$y$ 为增压超前距,m;$x$ 为传感器埋深(到巷道帮距离),m。

可见,煤柱深部较浅部增压启动较早,大致超前工作面 121~226 m。

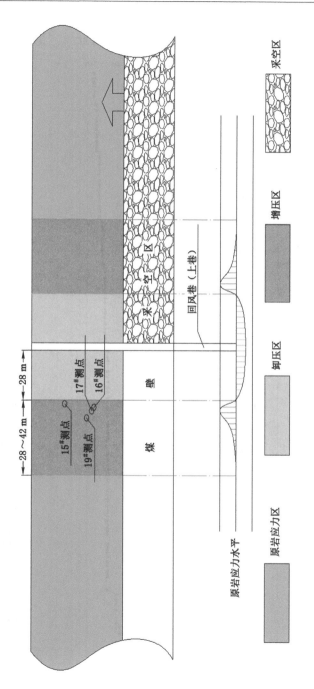

图 9-26　采场矿山压力分布图

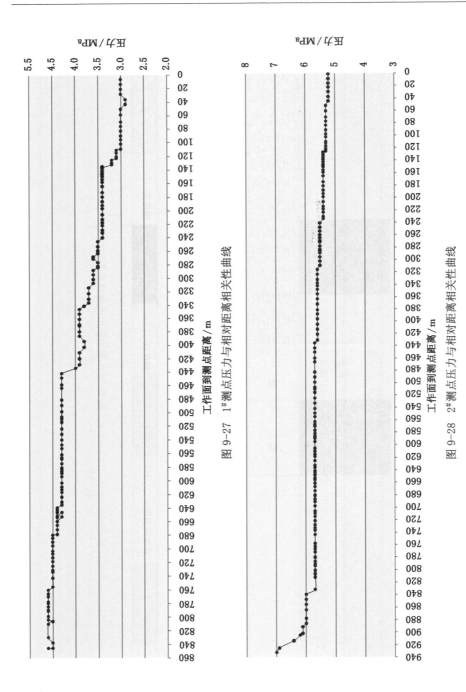

图 9-27  1#测点压力与相对距离相关性曲线

图 9-28  2#测点压力与相对距离相关性曲线

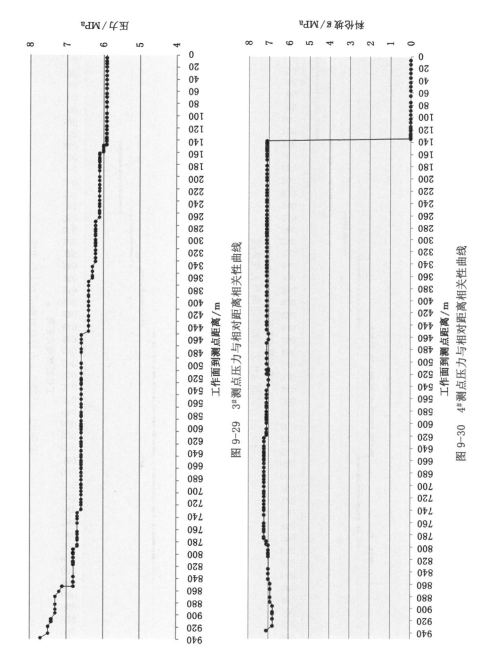

图 9-29　3# 测点压力与相对距离相关性曲线

图 9-30　4# 测点压力与相对距离相关性曲线

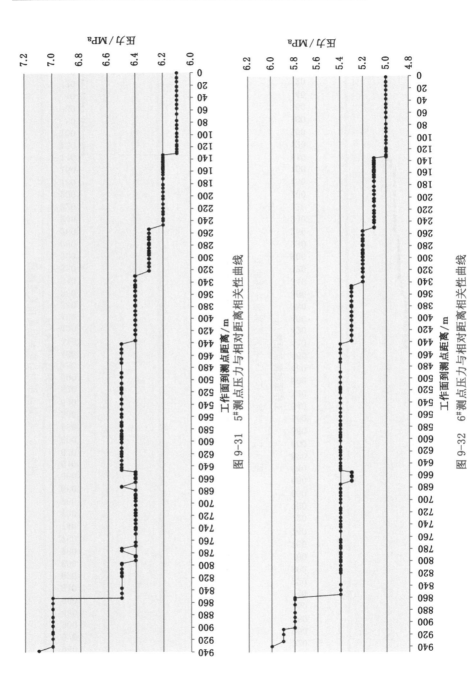

图 9-31　5#测点压力与相对距离相关性曲线

图 9-32　6#测点压力与相对距离相关性曲线

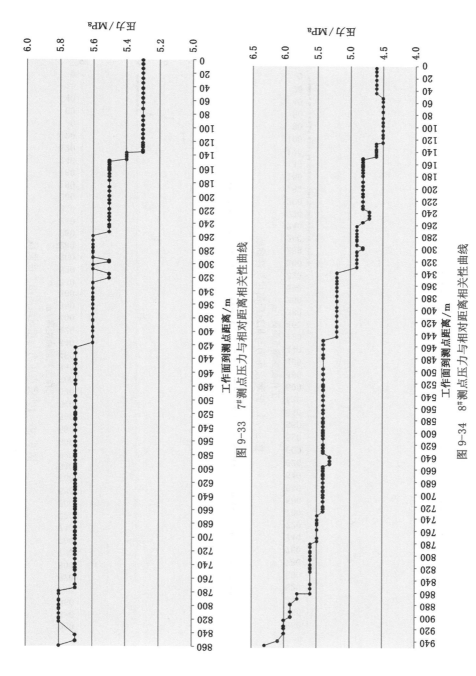

图 9-33　7# 测点压力与相对距离相关性曲线

图 9-34　8# 测点压力与相对距离相关性曲线

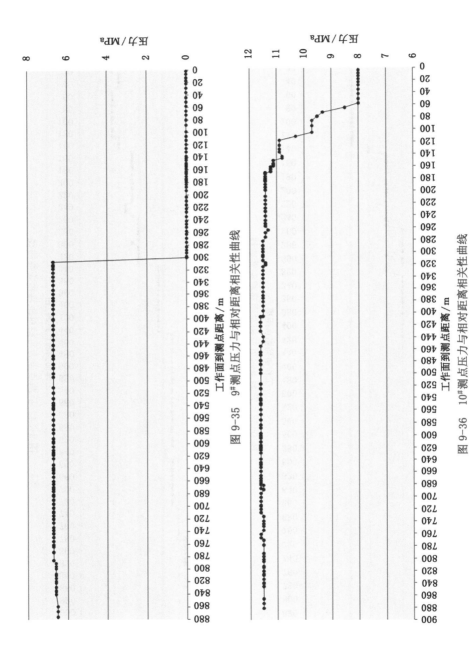

图 9-35  9#测点压力与相对距离相关性曲线

图 9-36  10#测点压力与相对距离相关性曲线

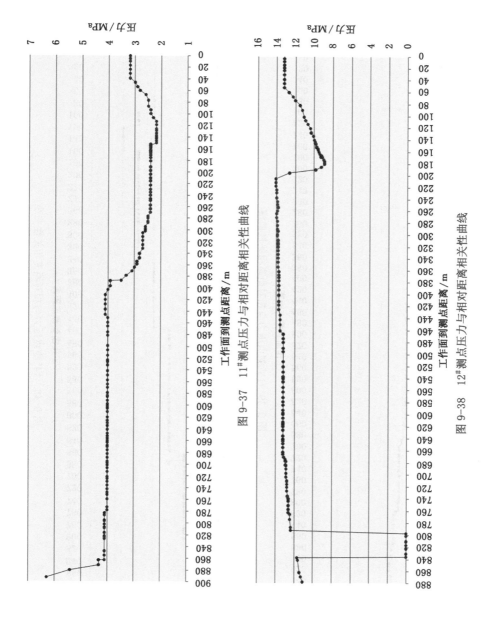

图 9-37　11# 测点压力与相对距离相关性曲线

图 9-38　12# 测点压力与相对距离相关性曲线

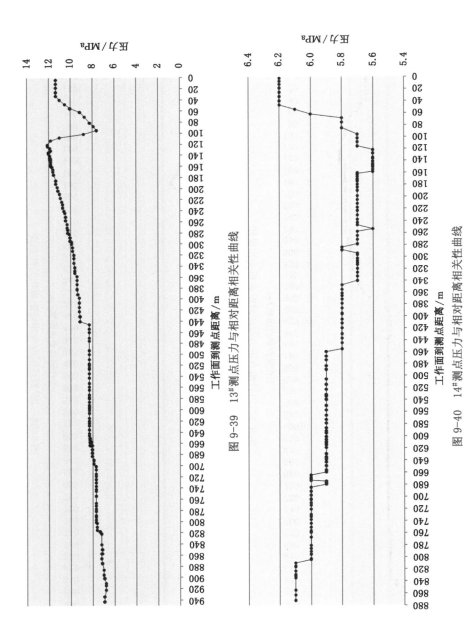

图 9-39  13#测点压力与测点相对距离相关性曲线

图 9-40  14#测点压力与相对距离相关性曲线

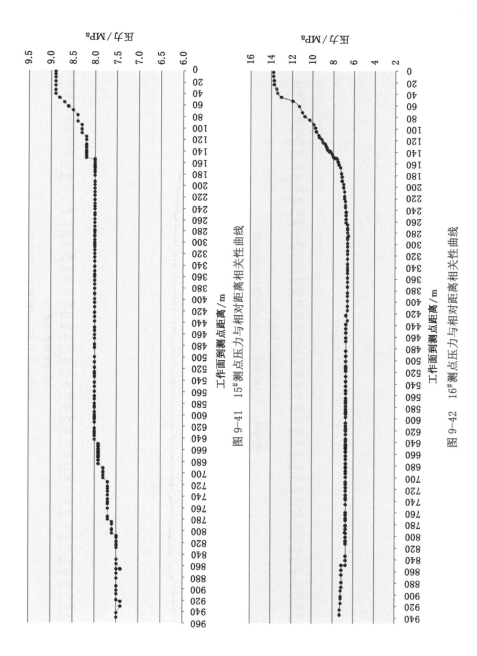

图 9-41　15#测点压力与相对距离相关性曲线

图 9-42　16#测点压力与相对距离相关性曲线

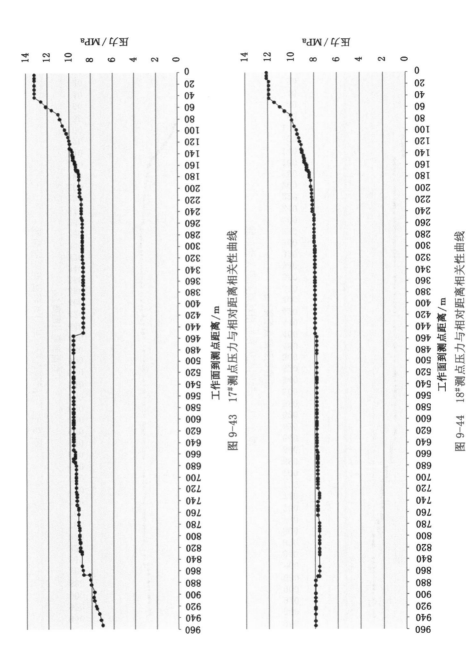

图 9-43  17#测点压力与相对距离相关性曲线

图 9-44  18#测点压力与相对距离相关性曲线

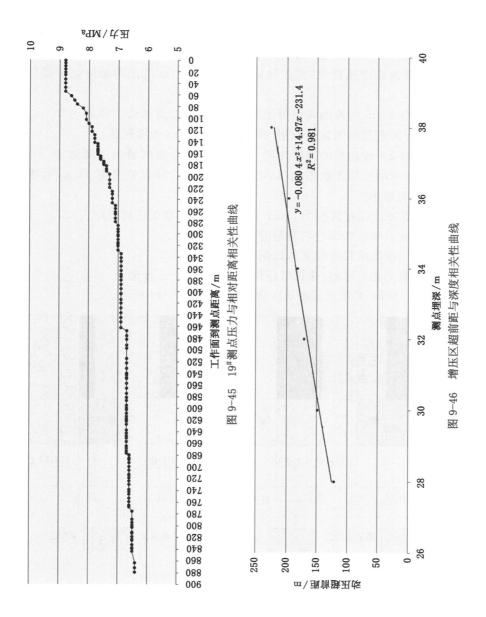

图 9-45　$19^\#$ 测点压力与相对距离相关性曲线

图 9-46　增压区超前距与深度相关性曲线

## 9.4　本章小结

① 无论是上巷或下巷,随着工作面向测点靠近,巷道两侧 0～28 m 的煤柱内均未观测到增压现象,可以确定巷道两侧 28 m 范围内始终处于卸压区状态。

② 上巷 28 m 向外的煤柱为增压区,由于测点监测最大深度为 38 m,对增压区最大影响范围无数据控制,暂推测 28～42 m 为增压区。

③ 下巷 28 m 向外的煤柱为增压区,由于测点监测最大深度为 38 m,对增压区最大影响范围无数据控制,结合两工作面之间煤柱宽度 43 m,暂推测 28～43 m 为增压区。

④ 上巷增压区超前距为 23.57～47.4 m,下巷增压区超前距为121.6～226 m,推测邻近采空区的煤柱内对超前动压较为敏感。

⑤ 临空侧增压幅度较实体煤侧增压幅度大。

⑥ 为弱化动压影响,建议区段煤柱尺寸以 12 m 为宜。

绘制 114153 工作面采场动压分布规律,如图 9-47 所示。

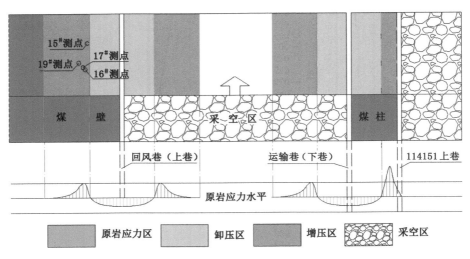

图 9-47　114153 工作面采场动压分布图

# 第 10 章　巷道围岩变形与采场周期来压规律研究

## 10.1　巷道变形数据采集与研究内容

### 10.1.1　测点布置

巷道变形规律采取"十字中心线"观测法,用钢卷尺定期测量巷道顶板下沉量、底鼓量、帮部收敛量,如图 10-1 所示。

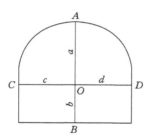

图 10-1　"十字中心线"观测法

114153 工作面上巷位于实体煤侧,预计变形剧烈程度较低,每隔 100 m 设置 1 个观测点,共 38 个测点,见表 10-1;114153 工作面的下巷为临空巷道,预计变形较为剧烈,观测点按 50 m 设置,共 23 个观测点,测点位置见表 10-2。

表 10-1　上巷测点位置统计表

| 测点号 | 1# | 2# | 3# | 4# | 5# | 6# | 7# | 8# | 9# |
|---|---|---|---|---|---|---|---|---|---|
| 里程/m | 2 200 | 2 100 | 2 000 | 1 900 | 1 800 | 1 700 | 1 600 | 1 500 | 14 00 |
| 测点号 | 10# | 11# | 12# | 13# | 14# | 15# | 16# | 17# | 18# |
| 里程/m | 1 300 | 1 200 | 1 100 | 1 000 | 900 | 800 | 700 | 600 | 500 |
| 测点号 | 19# | 20# | 21# | 23# | | | | | |
| 里程/m | 400 | 300 | 200 | 100 | | | | | |

表 10-2　下巷各测点位置统计表

| 测点号 | 1# | 2# | 3# | 4# | 5# | 6# | 7# | 8# | 9# |
|---|---|---|---|---|---|---|---|---|---|
| 里程/m | 2 240 | 2 190 | 2 140 | 2 090 | 2 040 | 1 990 | 1 940 | 1 890 | 1 840 |
| 测点号 | 10# | 11# | 12# | 13# | 14# | 15# | 16# | 17# | 18# |
| 里程/m | 1 790 | 1 740 | 1 690 | 1 640 | 1 590 | 1 540 | 1 490 | 440 | 1 390 |
| 测点号 | 19# | 20# | 21# | 23# | 24# | 25# | 26# | 27# | 28# |
| 里程/m | 1 340 | 1 290 | 1 240 | 1 190 | 1 140 | 1 090 | 1 040 | 990 | 940 |
| 测点号 | 29# | 30# | 31# | 32# | 33# | 34# | 35# | 36# | 37# |
| 里程/m | 890 | 840 | 790 | 740 | 690 | 640 | 590 | 540 | 490 |
| 测点号 | 38# | | | | | | | | |
| 里程/m | 440 | | | | | | | | |

注:测点里程指测点到工作面开切眼的距离。

### 10.1.2　数据表设置

工程研究离不开数据的收集和整理,而数据表设置尤为重要,数据表设置应注意以下几点:

① Microsoft Excel 是使用最普遍的办公软件之一,可制作各种复杂的表格文档,进行烦琐的数据计算,对数据进行各种复杂统计运算后显示为可视性极佳的表格,或形象地将大量枯燥无味的数据变为多种漂亮的彩色图表显示出来,极大地增强了数据的可视性,此外还具备将各种统计报告和统计图打印出来的功能。以 Excel 2007 为例,一张表格共有 1 048 576 行、16 384 列,可容纳数据量大。建议采用 Microsoft Excel 建立巷道变形量数据表,见表 10-3。

表 10-3　巷道变形量观测数据表

| 测点号 | ... | 成巷日期 | ... | 测点位置/m | ... | OA初始值 | ... | OB初始值 | ... | OC初始值 | ... | OD初始值 | ... |
|---|---|---|---|---|---|---|---|---|---|---|---|---|---|
| 观测日期 | 成巷日数 | OA | | | OB | | | OC | | | OD | | |
| | | 测量值/mm | 本期变形/mm | 累计变形/mm | 测量值/mm | 本期变形/mm | 累计变形/mm | 测量值/mm | 本期变形/mm | 累计变形/mm | 测量值/mm | 本期变形/mm | 累计变形/mm |
| ... | ... | ... | ... | ... | ... | ... | ... | ... | ... | ... | ... | ... | ... |
| ... | | | | | | | | | | | | | |
| ... | | | | | | | | | | | | | |

② 表头包含测点号、成巷日期、测点里程、初始值（OA 值、OB 值、OC 值、OD 值）。

③ 首列为观测日期，第 2 列为成巷日数。

④ OA、OB、OC、OD 各自占三列，分别填入本次测量值、本次变形量、累计变形量。单元格内设置公式：本次变形量＝本次观测值－前次观测值，累计变形量＝本次观测值－初始值。巷道断面收敛率按下式计算：

$$\gamma_i = \frac{(a_0 + b_0 + c_0 + d_0) - (a_i + b_i + c_i + d_i)}{a_0 + b_0 + c_0 + d_0} \times 100\% \qquad (10\text{-}1)$$

式中，$\gamma_i$ 为巷道断面收敛率，无量纲；$a$、$b$、$c$、$d$ 分别为十字线中心点到巷道顶板、底板、左帮、右帮的距离，mm；$a_0$、$b_0$、$c_0$、$d_0$ 为初始观测数据；$a_i$、$b_i$、$c_i$、$d_i$ 为第 $i$ 天观测的数据。

### 10.1.3　研究内容

① 巷道顶板下沉量与成巷天数相关性关系，建立顶板收敛率-成巷天数数据模型。

② 巷道底板鼓起量与成巷天数相关性关系，建立底板收敛率-成巷天数数据模型。

③ 两帮收敛量与成巷天数相关性关系，分析临空巷道与实体煤体巷道变形规律，建立左帮收敛-成巷天数据模型，建立右帮收敛-成巷天数据模型。

④ 巷道高度变形量与成巷天数相关性关系，建立巷道高度收敛率-成巷天数数据模型。

⑤ 巷道宽度变形量与成巷天数相关性关系，建立巷道宽度收敛率-成巷天数数据模型。

⑥ 巷道总变形量与成巷天数相关性关系，建立巷道综合收敛率-成巷天数数据模型。

⑦ 研究采场超前动压影响距离。

收敛率计算公式如下：

$$顶板收敛率（OA）＝（顶板累计下沉量 / OA 初始值）\times 100\% \qquad (10\text{-}2)$$

$$底鼓收敛率（OB）＝（底板累计底鼓量 / OB 初始值）\times 100\% \qquad (10\text{-}3)$$

$$巷道左帮收敛率（OC）＝（左帮累计变形量 / OC 初始值）\times 100\%$$

$$(10\text{-}4)$$

$$巷道右帮收敛率（OD）＝（右帮累计变形量 / OD 初始值）\times 100\%$$

$$(10\text{-}5)$$

$$巷道高度收敛率（H）＝（巷道高度累计变形量 / 高度初始值）\times 100\%$$

$$(10\text{-}6)$$

巷道宽度收敛率($B$)＝（巷道宽度累计变形量／宽度初始值）×100％

$$(10\text{-}7)$$

$$巷道综合收敛率 = \frac{(OA + OB + OC + OD)\,总变形量}{(OA + OB + OC + OD)\,初始值} \times 100\% \quad (10\text{-}8)$$

# 10.2 巷道变形观测数据分析

### 10.2.1 上巷变形观测数据分析

$1^{\#}$测点：2019 年 5 月 1 日开始观测，2020 年 12 月 8 日停止观测（工作面距离测点 432.4 m），尚未受到采场动压影响。由图 10-2 可以看出，底鼓变形量＞顶板下沉量，右帮收敛量＞左帮收敛量。

由图 10-3 可以看出，成巷 32 天后开始变形，341 天后变形加速，高度收敛率＞宽度收敛率，主要是由于巷道底鼓较大引起。

$2^{\#}$测点：2019 年 5 月 16 日开始观测，2020 年 12 月 8 日停止观测（工作面距离测点 327.6 m）。由图 10-4 可以看出，底鼓变形量≈顶板下沉量，右帮收敛量≈左帮收敛量。

由图 10-5 可以看出，成巷 100 天后开始变形，334 天后变形加速，565 天时开始受到采场动压影响，高度收敛率＞宽度收敛率，巷道底鼓变形量大。

$3^{\#}$测点：2019 年 5 月 27 日开始观测，2020 年 12 月 8 日停止观测（工作面距离测点 232.4 m）。由图 10-6 可以看出，底鼓变形量＞顶板下沉量，左帮收敛量＜右帮收敛量。

由图 10-7 可以看出，成巷 30 天后开始变形，352 天后变形加速，542 天时开始受到采动压力影响，高度收敛率＜宽度收敛率。

$4^{\#}$测点：2019 年 6 月 4 日开始观测，2020 年 12 月 8 日停止观测（工作面距离测点 132.4 m）。由图 10-8 可以看出，顶板下沉量＞底鼓变形量，右帮收敛量≈左帮收敛量。

由图 10-9 可以看出，成巷 67 天后开始变形，306 天后变形加速，534 天时开始受到采场动压影响，高度收敛率＞宽度收敛率。

$5^{\#}$测点：2019 年 6 月 15 日开始观测，2020 年 12 月 8 日停止观测（工作面距离测点 15.86 m）。由图 10-10 可以看出，顶板下沉量≈底鼓变形量，左帮收敛量＜右帮收敛量。

由图 10-11 可以看出，成巷 49 天后开始变形，290 天后变形加速，524 天时开始受到采场动压影响，高度收敛率＞宽度收敛率。

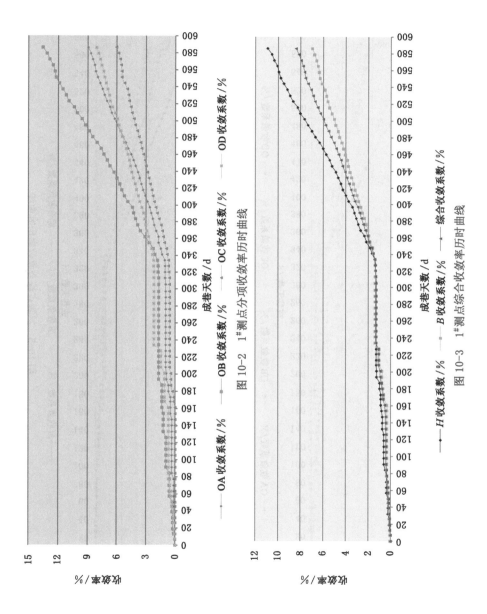

图 10-2 1#测点分项收敛率历时曲线

图 10-3 1#测点综合收敛率历时曲线

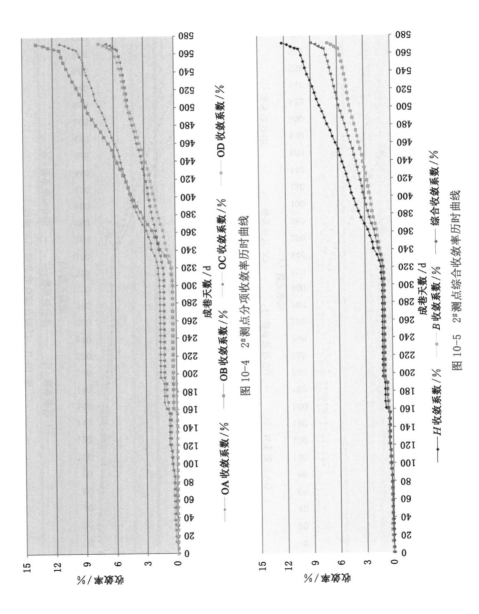

图 10-4 2#测点分项收敛率历时曲线

图 10-5 2#测点综合收敛率历时曲线

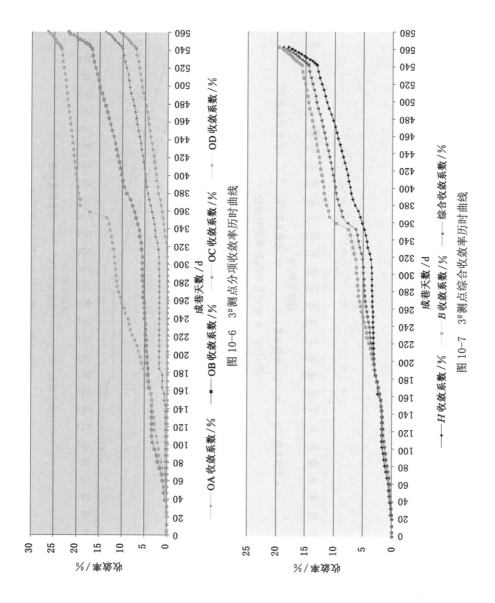

图 10-6　3#测点分项收敛率历时曲线

图 10-7　3#测点综合收敛率历时曲线

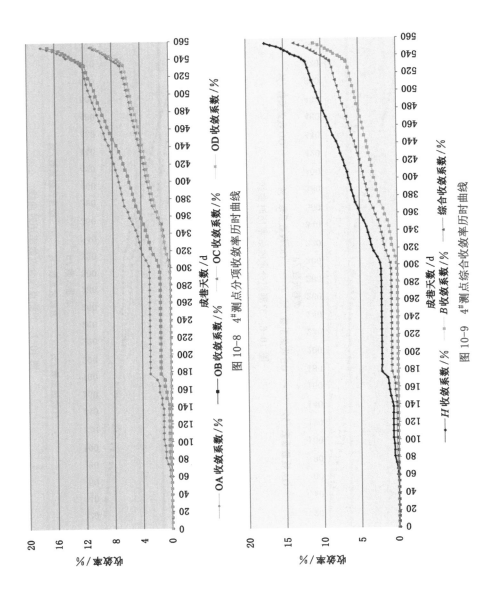

图 10-8  4#测点分项收敛率历时曲线

图 10-9  4#测点综合收敛率历时曲线

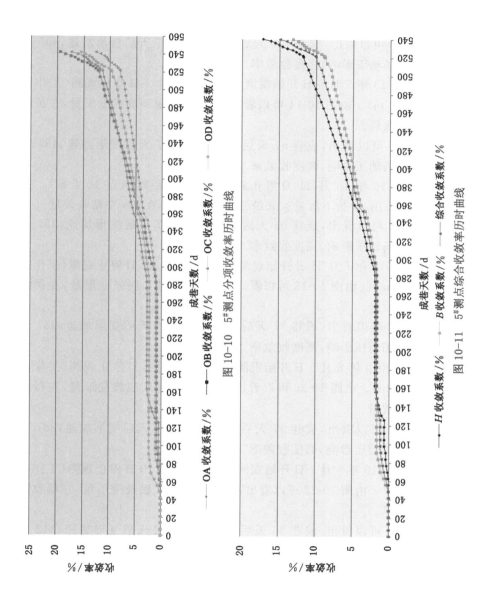

图 10-10　5# 测点分项收敛率历时曲线

图 10-11　5# 测点综合收敛率历时曲线

6#测点：2019 年 6 月 22 日开始观测，2020 年 11 月 24 日停止观测（工作面距测点 2.0 m）。由图 10-12 可以看出，顶板下沉量≈底鼓变形量，右帮收敛量≈左帮收敛量。

由图 10-13 可以看出，成巷 120 天后开始变形，287 天后变形加速，485 天时开始受到采场动压影响，高度收敛率＞宽度收敛率。

7#测点：2019 年 7 月 9 日开始观测，2020 年 11 月 2 日停止观测（工作面距离测点 16.11 m）。由图 10-14 可以看出，顶板下沉量＞底鼓变形量，左帮收敛量＜右帮收敛量。

由图 10-15 可以看出，成巷 67 天后开始变形，257 天后变形加速，434 天时开始受到采场动压影响，高度收敛率＞宽度收敛率。

8#测点：2019 年 10 月 21 日停止观测（工作面距离测点 10.4 m）。由图 10-16 可以看出，顶板下沉量＜底鼓变形量，右帮收敛量≈左帮收敛量。

由图 10-17 可以看出，成巷 95 天后开始变形，257 天后变形加速，251 天时开始受到采场动压影响，高度收敛率＞宽度收敛率。

9#测点：2019 年 7 月 25 日开始观测，2020 年 9 月 19 日停止观测（工作面距离测点 37.4 m）。由图 10-18 可以看出，顶板下沉量＜底鼓变形量，左帮收敛量＜右帮收敛量。

由图 10-19 可以看出，成巷 37 天后开始变形，265 天后变形加速，387 天时开始受到采场动压影响，高度收敛率＞宽度收敛率。

10#测点：2019 年 8 月 1 日开始观测，2020 年 9 月 3 日停止观测（工作面距离测点 22.2 m）。由图 10-20 可以看出，顶板下沉量＜底鼓变形量，左帮收敛量＜右帮收敛量。

由图 10-21 可以看出，成巷 37 天后开始变形，265 天后变形加速，387 天时开始受到采场动压影响，高度收敛率＞宽度收敛率。

11#测点：2019 年 8 月 7 日开始观测，2020 年 8 月 20 日停止观测（工作面距离测点 13 m）。由图 10-22 可以看出，顶板下沉量＜底鼓变形量，左帮收敛量＜右帮收敛量。

由图 10-23 可以看出，成巷 35 天后开始变形，242 天后变形加速，342 天时开始受到采场动压影响，高度收敛率＞宽度收敛率。

12#测点：2019 年 8 月 20 日开始观测，2020 年 8 月 8 日停止观测（工作面距离测点 14.8 m）。由图 10-24 可以看出，顶板下沉量＜底鼓变形量，左帮收敛量＞右帮收敛量。

由图 10-25 可以看出，成巷 25 天后开始变形，226 天后变形加速，312 天

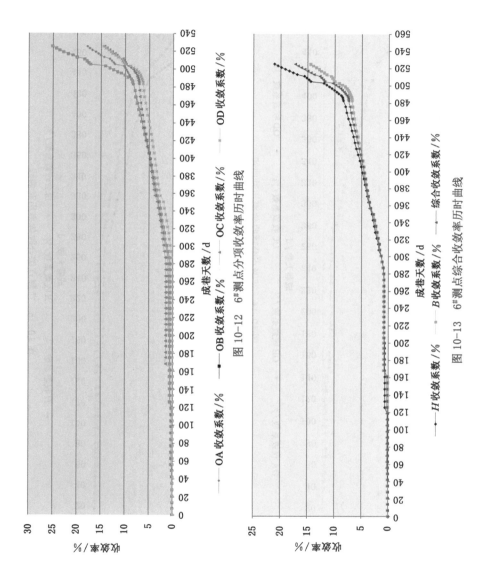

图 10-12　6#测点分项收敛率历时曲线

图 10-13　6#测点综合收敛率历时曲线

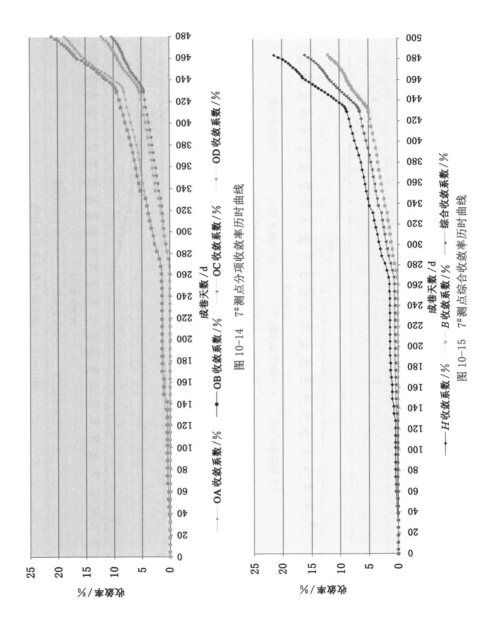

图 10-14　7# 测点分项收敛率历时曲线

图 10-15　7# 测点综合收敛率历时曲线

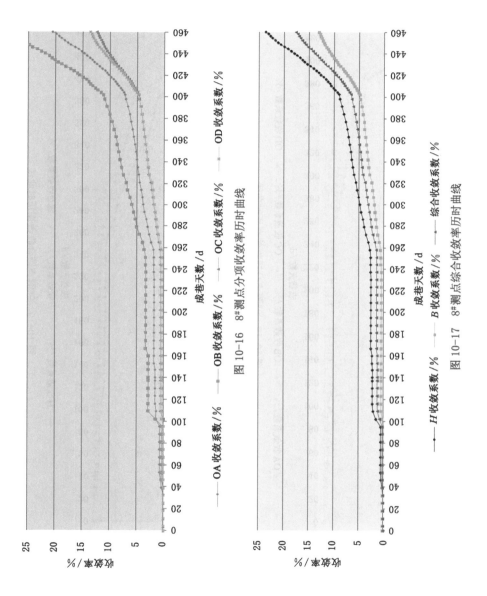

图 10-16　8#测点分项收敛率历时曲线

图 10-17　8#测点综合收敛率历时曲线

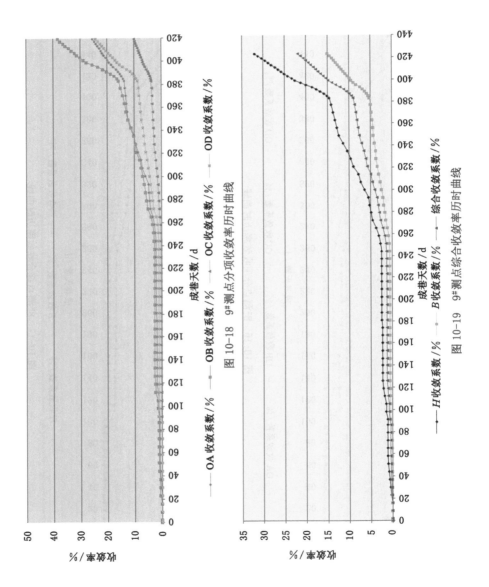

图 10-18　9#测点分项收敛率历时曲线

图 10-19　9#测点综合收敛率历时曲线

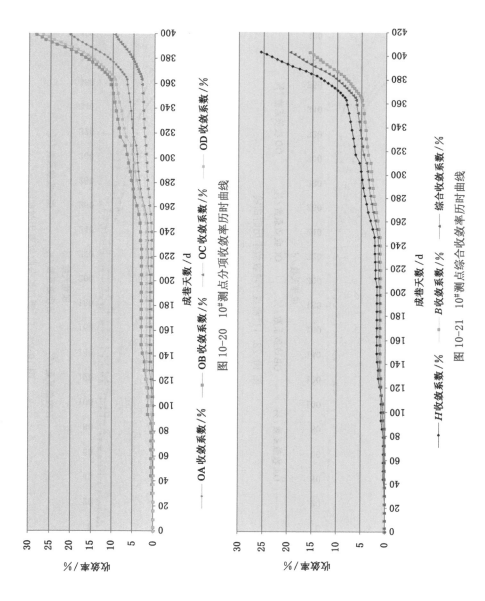

图 10-20　10#测点分项收敛率历时曲线

图 10-21　10#测点综合收敛率历时曲线

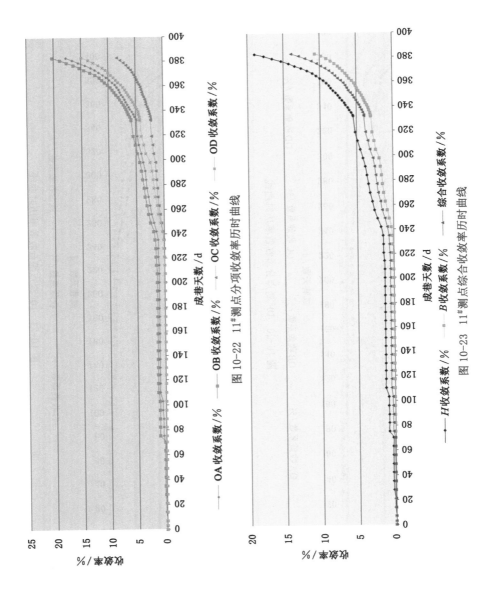

图 10-22 11#测点分项收敛率历时曲线

图 10-23 11#测点综合收敛率历时曲线

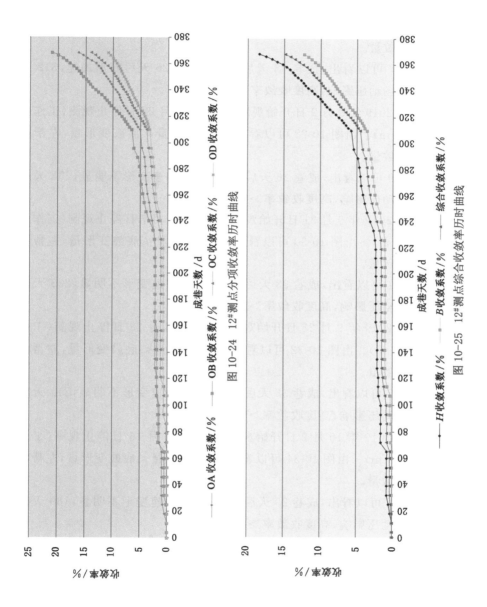

图 10-24　12#测点分项收敛率历时曲线

图 10-25　12#测点综合收敛率历时曲线

时开始受到采场动压影响,高度收敛率＞宽度收敛率。

13#测点:2019 年 8 月 29 日开始观测,2020 年 7 月 23 日停止观测(工作面距离测点 9 m)。由图 10-26 可以看出,顶板下沉量＜底鼓变形量,左帮收敛量＞右帮收敛量。

由图 10-27 可以看出,成巷 18 天后开始变形,226 天后变形加速,312 天时开始受到采场动压影响,高度收敛率＞宽度收敛率。

14#测点:2019 年 9 月 9 日开始观测,2020 年 6 月 27 日停止观测(工作面距离测点 22.5 m)。由图 10-28 可以看出,顶板下沉量＜底鼓变形量,左帮收敛量＞右帮收敛量。

由图 10-29 可以看出,成巷 26 天后开始变形,加速变形不明显,258 天时开始受到采场动压影响,高度收敛率＞宽度收敛率。

15#测点:2019 年 9 月 21 日开始观测,2020 年 6 月 7 日停止观测(工作面距离测点 28.8 m)。由图 10-30 可以看出,顶板下沉量＜底鼓变形量,左帮收敛量＞右帮收敛量。

由图 10-31 可以看出,成巷 33 天后开始变形,加速变形不明显,233 天时开始受到采场动压影响,高度收敛率＞宽度收敛率。

16#测点:2019 年 9 月 28 日开始观测,2020 年 5 月 28 日停止观测(工作面距离测点 12 m)。由图 10-32 可以看出,顶板下沉量＜底鼓变形量,左帮收敛量≈右帮收敛量。

由图 10-33 可以看出,成巷 33 天后开始变形,加速变形不明显,211 天时开始受到采场动压影响,高度收敛率＞宽度收敛率。

17#测点:2019 年 10 月 2 日开始观测,2020 年 5 月 16 日停止观测(工作面距离测点 4.9 m)。由图 10-34 可以看出,顶板下沉量＜底鼓变形量,左帮收敛量≈右帮收敛量。

由图 10-35 可以看出,成巷 29 天后开始变形,加速变形不明显,189 天时开始受到采场动压影响,高度收敛率＞宽度收敛率。

18#测点:2019 年 10 月 9 日开始观测,2020 年 5 月 6 日停止观测(工作面距离测点 12.4 m)。由图 10-36 可以看出,顶板下沉量＜底鼓变形量,左帮收敛量≈右帮收敛量。

由图 10-37 可以看出,成巷 22 天后开始变形,加速变形不明显,171 天时开始受到采场动压影响,高度收敛率＞宽度收敛率。

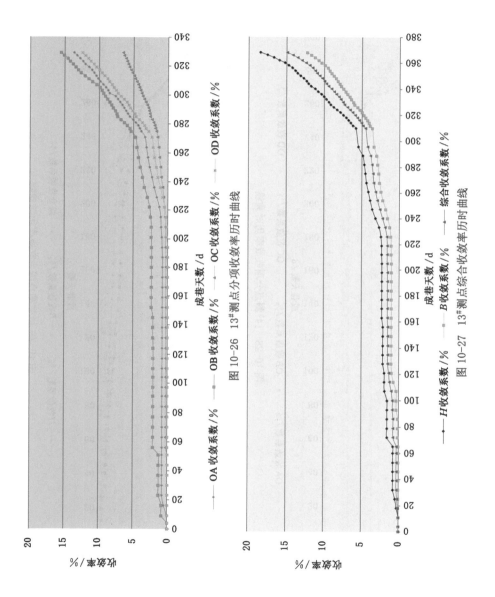

图 10-26　13#测点分项收敛率历时曲线

图 10-27　13#测点综合收敛率历时曲线

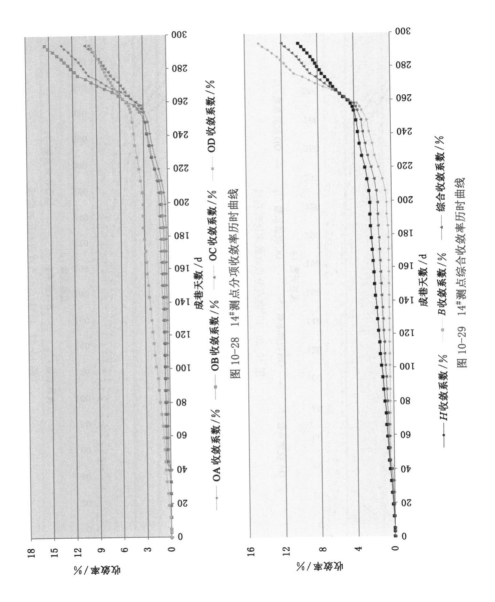

图 10-28 14#测点分项收敛率历时曲线

图 10-29 14#测点综合收敛率历时曲线

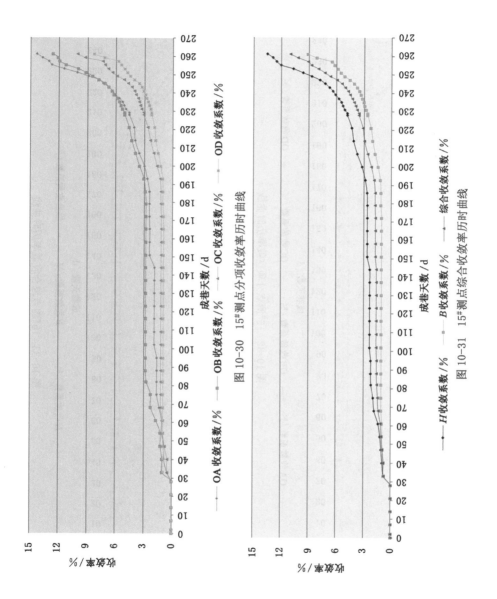

图 10-30　15# 测点分项收敛率历时曲线

图 10-31　15# 测点综合收敛率历时曲线

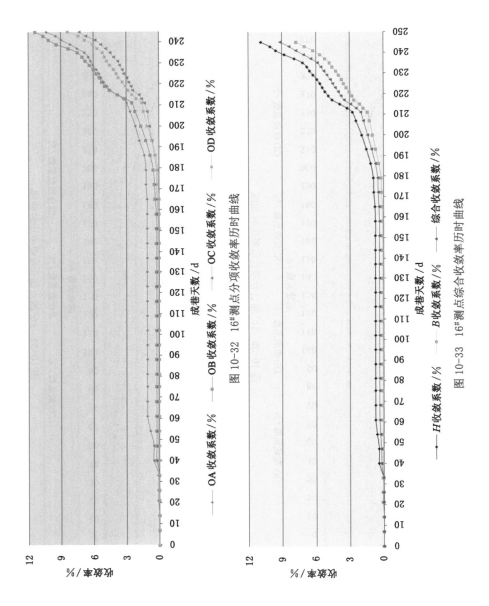

图 10-32 16#测点分项收敛率历时曲线

图 10-33 16#测点综合收敛率历时曲线

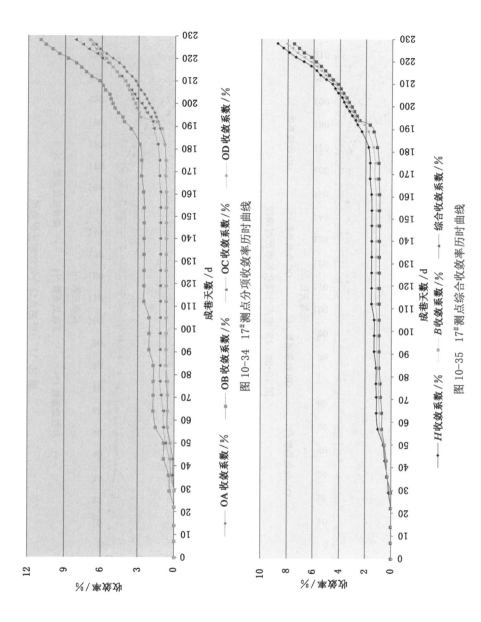

图 10-34　17# 测点分项收敛率历时曲线

图 10-35　17# 测点综合收敛率历时曲线

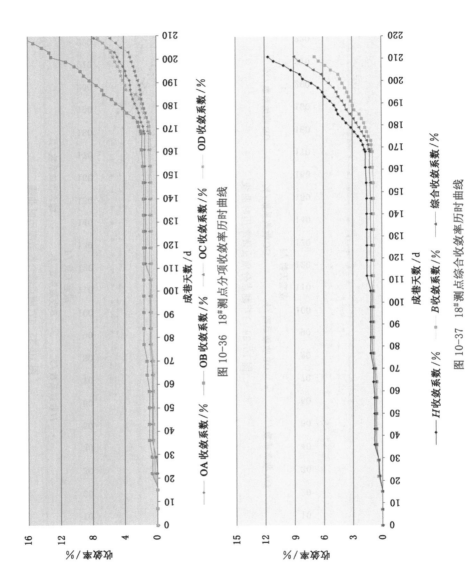

图 10-36 18# 测点分项收敛率历时曲线

图 10-37 18# 测点综合收敛率历时曲线

19# 测点：2019 年 10 月 16 日开始观测，2020 年 4 月 24 日停止观测（工作面距离测点 8.8 m）。由图 10-38 可以看出，顶板下沉量＜底鼓变形量，左帮收敛量≈右帮收敛量。

由图 10-39 可以看出，成巷 15 天后开始变形，加速变形不明显，156 天时开始受到采场动压影响，高度收敛率＞宽度收敛率。

20# 测点：2019 年 10 月 20 日开始观测，2020 年 4 月 6 日停止观测（工作面距离测点 11.2 m）。由图 10-40 可以看出，左帮收敛量≈右帮收敛量。

由图 10-41 可以看出，成巷 32 天后开始变形，加速变形不明显，152 天时开始受到采场动压影响，高度收敛率＞宽度收敛率。

21# 测点：2019 年 10 月 25 日开始观测，2020 年 3 月 23 日停止观测（工作面距离测点 13.8 m），回采时工作面距离测点仅 200 m。由图 10-42 可以看出，巷道受动压影响前尚未充分变形。

由图 10-43 可以看出，成巷 10 天后开始变形，巷道变形总体上不充分，高度收敛率＞宽度收敛率。

22# 测点：2019 年 10 月 31 日开始观测（测点距离工作面仅 100 m）；2020 年 2 月 19 日开始回采，2020 年 3 月 10 停止观测（工作面距离测点 21.2 m）。巷道变形尚不充分，底板变形量最大，收敛率仅 2.77％，如图 10-44 所示。

由图 10-45 可以看出，成巷 10 天后开始变形，巷道变形总体上不充分，高度收敛率＞宽度收敛率。

通过对 114153 工作面上巷 22 个测点的观测数据进行分析，可以得出以下几点结论：

① 高度收敛率大于侧帮收敛率的测点为 22 个，占比为 100％；巷道底鼓对高度收敛贡献率在 80％以上。

② 巷道底板收敛率大于顶板收敛率的测点为 19 个，占比为 86.4％，其余 3 个点底板收敛率与顶板收敛率相近。

③ 巷道左侧帮收敛率大于右侧帮收敛率的测点为 2 个，占比为 9％，而右侧帮收敛率大于（约等于）左帮收敛率的测点为 20 个，占比为 91％。

### 10.2.2 下巷变形观测数据分析

1# 测点：2019 年 9 月 4 日开始观测，2020 年 12 月 8 日停止观测（工作面距离测点 482.2 m）。由图 10-46 可以看出，尚未受动压影响，成巷 28 天、119 天、189 天分别出现 3 个变形台阶，189 天变形加快，底鼓变形量＞顶板下沉量，左帮收敛量＞右帮收敛量。

由图 10-47 可以看出，高度收敛率＞宽度收敛率，主要是由于巷道底鼓较

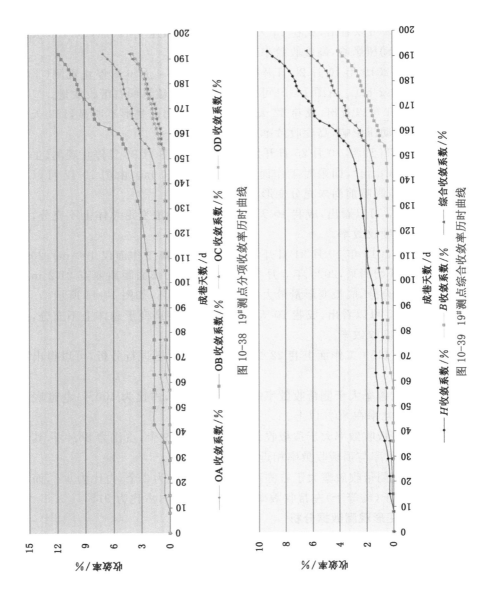

图 10-38　19#测点分项收敛率历时曲线

图 10-39　19#测点综合收敛率历时曲线

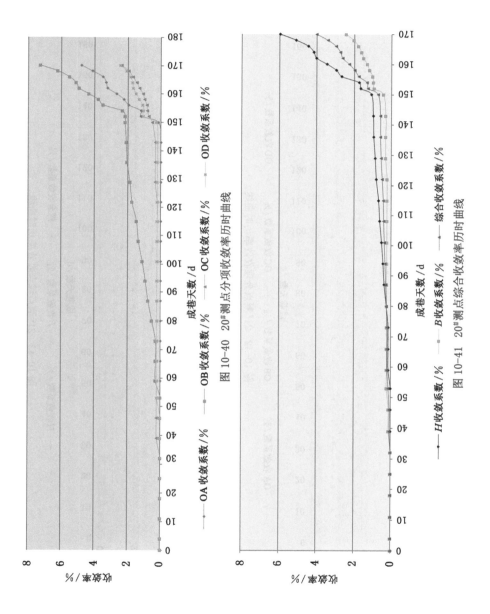

图 10-40　20#测点分项收敛率历时曲线

图 10-41　20#测点综合收敛率历时曲线

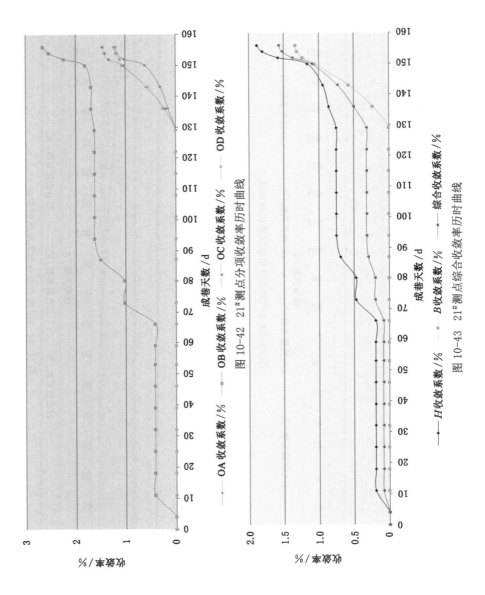

图 10-42 21#测点分项收敛率历时曲线

图 10-43 21#测点综合收敛率历时曲线

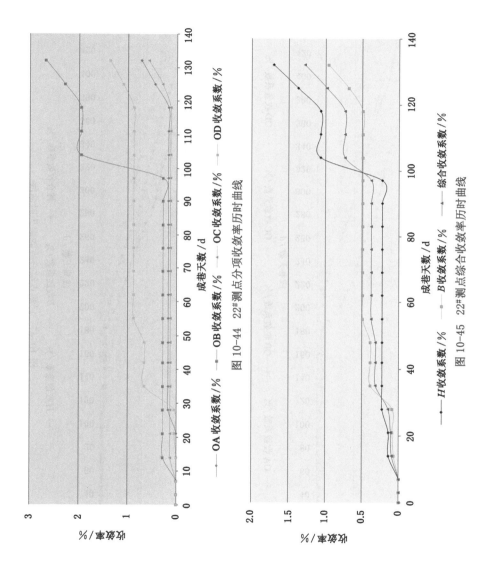

图 10-44　22#测点分项收敛率历时曲线

图 10-45　22#测点综合收敛率历时曲线

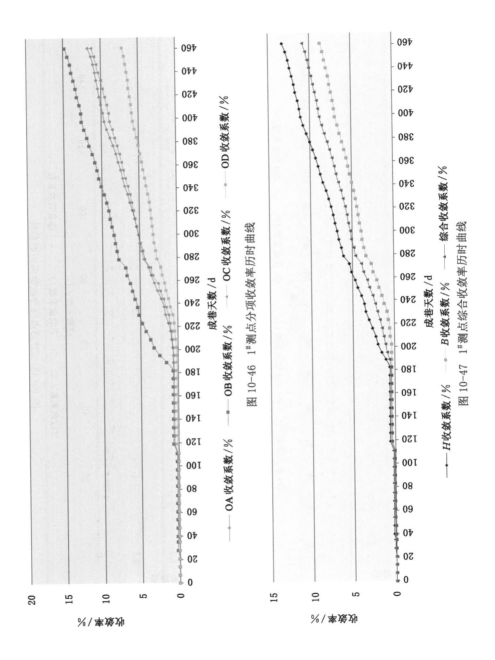

图 10-46  1#测点分项收敛率历时曲线

图 10-47  1#测点综合收敛率历时曲线

大引起。

2#测点:2019 年 9 月 14 日开始观测,2020 年 12 月 8 日停止观测(工作面距离测点 432.2 m)。由图 10-48 可以看出,尚未受动压影响,成巷 39 天、105 天出现小的台阶,成巷 175 天后 OA、OB 收敛率先快速增大,成巷 195 天后 OC、OD 收敛加速,底鼓变形量＞顶板下沉量,右帮收敛量＞左帮收敛量。

由图 10-49 可以看出,高度收敛率＞宽度收敛率,主要由于底鼓较大引起。

3#测点:2019 年 11 月 5 日开始观测,2020 年 12 月 8 日停止观测(工作面距离测点 382.2 m)。由图 10-50 可以看出,尚未受动压影响,成巷 51 天出现小的台阶,成巷 121 天后 OB 收敛率先快速增大,底鼓变形量＞顶板下沉量,右侧帮收敛量＞左帮收敛量。

由图 10-51 可以看出,高度收敛率＞宽度收敛率,主要由于底鼓引起。

4#测点:2019 年 11 月 13 日开始观测,2020 年 12 月 8 日停止观测(工作面距离测点 332.2 m)。由图 10-52 可以看出,尚未受动压影响,成巷 9 天出现小的台阶,成巷 146 天后收敛加速,底鼓变形量与顶板下沉量差别不大,左帮收敛量＞右侧帮收敛量。

由图 10-53 可以看出,高度收敛率＞宽度收敛率,主要由于巷道底鼓量较大引起。

5#测点:2019 年 11 月 18 日开始观测,12 月 9 日停止观测(工作面距离测点 275.8 m)。由图 10-54 可以看出,成巷 35 天开始变形,成巷 130 天后收敛加速,成巷 375 天(靠近测点仅 311.6 m)开始受动压影响,底鼓变形量＞顶板下沉量,左帮收敛量＞右侧帮收敛量。

由图 10-55 可以看出,高度收敛率＞宽度收敛率,主要由于巷道底鼓变形量较大引起。

6#测点:2019 年 11 月 23 日开始观测,12 月 9 日停止观测(工作面距离测点 225.8 m)。由图 10-56 可以看出,成巷 35 天开始变形,成巷 132 后收敛加速,成巷 370 天开始受动压影响,底鼓变形量＞顶板下沉量,左帮收敛量＞右侧帮收敛量。

由图 10-57 可以看出,高度收敛率＞宽度收敛率,主要由于巷道底鼓变形量较大引起,受到动压影响后此规律不变。

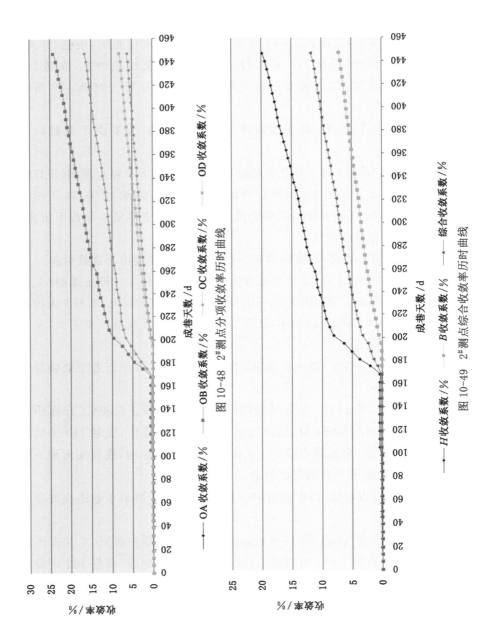

图 10-48 2#测点分项收敛率历时曲线

图 10-49 2#测点综合收敛率历时曲线

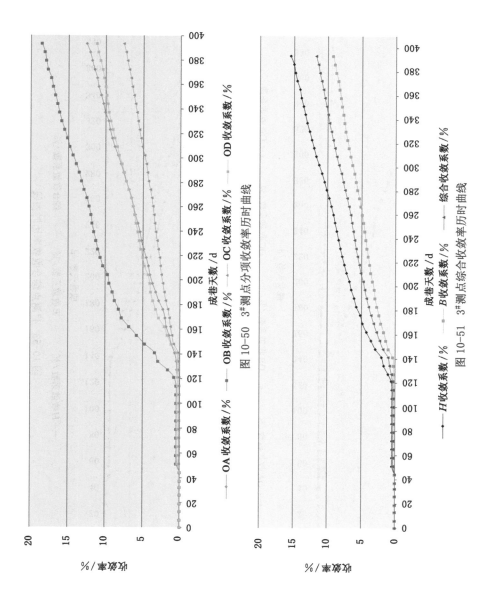

图 10-50 3# 测点分项收敛率历时曲线

图 10-51 3# 测点综合收敛率历时曲线

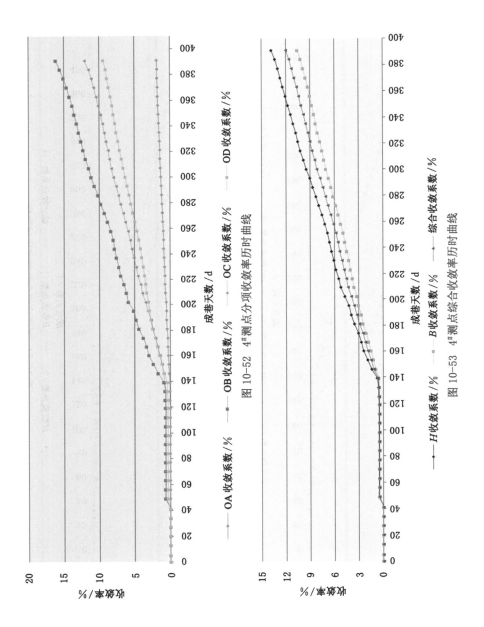

图 10-52  4# 测点分项收敛率历时曲线

图 10-53  4# 测点综合收敛率历时曲线

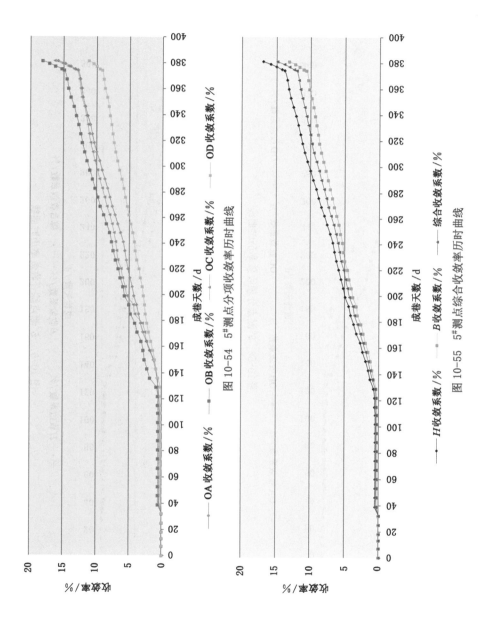

图 10-54　5# 测点分项收敛率历时曲线

图 10-55　5# 测点综合收敛率历时曲线

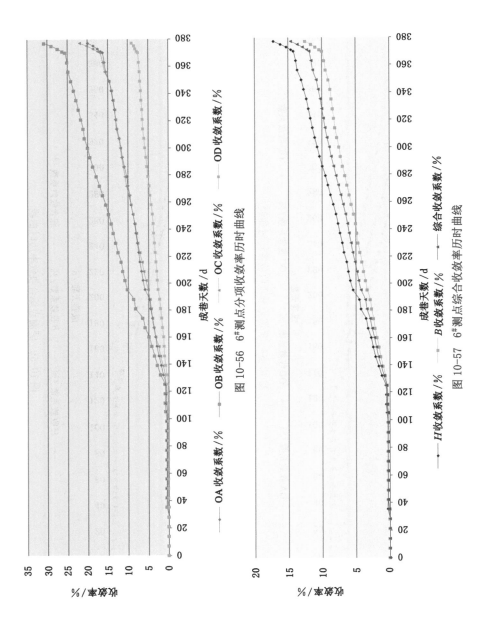

图 10-56  6#测点分项收敛率历时曲线

图 10-57  6#测点综合收敛率历时曲线

7#测点:2019 年 11 月 28 日开始观测,12 月 9 日停止观测(工作面距离测点 182.2 m)。由图 10-58 可以看出,成巷 33 天开始变形,成巷 130 天后变形加速,368 天受动压影响(采面距离测点 175.8 m),底鼓变形量＞顶板下沉量,左帮收敛量＞右侧帮收敛量。

由图 10-59 可以看出,高度收敛率＞宽度收敛率,主要由于巷道底鼓变形量较大引起,受到动压影响后此规律不变。

8#测点:2019 年 12 月 3 日开始观测,12 月 9 日停止观测(工作面距离测点 125.8 m)。

由图 10-60 可以看出,成巷 29 天开始变形,119 天后变形加速,成巷 352 天时受动压影响(采面距离测点 182.2 m),底鼓变形量＞顶板下沉量,左帮收敛量≈右帮收敛量。

由图 10-61 可以看出,高度收敛率＞宽度收敛率,主要由于巷道底鼓变形量较大引起,受到动压影响后此规律不变。

9#测点:2019 年 12 月 9 日开始观测,停止观测时工作面距测点 75.8 m。由图 10-62 可以看出,成巷 22 天巷道开始收敛,119 天时收敛率加速,352 天时开始受动压影响(采面距离测点 182.2 m),底鼓变形量＞顶板下沉量,左帮收敛量＞右侧帮收敛量。

由图 10-63 可以看出,高度收敛率＞宽度收敛率,主要由于巷道底鼓变形量较大引起,受到动压影响后此规律不变。

10#测点:2019 年 12 月 9 日开始观测,停止观测时工作面距测点 25.8 m。由图 10-64 可以看出,成巷 22 天巷道开始收敛,119 天时收敛率加速,352 天时开始受动压影响(工作面距离测点 182.2 m),底鼓变形量＞顶板下沉量,左帮收敛量＞右侧帮收敛量。

由图 10-65 可以看出,高度收敛率＞宽度收敛率,主要由于巷道底鼓变形量较大引起,受到动压影响后此规律不变。

11#测点:2019 年 12 月 20 日开始观测,停止观测时工作面距测点 19.5 m。由图 10-66 可以看出,成巷 32 天开始收敛,108 天时收敛加快,313 天时开始受到动压影响(采面距离测点 196.6 m),顶板下沉量＞底鼓变形量,这是少见的几个测点之一,左帮收敛量＞右侧帮收敛量。

由图 10-67 可以看出,高度收敛率＞宽度收敛率,此规律不变。

12#测点:2019 年 12 月 24 日成巷,2020 年 11 月 23 日停止观测(采面距离测点 17.5 m)。由图 10-68 可以看出,成巷 8 天开始收敛,105 天后收敛加快,282 天时开始受动压影响(采面距离测点 266.8 m),顶板下沉量≈底鼓变形量,左帮收敛量＞右侧帮收敛量。

由图 10-69 可以看出,高度收敛率＞宽度收敛率,此规律不变。

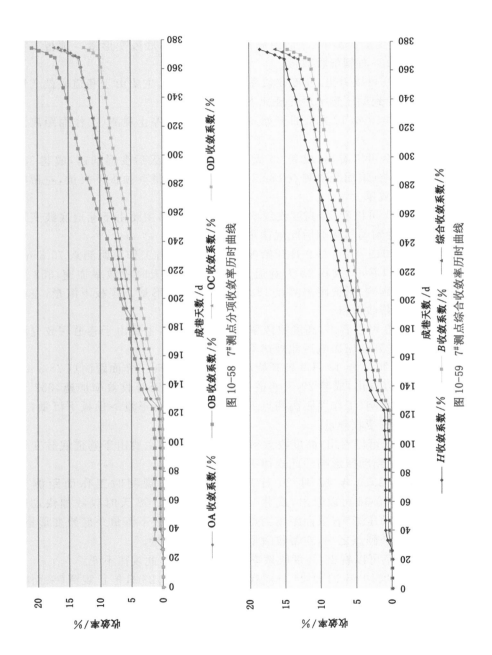

图 10-58 7#测点分项收效率历时曲线

图 10-59 7#测点综合收效率历时曲线

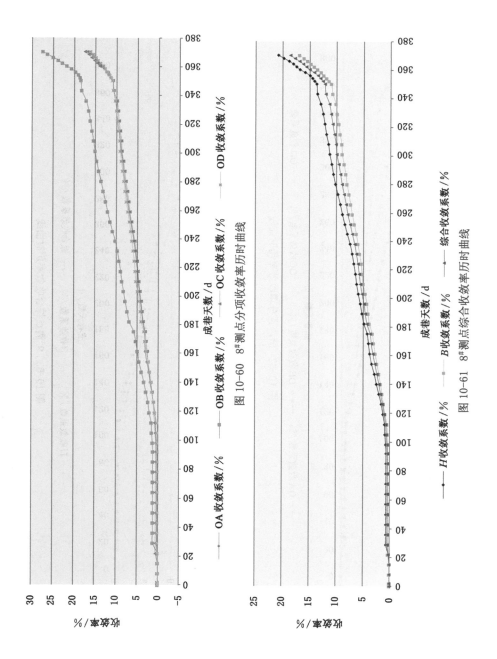

图 10-60　8# 测点分项收敛率历时曲线

图 10-61　8# 测点综合收敛率历时曲线

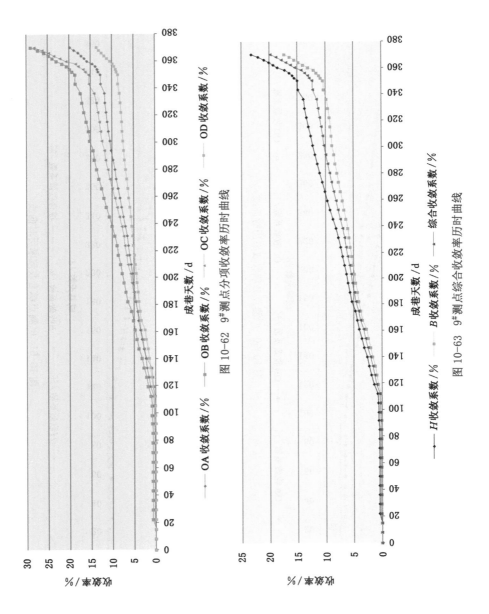

图 10-62　9#测点分项收敛率历时曲线

图 10-63　9#测点综合收敛率历时曲线

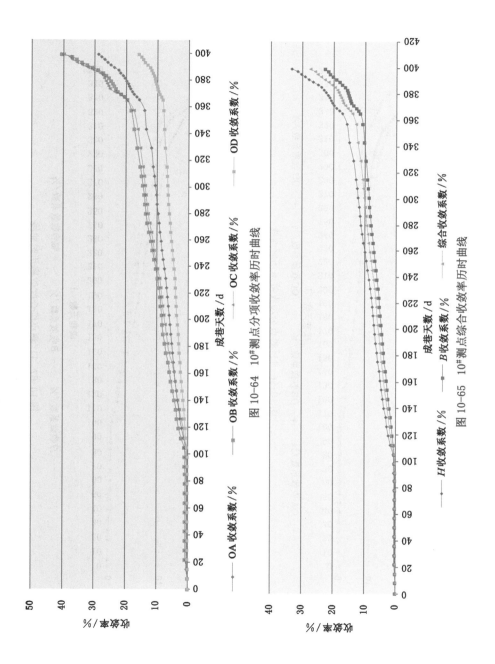

图 10-64　10#测点分项收敛率历时曲线

图 10-65　10#测点综合收敛率历时曲线

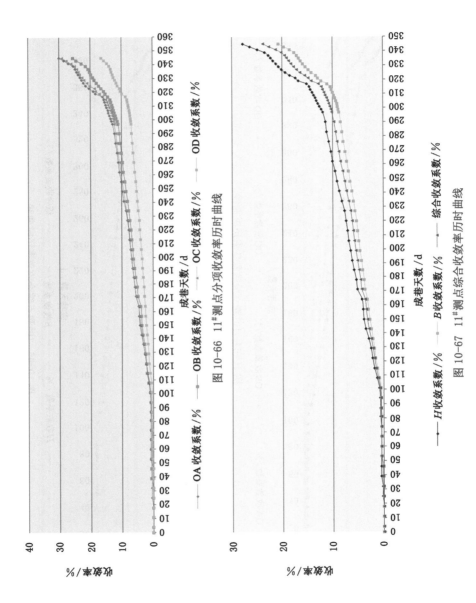

图 10-66  11#测点分项收敛率历时曲线

图 10-67  11#测点综合收敛率历时曲线

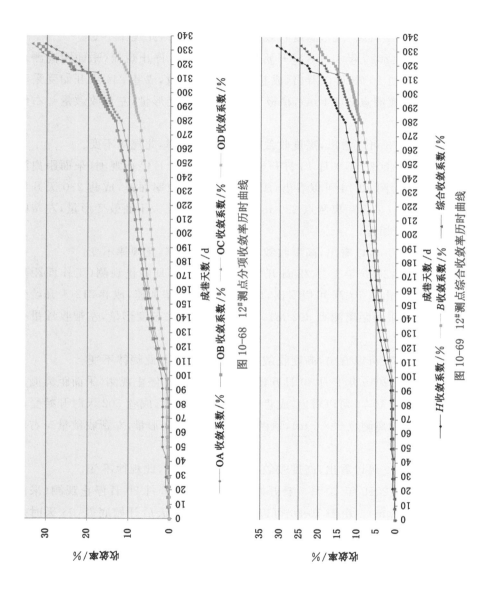

图 10-68　12#测点分项收敛率历时曲线

图 10-69　12#测点综合收敛率历时曲线

13# 测点:2019 年 8 月 20 日开始观测,11 月 10 日停止观测(工作面距测点 15.6 m)。由图 10-70 可以看出,成巷 42 天开始收敛,104 天后各收敛加速,成巷 258 天时受到动压影响(采面距离测点 313.6 m)。

由图 10-71 可以看出,高度收敛率>宽度收敛率,此规律不变。

14# 测点:2020 年 1 月 8 日开始观测,11 月 2 日停止观测(采面距离测点 14.8 m)。由图 10-72 可以看出,成巷 90 天开始收敛,成巷 244 天开始受采动影响(采面距离测点 294.4 m),顶板下沉量<底鼓变形量,左帮收敛量<右侧帮收敛量。

由图 10-73 可以看出,高度收敛率>宽度收敛率,此规律不变。

15# 测点:2020 年 1 月 15 日开始观测,10 月 27 日停止观测(采面距离测点 4.0 m)。由图 10-74 可以看出,成巷 83 天后收敛率加速,成巷 230 天开始受到动压影响(采面距离测点 290 m),顶板下沉量略大于底鼓变形量,左帮收敛量与右侧帮相近。

由图 10-75 可以看出,高度收敛率>宽度收敛率,此规律不变。

16# 测点:2020 年 1 月 22 日开始观测,9 月 29 日停止观测(工作面距离测点 65 m)。由图 10-76 可以看出,成巷 76 天收敛率加速,成巷 212 天开始受到动压影响(采面距离测点 302 m),顶板下沉量≈底鼓变形量,左帮收敛量<右侧帮收敛量。

由图 10-77 可以看出,高度收敛率>宽度收敛率,此规律不变。

17# 测点:2019 年 9 月 30 日开始观测,8 月 22 日停止观测(采面距离测点 84.2 m)。由图 10-78 可以看出,成巷 65 天后收敛加速,成巷 302 天时开始受动压影响(采面距离测点 288.6 m),顶板下沉量<底鼓变形量,左帮收敛量>右侧帮收敛量。

由图 10-79 可以看出,高度收敛率>宽度收敛率,此规律不变。

18# 测点:2019 年 10 月 6 日开始观测,2020 年 8 月 20 日停止观测(采面距离测点 80.8 m)。由图 10-80 可以看出,成巷 10 天后开始底鼓,93 天时左帮开始收敛,177 天时顶板开始下沉、右帮收敛,287 天时收敛率加速,受到动压影响(采面距离测点 288.6 m),顶板下沉量<底鼓变形量,左帮收敛量>右侧帮收敛量。

由图 10-81 可以看出,高度收敛率>宽度收敛率,此规律不变。

19# 测点:2019 年 10 月 14 日开始观测,2020 年 8 月 12 日停止观测(采面

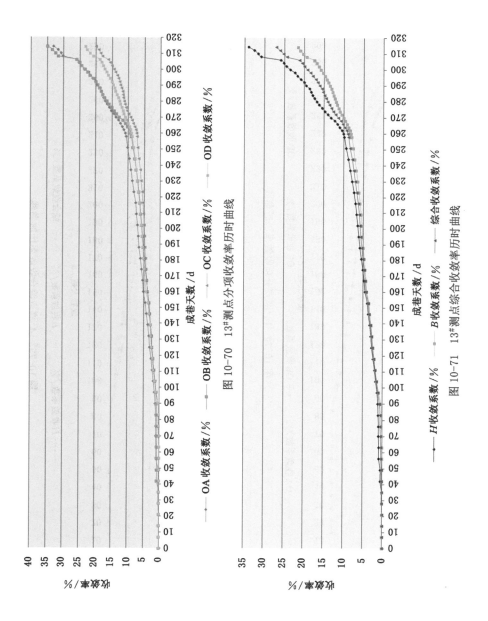

图 10-70　13#测点分项收敛率历时曲线

图 10-71　13#测点综合收敛率历时曲线

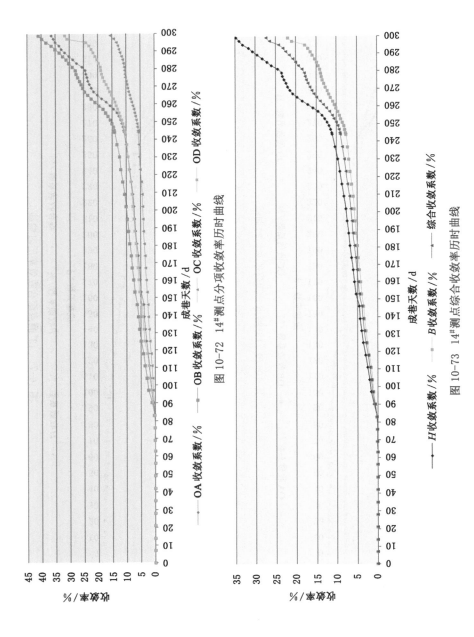

图 10-72 14#测点分项收敛率历时曲线

图 10-73 14#测点综合收敛率历时曲线

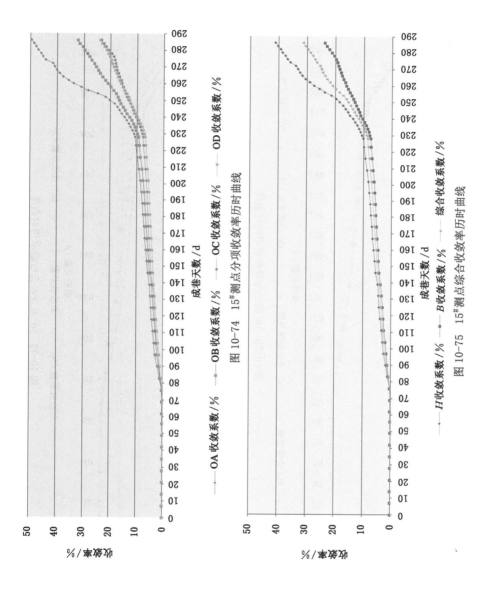

图 10-74　15# 测点分项收敛率历时曲线

图 10-75　15# 测点综合收敛率历时曲线

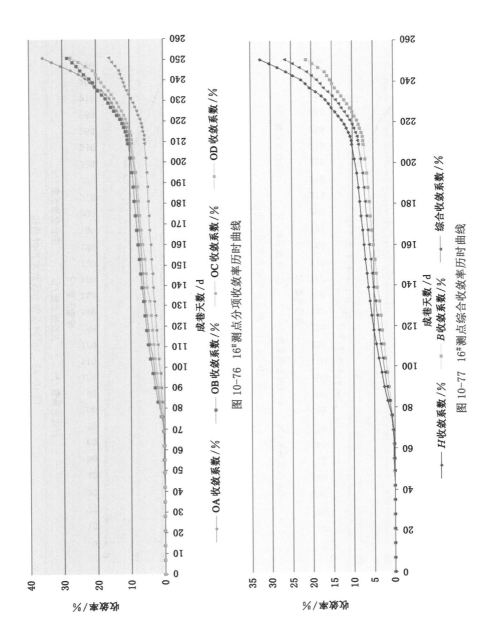

图 10-76 16#测点分项收敛率历时曲线

图 10-77 16#测点综合收敛率历时曲线

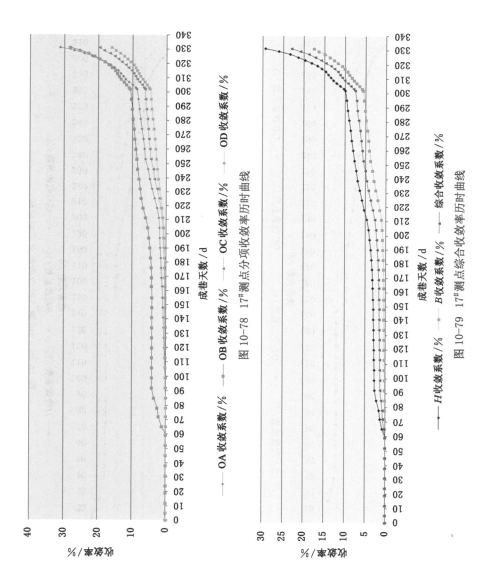

图 10-78　17# 测点分项收敛率历时曲线

图 10-79　17# 测点综合收敛率历时曲线

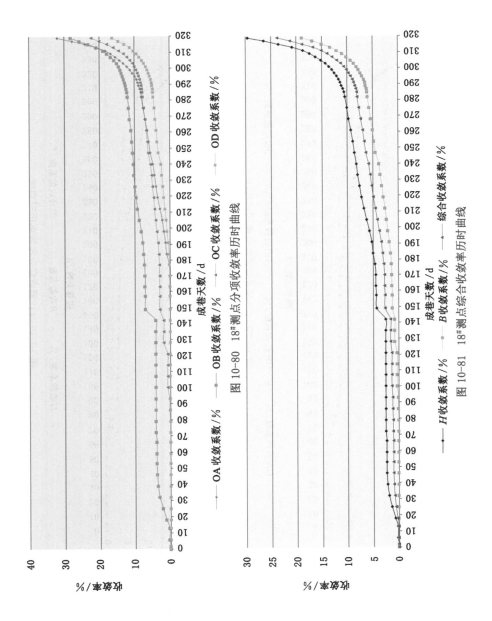

图 10-80 18# 测点分项收敛率历时曲线

图 10-81 18# 测点综合收敛率历时曲线

距离测点 85.8 m)。由图 10-82 可以看出,成巷 10 天开始底鼓,成巷 267 天时开始受动压影响(采面距离测点 282.4 m),顶板下沉量＜底鼓变形量,左帮收敛量≈右侧帮收敛量。

由图 10-83 可以看出,高度收敛率＞宽度收敛率,此规律不变。

20# 测点:2019 年 10 月 19 日开始观测,2020 年 8 月 10 日停止观测(采面距离测点 48.2 m)。由图 10-84 可以看出,成巷 10 天开始底鼓,成巷 248 天时开始受动压影响(采面距离测点 293 m),顶板下沉量＜底鼓变形量,左帮收敛量＞右帮收敛量。

由图 10-85 可以看出,高度收敛率＞宽度收敛率,此规律不变。

21# 测点:2019 年 10 月 19 日开始观测,2020 年 8 月 8 日停止观测(采面距离测点 20.4 m)。由图 10-86 可以看出,成巷 40 天后开始底鼓,240 天后开始受动压影响(采面距离测点 264.8 m),顶板下沉量＜底鼓变形量,左帮收敛量＞右侧帮收敛量。

由图 10-87 可以看出,高度收敛率＞宽度收敛率,此规律不变。

22# 测点:2019 年 11 月 1 日开始观测,2020 年 7 月 27 停止观测(采面距离测点 38.6 m)。由图 10-88 可以看出,成巷 33 天后开始底鼓,成巷 219 天开始受动压影响(采面距离测点 282.3 m),顶板下沉量＜底鼓变形量,左帮收敛量＞右侧帮收敛量。

由图 10-89 可以看出,高度收敛率＞宽度收敛率,此规律不变。

23# 测点:2019 年 11 月 8 日开始观测,2020 年 7 月 15 日停止观测(工作面距离测点 51 m)。由图 10-90 可以看出,成巷 36 天开始底鼓,成巷 208 天开始受到动压影响(采面距离测点 273.3 m),顶板下沉量≈底鼓变形量,左帮收敛量＞右帮收敛量。

由图 10-91 可以看出,高度收敛率＞宽度收敛率,此规律不变。

24# 测点:2019 年 11 月 14 日开始观测,2020 年 7 月 9 日停止观测(工作面距离测点 29 m)。由图 10-92 可以看出,成巷 38 天开始底鼓,成巷 194 天开始受动压影响(采面距离测点 288.8 m),顶板下沉量＜底鼓变形量,左帮收敛量≈右帮收敛量。

由图 10-93 可以看出,高度收敛率＞宽度收敛率,此规律不变。

25# 测点:2019 年 11 月 14 日设点观测,2020 年 7 月 9 日停止观测(工作

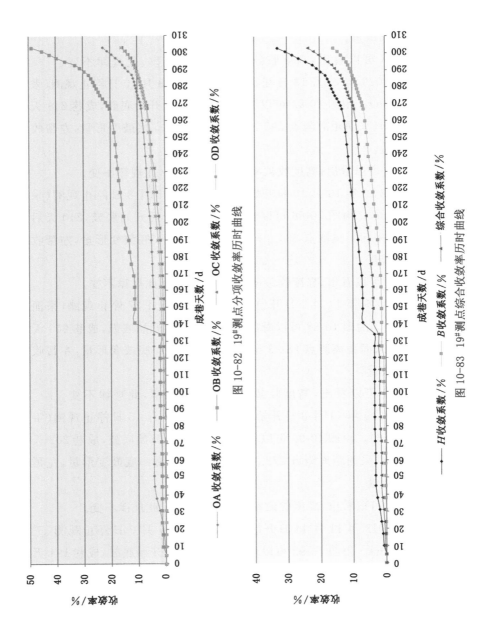

图 10-82　19#测点分项收敛率历时曲线

图 10-83　19#测点综合收敛率历时曲线

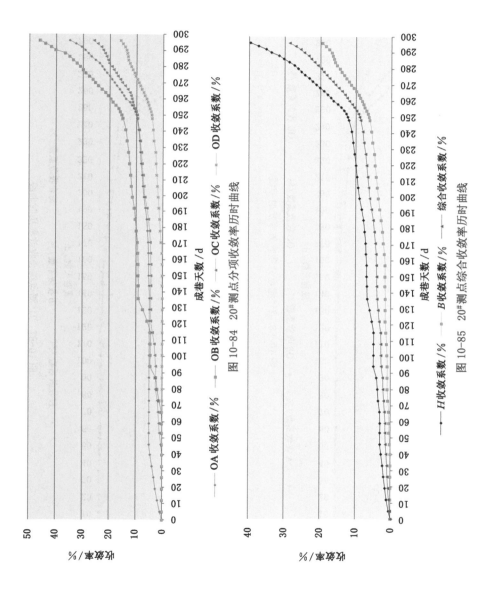

图 10-84　20# 测点分项收敛率历时曲线

图 10-85　20# 测点综合收敛率历时曲线

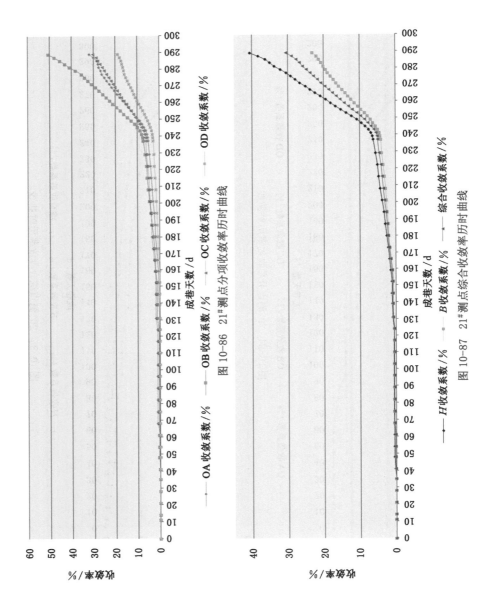

图 10-86  21#测点分项收敛率历时曲线

图 10-87  21#测点综合收敛率历时曲线

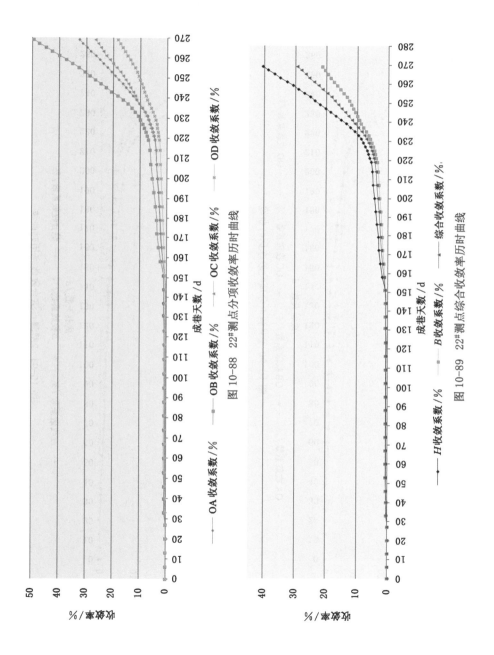

图 10-88　22#测点分项收敛率历时曲线

图 10-89　22#测点综合收敛率历时曲线

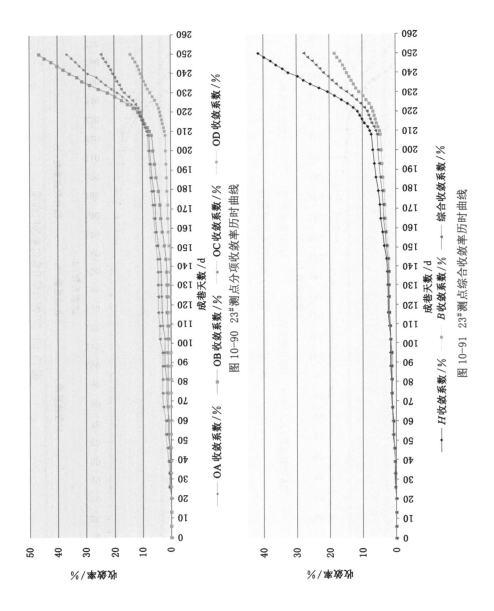

图 10-90  23# 测点分项收敛率历时曲线

图 10-91  23# 测点综合收敛率历时曲线

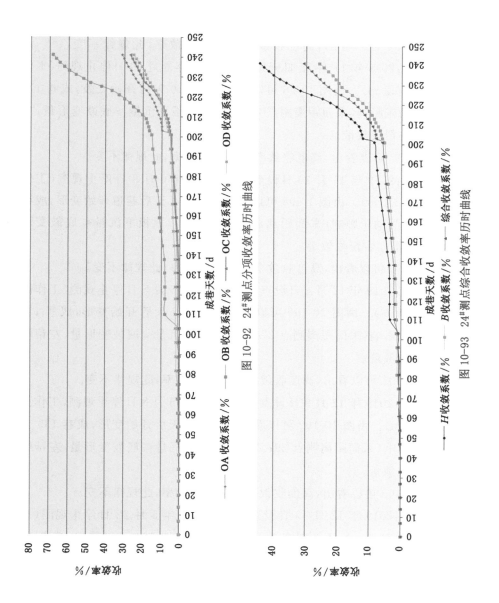

图 10-92  24#测点分项收敛率历时曲线

图 10-93  24#测点综合收敛率历时曲线

面距离测点 29 m)。由图 10-94 可以看出,成巷 34 天开始底鼓,成巷 196 天时开始受动压影响(采面距离测点 173 m),顶板下沉量＜底鼓变形量,左帮收敛量≈右侧帮收敛量。

由图 10-95 可以看出,高度收敛率＞宽度收敛率,此规律不变。

26#测点:2019 年 11 月 25 日开始观测,2020 年 6 月 19 日停止观测(工作面距离测点 26.2 m)。由图 10-96 可以看出,成巷 10 天后开始底鼓,成巷 177 天时开始受动压影响(采面距离测点 233.8 m),顶板下沉量≈底鼓变形量,左帮收敛量≈右帮收敛量。

由图 10-97 可以看出,高度收敛率≈宽度收敛率,此规律不变。

27#测点:2019 年 11 月 30 日设点观测,2020 年 6 月 9 日停止观测(工作面距离测点 26.1 m)。由图 10-98 可以看出,成巷 31 天后巷道开始变形,成巷 164 天时开始受动压影响(采面距离测点 255.8 m),顶板下沉量＜底鼓变形量,左帮收敛量＜右帮收敛量。

由图 10-99 可以看出,高度收敛率＞宽度收敛率,此规律不变。

28#测点:2019 年 12 月 4 日设点观测,2020 年 6 月 5 日停止观测(工作面距离测点 15.3 m)。由图 10-100 可以看出,成巷 83 天后开始变形,成巷 155 天时受到动压影响(采面距离测点 274 m),顶板下沉量＜底鼓变形量,左帮收敛量≈右帮收敛量。

由图 10-101 可以看出,高度收敛率＞宽度收敛率,此规律不变。

29#测点:2019 年 12 月 9 日设点观测,2020 年 5 月 8 日停止观测(工作面距离测点 27 m)。由图 10-102 可以看出,成巷 85 天后开始变形,成巷 139 天时受到动压影响(采面距离测点 297.2 m),顶板下沉量＜底鼓变形量,左帮收敛量＞右帮收敛量。

由图 10-103 可以看出,高度收敛率＞宽度收敛率,此规律不变。

30#测点:2019 年 12 月 13 日设点观测,2020 年 5 月 22 日停止观测(工作面距离测点 19.4 m),不再具备观测条件。由图 10-104 可以看出,成巷 25 天后巷道开始变形,成巷 131 天时开始受动压影响(采面距离测点 281.6 m),顶板下沉量＞底鼓变形量,左帮收敛量＞右帮收敛量。

由图 10-105 可以看出,高度收敛率＞宽度收敛率,此规律不变。

31#测点:2019 年 12 月 17 日设点观测,2020 年 5 月 16 日停止观测(工作

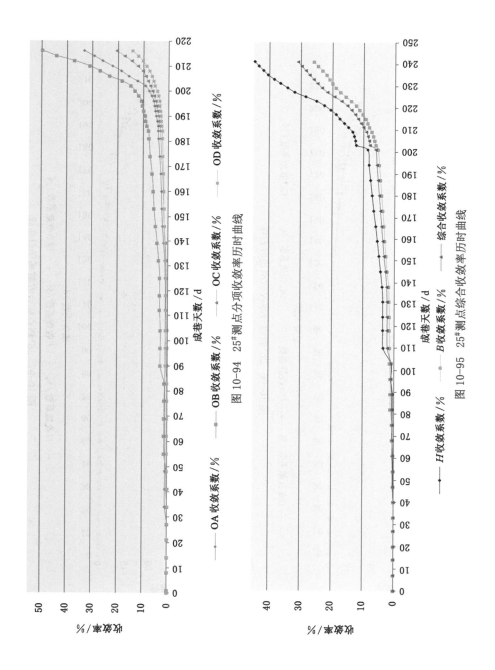

图 10-94　25#测点分项收敛率历时曲线

图 10-95　25#测点综合收敛率历时曲线

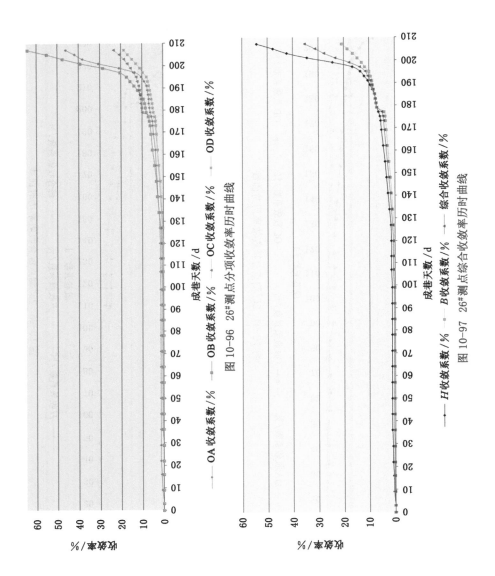

图 10-96　26#测点分项收敛率历时曲线

图 10-97　26#测点综合收敛率历时曲线

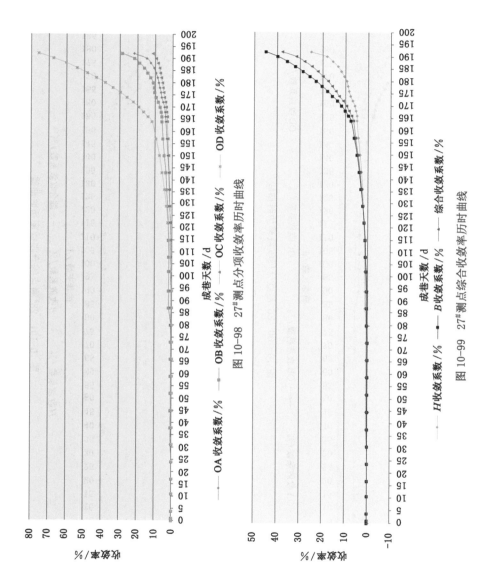

图 10-98　27#测点分项收敛率历时曲线

图 10-99　27#测点综合收敛率历时曲线

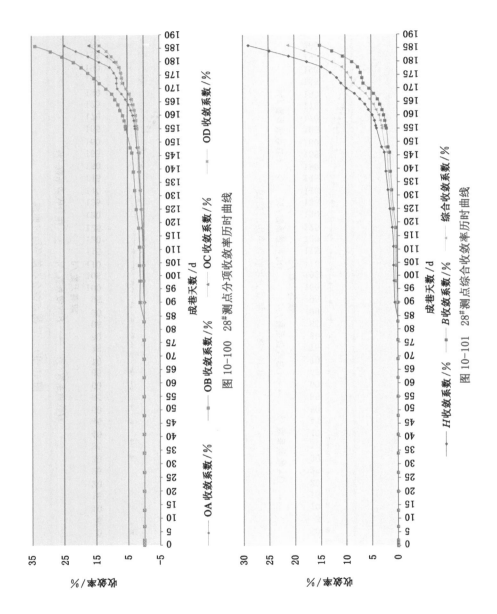

图 10-100 28# 测点分项收敛率历时曲线

图 10-101 28# 测点综合收敛率历时曲线

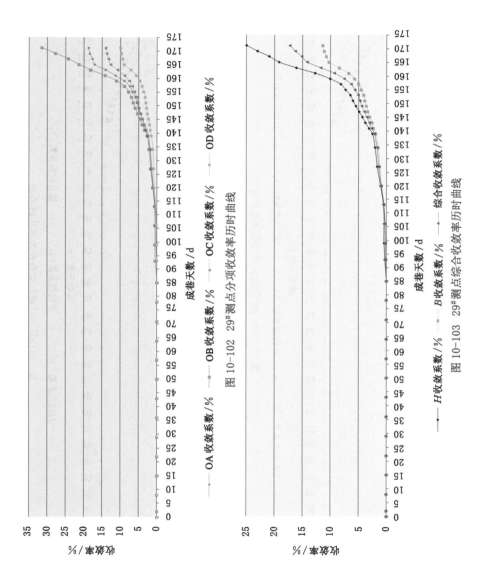

图 10-102　29#测点分项收敛率历时曲线

图 10-103　29#测点综合收敛率历时曲线

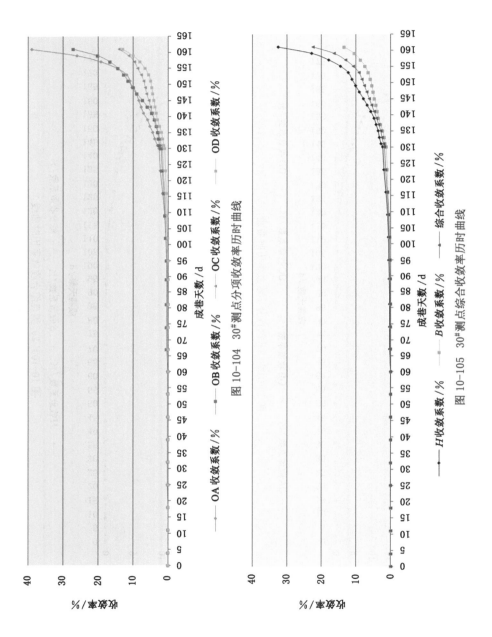

图 10-104 30#测点分项收效率历时曲线

图 10-105 30#测点综合收效率历时曲线

面距离测点 22.2 m)。由图 10-106 可以看出,成巷 23 天后巷道开始变形,成巷 189 天时受动压影响(采面距离测点 217.2 m),顶板下沉量＞底鼓变形量,左帮收敛量≈右帮收敛量。

由图 10-107 可以看出,高度收敛率＞宽度收敛率,此规律不变。

32# 测点:2019 年 12 月 21 日设点观测,2020 年 5 月 12 日停止观测(工作面距离测点 5.8 m)。由图 10-108 可以看出,成巷 23 天后巷道开始变形,成巷 189 天时开始受动压影响(采面距离测点 217.2 m),顶板下沉量≈底鼓变形量,左帮收敛量≈右帮收敛量。

由图 10-109 可以看出,高度收敛率＞宽度收敛率,此规律不变。

33# 测点:2019 年 12 月 26 日设点观测,2020 年 5 月 4 日不再具备观测条件(采面距离测点 32.8 m)。由图 10-110 可以看出,成巷 68 天后巷道开始变形,成巷 119 天时开始受动压影响(采面距离测点 268.8 m),顶板下沉量＞底鼓变形量,左帮收敛量＞右帮收敛量。

由图 10-111 可以看出,高度收敛率＞宽度收敛率,此规律不变。

34# 测点:2019 年 12 月 31 日设点观测,2020 年 4 月 28 日不再具备观测条件(采面距离测点 26.4 m)。由图 10-112 可以看出,成巷 77 天后巷道开始变形,成巷 108 天时受采场动压影响(采面距离测点 265.2 m),顶板下沉量＞底鼓变形量,左帮收敛量＞右帮收敛量。

由图 10-113 可以看出,高度收敛率≈宽度收敛率,此规律不变。

35# 测点:2020 年 1 月 5 日成巷当日设点观测,2020 年 4 月 24 日不再具备观测条件(工作面距离测点 10.8 m)。由图 10-114 可以看出,成巷 16 天后巷道开始变形,成巷 94 天时受到采场动压影响(采面距离测点 281.4 m),顶板下沉量＞底鼓变形量,左帮收敛量＞右帮收敛量。

由图 10-115 可以看出,高度收敛率＞宽度收敛率,此规律不变。

36# 测点:2020 年 1 月 9 日设点观测,2020 年 4 月 14 日不再具备观测条件(工作面距离测点 18.8 m)。由图 10-116 可以看出,成巷 40 天后巷道开始变形,成巷 84 天时受到动压影响(采面距离测点 273 m),顶板下沉量≈底鼓变形量,左帮收敛量≈右帮收敛量。

由图 10-117 可以看出,高度收敛率＞宽度收敛率,此规律不变。

37# 测点:2020 年 1 月 13 日设点观测,2021 年 4 月 6 日不再具备观测条

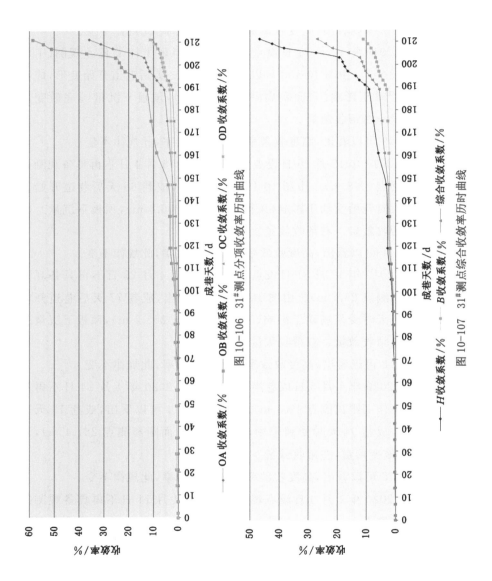

图 10-106　31#测点分项收敛率历时曲线

图 10-107　31#测点综合收敛率历时曲线

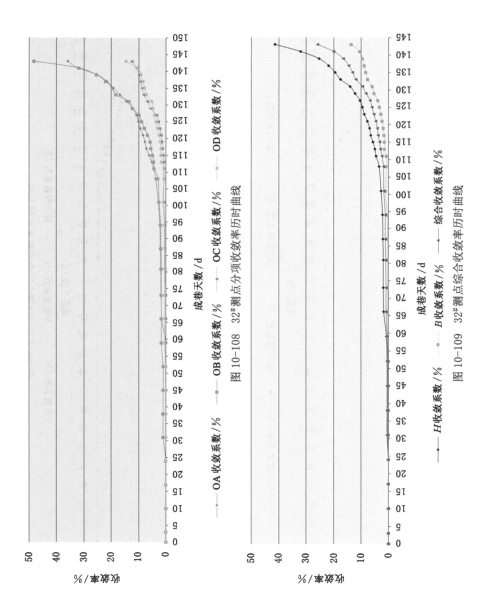

图 10-108　32#测点分项收敛率历时曲线

图 10-109　32#测点综合收敛率历时曲线

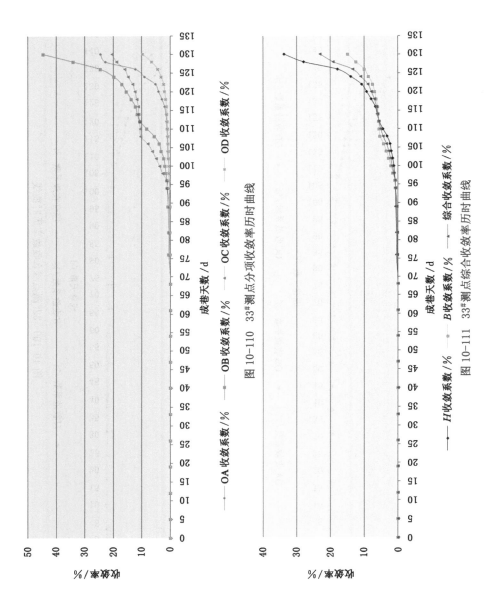

图 10-110  33#测点分项收效率历时曲线

图 10-111  33#测点综合收效率历时曲线

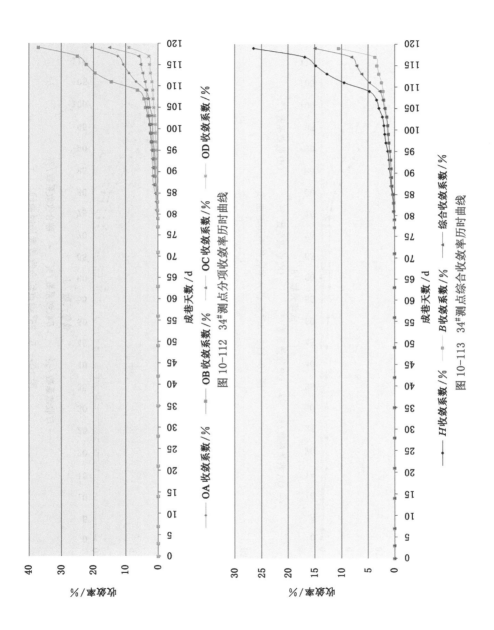

图 10-112　34#测点分项收敛率历时曲线

图 10-113　34#测点综合收敛率历时曲线

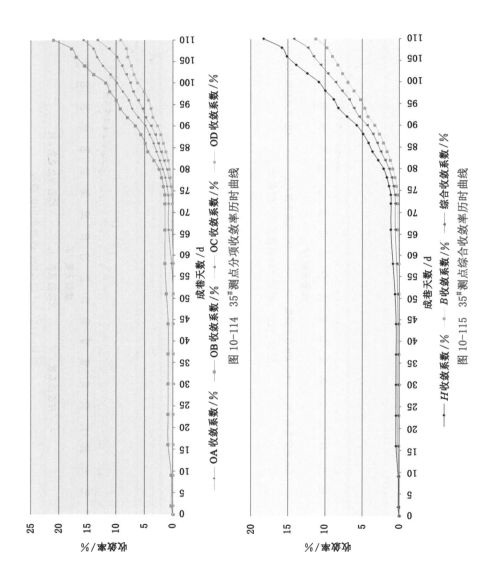

图 10-114 35# 测点分项收敛率历时曲线

图 10-115 35# 测点综合收敛率历时曲线

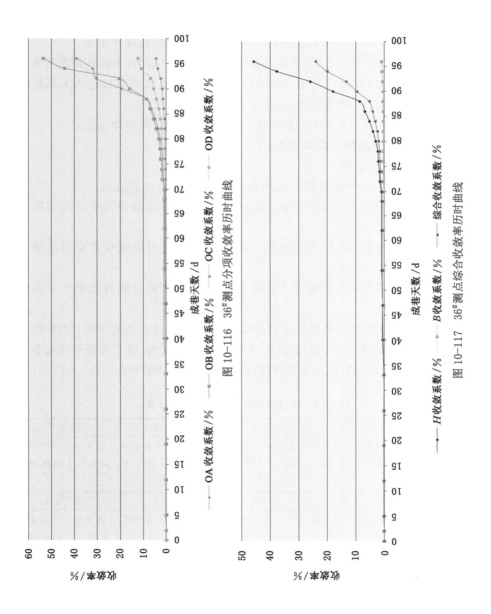

图 10-116　36#测点分项收敛率历时曲线

图 10-117　36#测点综合收敛率历时曲线

件(工作面距离测点 19.0 m)。由图 10-118 可以看出,成巷 50 天后巷道开始变形,成巷 42 天时受到动压影响(采面距离测点 271 m),顶板下沉量>底鼓变形量,左帮收敛量≈右帮收敛量。

由图 10-119 可以看出,高度收敛率>宽度收敛率,此规律不变。

38# 测点:2020 年 1 月 18 日设点观测,2020 年 3 月 27 日不再具备观测条件(工作面距离测点 9.8 m)。由图 10-120 可以看出,测点位置直接进入采场影响阶段,顶板下沉量>底鼓变形量,左帮收敛量≈右帮收敛量。

由图 10-121 可以看出,高度收敛率>宽度收敛率,此规律不变。

### 10.2.3 巷道变形规律与数学模型

(1) 巷道变形规律

通过对以上 38 个测点数据处理和分析,可以得出以下结论:

① 巷道高度收敛率恒大于巷道宽度收敛率,巷道收敛变形主要受高度收敛变形量控制。

② 巷道底鼓变形量恒大于顶板下沉变形量,即巷道高度收敛变形主要受底鼓变形控制。

③ 巷道左帮收敛率普遍大于巷道右帮收敛率,即临空侧收敛率大于实体煤侧收敛率。

④ 从 1#~15# 测点巷道收敛情况看,均存在二次变形问题,第 1 次变形在成巷第 33 天(平均天数)开始,此次收敛量较小,且稳定快;第 2 次变形在成巷后125 天(平均天数)开始,此次变形持续进行,两次变形时间节点见表 10-4。

**表 10-4 巷道两次变形时间节点统计表**

| 1# 点 | | 2# 点 | | 3# 点 | | 4# 点 | | 5# 点 | |
|---|---|---|---|---|---|---|---|---|---|
| 1 次变形时间/d | 2 次变形时间/d | 1 次变形时间/d | 2 次变形时间/d | 1 次变形时间/d | 2 次变形时间/d | 1 次变形时间/d | 2 次变形时间/d | 1 次变形时间/d | 2 次变形时间/d |
| 35 | 182 | 39 | 176 | 44 | 127 | 41 | 139 | 39 | 129 |
| 6# 点 | | 7# 点 | | 8# 点 | | 9# 点 | | 10# 点 | |
| 1 次变形时间/d | 2 次变形时间/d | 1 次变形时间/d | 2 次变形时间/d | 1 次变形时间/d | 2 次变形时间/d | 1 次变形时间/d | 2 次变形时间/d | 1 次变形时间/d | 2 次变形时间/d |
| 35 | 132 | 33 | 130 | 29 | 119 | 22 | 119 | 26 | 112 |
| 11# 点 | | 12# 点 | | 13# 点 | | 14# 点 | | 15# 点 | |
| 1 次变形时间/d | 2 次变形时间/d | 1 次变形时间/d | 2 次变形时间/d | 1 次变形时间/d | 2 次变形时间/d | 1 次变形时间/d | 2 次变形时间/d | 1 次变形时间/d | 2 次变形时间/d |
| 25 | 108 | 22 | 105 | 35 | 109 | 不明显 | 90 | 不明显 | 98 |

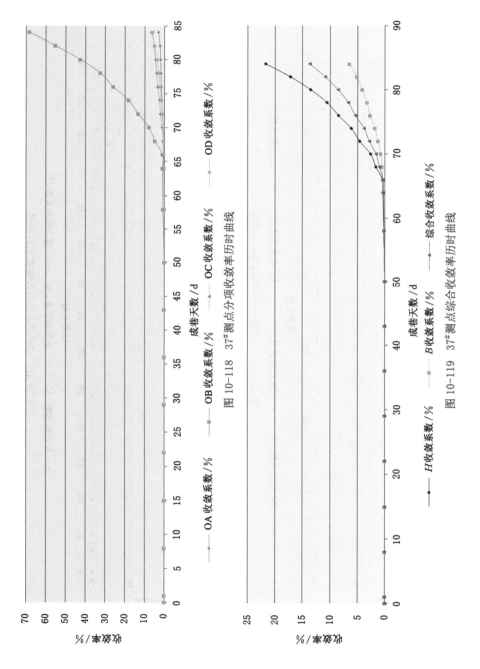

图 10-118　37#测点分项收敛率历时曲线

图 10-119　37#测点综合收敛率历时曲线

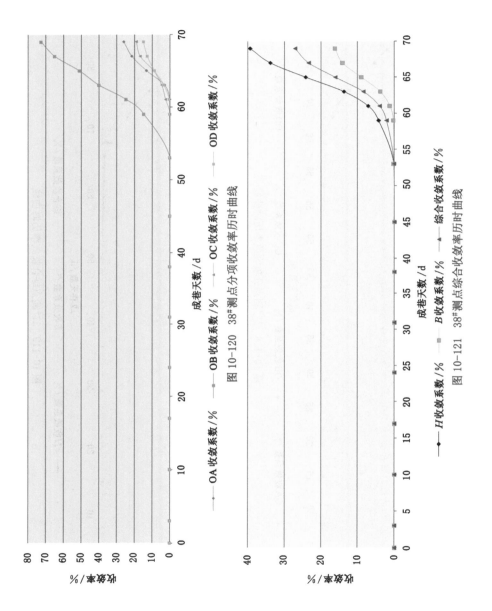

图 10-120　38#测点分项收敛率历时曲线

图 10-121　38#测点综合收敛率历时曲线

⑤ 16#～38#测点因成巷后较早受采动应力影响,在时间轴上没有充分表现。

(2) 巷道变形数学模型

以下巷为例,建立巷道变形数学模型。下巷左帮与采空区为邻,右侧帮为实体煤。根据上述观测数据(剔除过早受到动压影响的数据),以成巷天数为横坐标,以平均收敛率为纵坐标,绘制巷道收敛率与成巷天数相关性曲线,拟合得到巷道收敛率在时间轴上的数学模型。

① 巷道顶板下沉数学模型

取巷道顶板收敛(下沉)率平均值,绘制顶板平均收敛率(OA)历时曲线(图 10-122),得拟合公式:

$$\begin{cases} y_{OA} = 0.010x \\ R^2 = 0.982 \end{cases}$$
(10-9)

式中,$y_{OA}$ 为巷道顶板收敛率,%;$x$ 为成巷天数,d。

② 巷道底板变形数据模型

取巷道底板收敛率平均值,绘制底板平均收敛率(OB)历时曲线(图 10-123),得拟合公式:

$$\begin{cases} y_{OB} = 0.000\,07x^2 + 0.002\,0x - 0.948 \\ R^2 = 0.986 \end{cases}$$
(10-10)

式中,$y_{OB}$ 为巷道顶板收敛率,%;$x$ 为成巷天数,d。

③ 巷道左帮变形数学模型(临空侧)

取巷道左帮收敛率平均值,绘制巷道左帮平均收敛率(OC)历时曲线(图 10-124),得拟合公式:

$$\begin{cases} y_{OC} = 0.002x \\ R^2 = 0.997 \end{cases}$$
(10-11)

式中,$y_{OC}$ 为巷道左帮收敛率,%;$x$ 为成巷天数,d。

④ 巷道右帮变形数学模型(实体煤侧)

取巷道右帮收敛率平均值,绘制巷道右帮平均收敛率(OD)历时曲线(图 10-125),得拟合公式:

$$\begin{cases} y_{OD} = 0.000\,06x^2 + 0.004x - 0.276 \\ R^2 = 0.991 \end{cases}$$
(10-12)

式中,$y_{OD}$ 为巷道右帮收敛率,%;$x$ 为成巷天数,d。

⑤ 巷道总高度变形数学模型

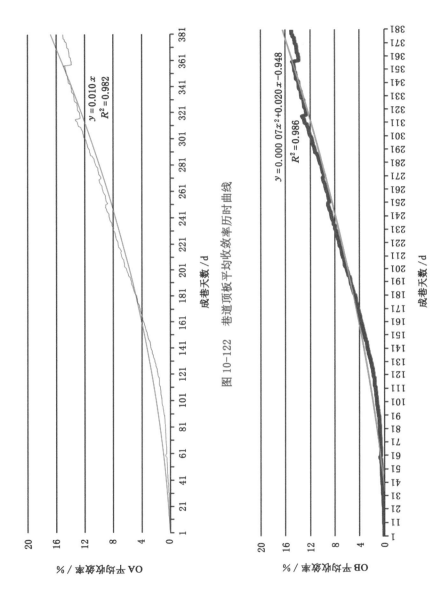

图 10-122　巷道顶板平均收敛率历时曲线

图 10-123　巷道底板平均收敛率历时曲线

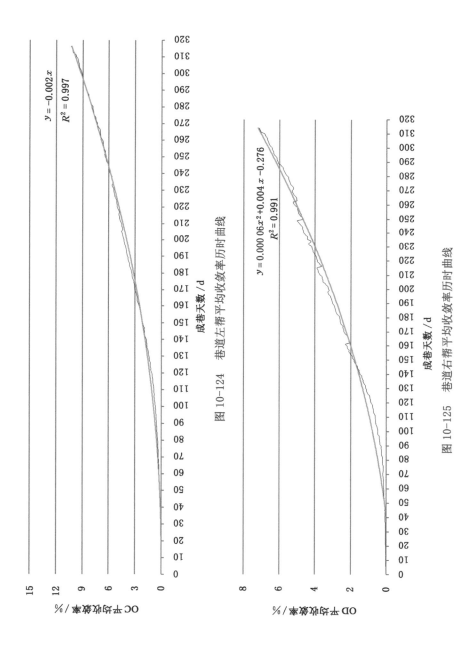

图 10-124　巷道左帮平均收敛率历时曲线

图 10-125　巷道右帮平均收敛率历时曲线

取巷道总高度收敛率平均值,绘制巷道总高度平均收敛率($H$)历时曲线
(图 10-126),得拟合公式:

$$\begin{cases} y_H = 0.000\,09x^2 + 0.011x - 0.367 \\ R^2 = 0.993 \end{cases} \tag{10-13}$$

式中,$y_H$ 为巷道总高度收敛率,%;$x$ 为成巷天数,d。

⑥ 巷道宽度变形数学模型

取巷道宽度收敛率平均值,绘制巷道宽度平均收敛率($B$)历时曲线
(图 10-127),得拟合公式:

$$\begin{cases} y_B = 0.000\,08x^2 + 0.002x - 0.213 \\ R^2 = 0.995 \end{cases} \tag{10-14}$$

式中,$y_B$ 为巷道宽度收敛率,%;$x$ 为成巷天数,d。

⑦ 巷道总变形数学模型

取巷道综合收敛率($Z = H + B$)平均值,绘制巷道综合收敛率历时曲线
(图 10-128),得拟合公式:

$$\begin{cases} y_Z = 0.000\,08x^2 + 0.003x \\ R^2 = 0.993 \end{cases} \tag{10-15}$$

式中,$y_Z$ 为巷道综合收敛率,%;$x$ 为成巷天数,d。

# 10.3 采场超前动压影响距

## 10.3.1 上巷超前动压影响距

根据 114153 上巷观测数据,通过绘制巷道综合收敛率与相对距离(工作
面到测点之间距离)相关性曲线,以曲线拐点判断超前动压影响距离。

1# 测点:测点距离工作面 432.4 m 时停止观测,曲线未出现拐点,表明 1#
测点尚未受到采场超前压力影响,如图 10-129 所示。

2# 测点:测点距离工作面 361.2 m 时曲线出现拐点,则超前动压影响距
为 361.2 m,如图 10-130 所示。

3# 测点:测点距离工作面 317.4 m 时曲线出现拐点,则超前动压影响距
为 317.4 m,如图 10-131 所示。

4# 测点:测点距离工作面 217.4 m 时曲线出现拐点,则超前动压影响距
为 230 m,如图 10-132 所示。

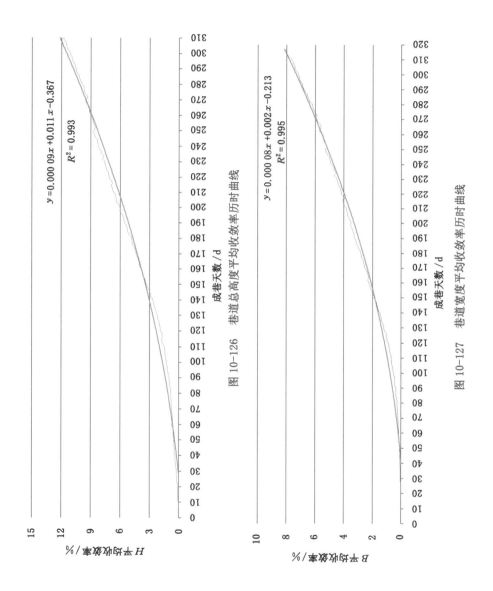

图 10-126　巷道总高度平均收率历时曲线

图 10-127　巷道宽度平均收率历时曲线

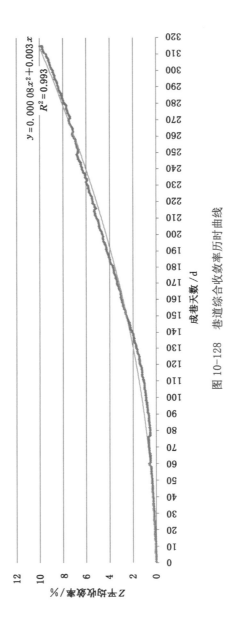

图 10-128　巷道综合收敛率历时曲线

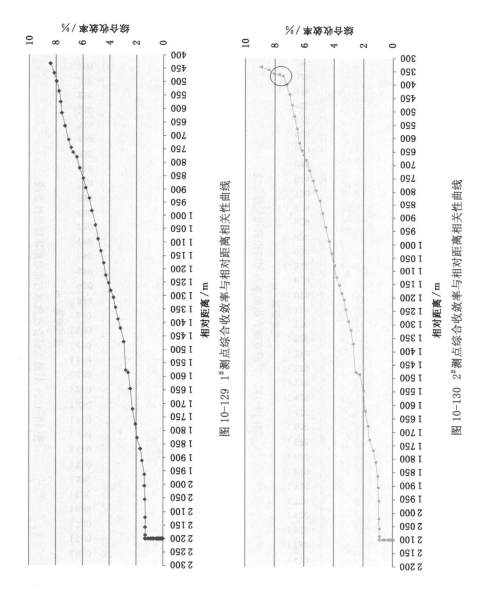

图 10-129　1# 测点综合收敛率与相对距离相关性曲线

图 10-130　2# 测点综合收敛率与相对距离相关性曲线

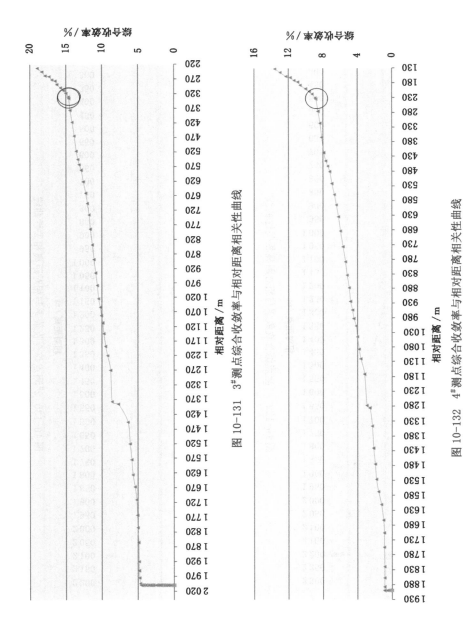

图 10-131　3#测点综合收敛率与相对距离相关性曲线

图 10-132　4#测点综合收敛率与相对距离相关性曲线

5<sup>#</sup>测点:测点距离工作面 130.2 m 时曲线出现拐点,则超前动压影响距为 130.2 m,如图 10-133 所示。

6<sup>#</sup>测点:测点距离工作面 200.6 m 时曲线出现拐点,则超前动压影响距为 200.6 m,如图 10-134 所示。

7<sup>#</sup>测点:测点距离工作面 286 m 时曲线出现拐点,则超前动压影响距为 286 m,如图 10-135 所示。

8<sup>#</sup>测点:测点距离工作面 293.8 m 时曲线出现拐点,则超前动压影响距为 293.8 m,如图 10-136 所示。

9<sup>#</sup>测点:测点距离工作面 280.8 m 时曲线出现拐点,则超前动压影响距为 280.8 m,如图 10-137 所示。

10<sup>#</sup>测点:测点距离工作面 286 m 时曲线出现拐点,则超前动压影响距为 286 m,如图 10-138 所示。

11<sup>#</sup>测点:测点距离工作面 284.1 m 时曲线出现拐点,则超前动压影响距为 284.1 m,如图 10-139 所示。

12<sup>#</sup>测点:测点距离工作面 320.8 m 时曲线出现拐点,则超前动压影响距为 320.8 m,如图 10-140 所示。

13<sup>#</sup>测点:测点距离工作面 291.4 m 时曲线出现拐点,则超前动压影响距为 291.4 m,如图 10-141 所示。

14<sup>#</sup>测点:测点距离工作面 277.7 m 时曲线出现拐点,则超前动压影响距为 277.7 m,如图 10-142 所示。

15<sup>#</sup>测点:测点距离工作面 214.5 m 时曲线出现拐点,则超前动压影响距为 214.5 m,如图 10-143 所示。

16<sup>#</sup>测点:工作面距测点 308.8 m 时曲线出现拐点,则超前动压影响距为 308.8 m,如图 10-144 所示。

17<sup>#</sup>测点:测点距离工作面 290.4 m 时曲线出现拐点,则超前动压影响距为 290.4 m,如图 10-145 所示。

18<sup>#</sup>测点:测点距离工作面 272.2 m 时曲线出现拐点,则超前动压影响距为 272.2 m,如图 10-146 所示。

19<sup>#</sup>测点:测点距离工作面 240.2 m 时曲线出现拐点,则超前动压影响距为 240.2 m,如图 10-147 所示。

20<sup>#</sup>测点:工作面开始回采时测点距离工作面仅 155.4 m,工作面处于初采阶段,巷道变形尚不充分,采动压力尚不充分显现,拐点位置不明显,如图 10-148 所示。

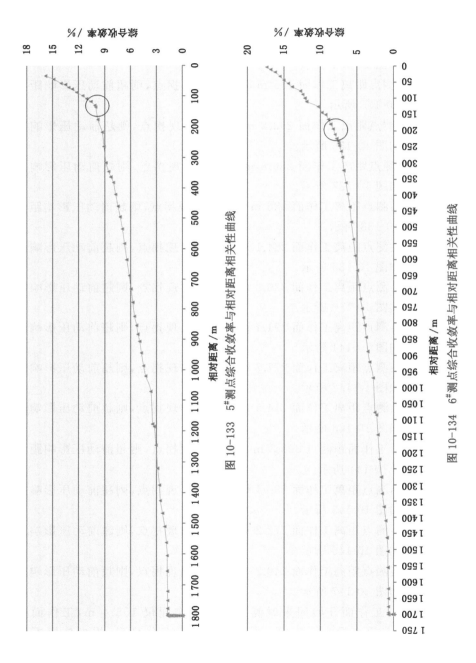

图 10-133  5# 测点综合收敛率与相对距离相关性曲线

图 10-134  6# 测点综合收敛率与相对距离相关性曲线

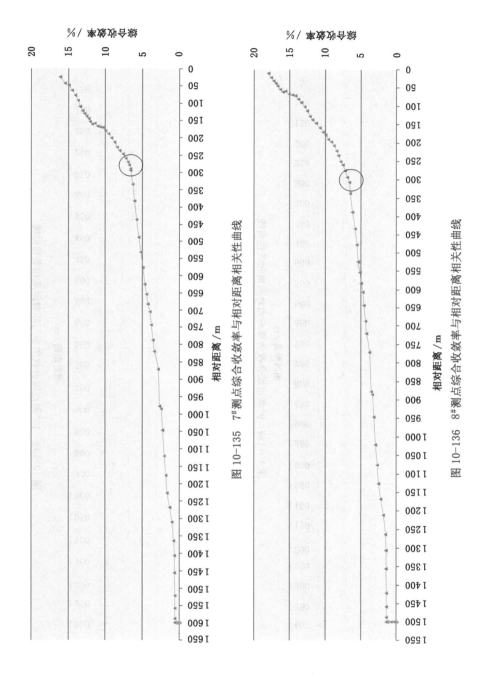

图 10-135 7# 测点综合收敛率与相对距离相关性曲线

图 10-136 8# 测点综合收敛率与相对距离相关性曲线

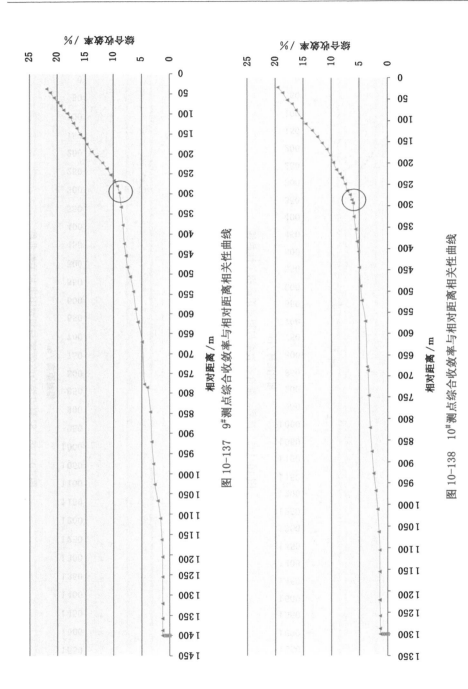

图 10-137　9#测点综合收敛率与相对距离相关性曲线

图 10-138　10#测点综合收敛率与相对距离相关性曲线

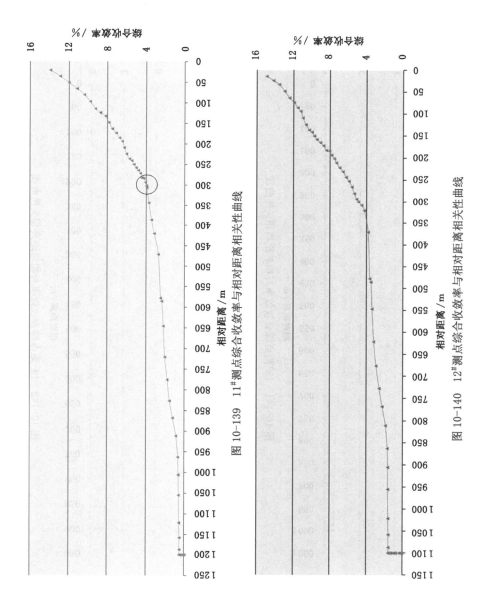

图 10-139　11# 测点综合收敛率与相对距离相关性曲线

图 10-140　12# 测点综合收敛率与相对距离相关性曲线

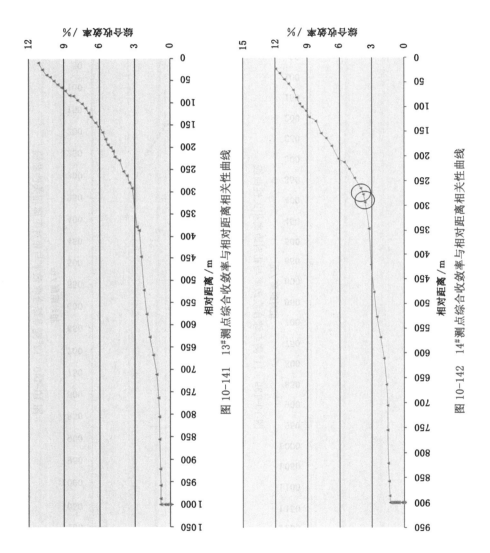

图 10-141　13#测点综合收敛率与相对距离相关性曲线

图 10-142　14#测点综合收敛率与相对距离相关性曲线

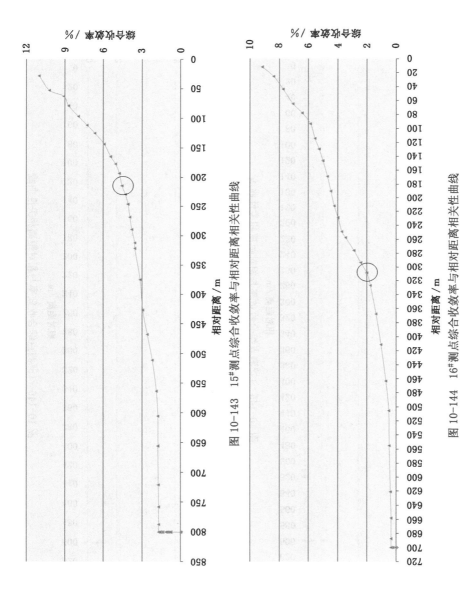

图 10-143　15#测点综合收敛率与相对距离相关性曲线

图 10-144　16#测点综合收敛率与相对距离相关性曲线

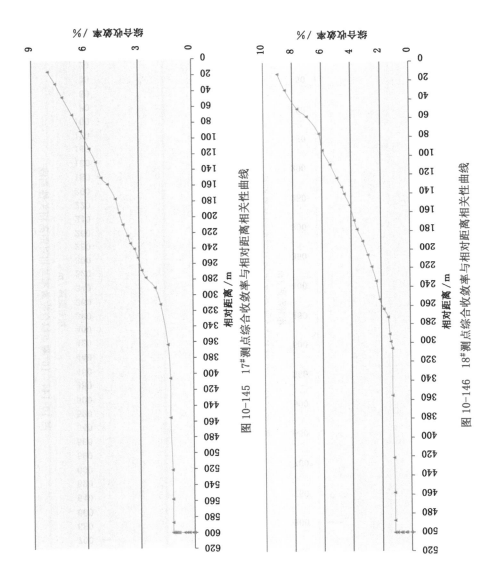

图 10-145　17#测点综合收效率与相对距离相关性曲线

图 10-146　18#测点综合收效率与相对距离相关性曲线

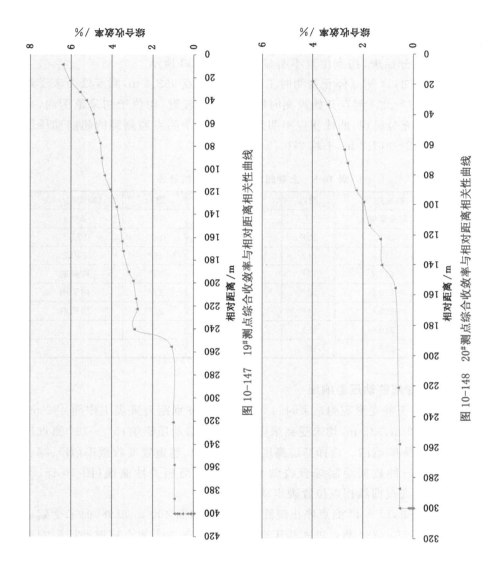

图 10-147　19#测点综合收敛率与相对距离相关性曲线

图 10-148　20#测点综合收敛率与相对距离相关性曲线

21#测点:工作面开始回采时测点距离工作面仅 200 m,工作面处于初采阶段,巷道变形尚不充分,采动压力尚不充分显现,拐点位置不明显,如图 10-149 所示。

22#测点:工作面开始回采时测点距离工作面仅 100 m,停止观测时工作面距离该测点为 21.2 m,工作面处于初采阶段,巷道变形尚不充分,采动压力尚不充分显现,拐点位置不明显,如图 10-150 所示。

综上可知,1#测点停止观测时工作面距离测点 432.4 m,测点处尚未受到动压影响;21#、22#测点开始观测时距离工作面较近,均位于初采范围内,动压影响尚未充分显现,曲线拐点不明显;其余 19 个测点监测到的超前动压影响距为 130.2～361.2 m,平均 270.75 m,见表 10-5。

表 10-5　上巷超前动压影响距统计表

| 测点 | 影响距/m | 测点 | 影响距/m | 测点 | 影响距/m |
|---|---|---|---|---|---|
| 1# | 尚未影响到 | 9# | 280.8 | 17# | 290.4 |
| 2# | 361.2 | 10# | 286.0 | 18# | 272.2 |
| 3# | 317.4 | 11# | 284.1 | 19# | 240.2 |
| 4# | 217.4 | 12# | 320.8 | 20# | 初采期 |
| 5# | 130.2 | 13# | 291.4 | 21# | 初采期 |
| 6# | 200.6 | 14# | 277.7 | 22# | 初采期 |
| 7# | 286.0 | 15# | 214.5 | | |
| 8# | 293.8 | 16# | 308.8 | | |

### 10.3.2　下巷超前动压影响距

114153 下巷变形观测结束时,1#～4#测点分别距离采煤工作面 482 m、432 m、382.2 m、332 m,均未受到采煤工作面超前动压影响;5#～19#测点进入采煤动压影响范围。选择巷道高度收敛率($H$)、巷道宽度收敛率($B$)、综合收敛率($Z$)三种数据绘制综合收敛率与相对距离相关性曲线(图 10-151～图 10-188),通过曲线拐点位置确定动压影响区。

综上可知,1#～4#测点停止观测时距离工作面 400 m 以外,尚未受到动压影响。从 5#～38#测点进入动压影响范围,5#～34#测点超前动压影响距128.4～311.6 m,平均 240.5 m,明显大于硬岩矿区。35#～38#测点因邻近工作面切眼,处于工作面回采初期,动压显现尚不充分,因此监测到的超前动压影响距较小,超前动压影响距见表 10-6。

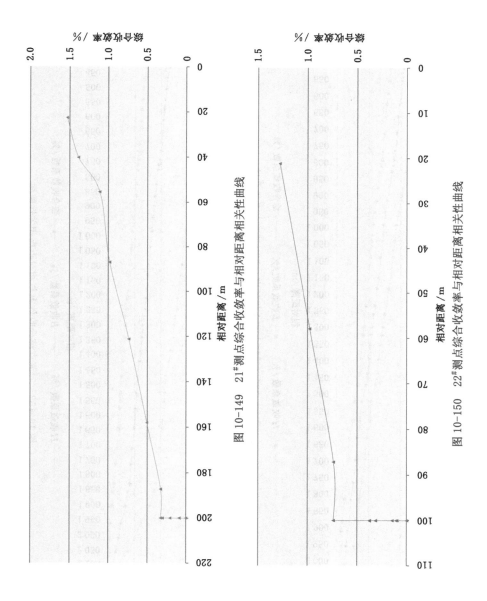

图 10-149　21#测点综合收敛率与相对距离相关性曲线

图 10-150　22#测点综合收敛率与相对距离相关性曲线

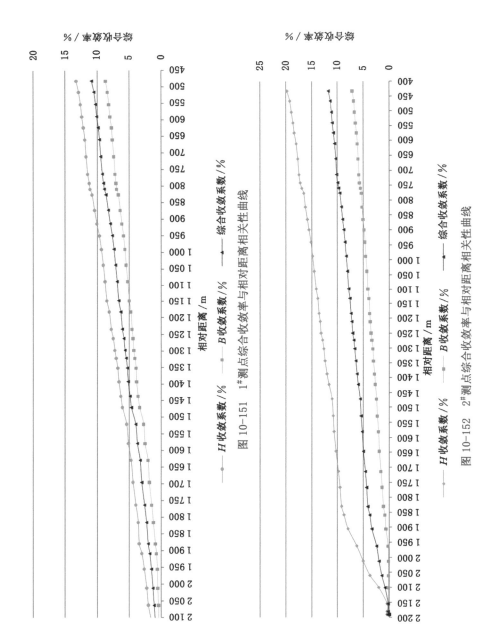

图 10-151 1#测点综合收敛率与相对距离相关性曲线

图 10-152 2#测点综合收敛率与相对距离相关性曲线

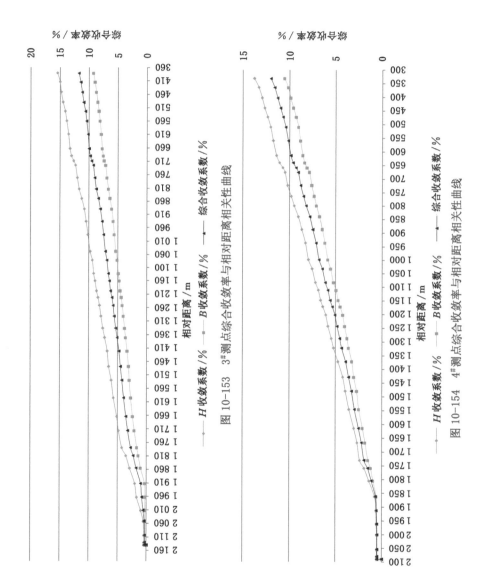

图 10-153 3#测点综合收敛率与相对距离相关性曲线

图 10-154 4#测点综合收敛率与相对距离相关性曲线

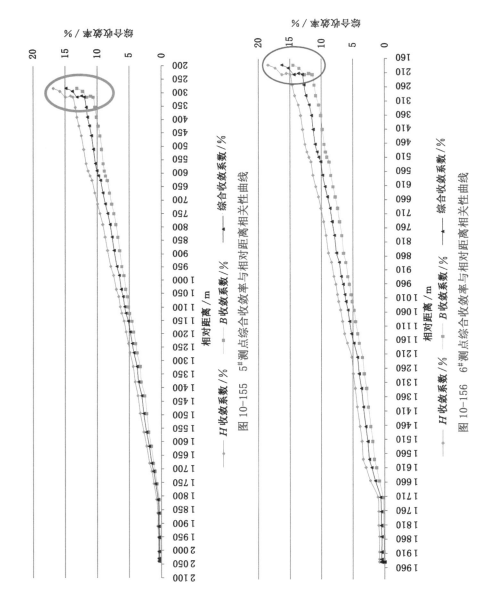

图 10-155 5# 测点综合收敛率与相对距离相关性曲线

图 10-156 6# 测点综合收敛率与相对距离相关性曲线

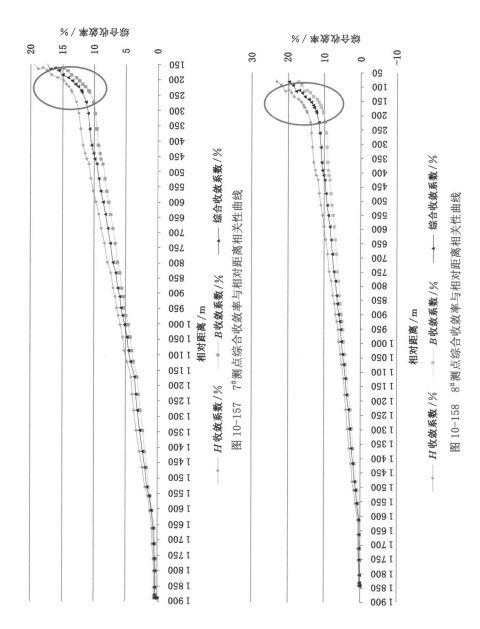

图 10-157　7# 测点综合收敛率与相对距离相关性曲线

图 10-158　8# 测点综合收敛率与相对距离相关性曲线

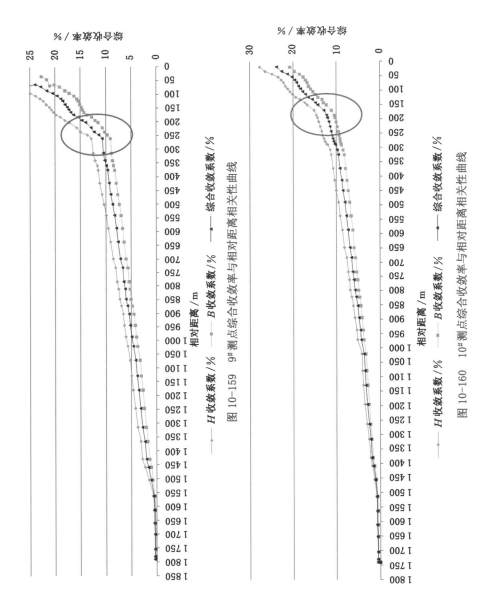

图 10-159　9# 测点综合收敛率与相对距离相关性曲线

图 10-160　10# 测点综合收敛率与相对距离相关性曲线

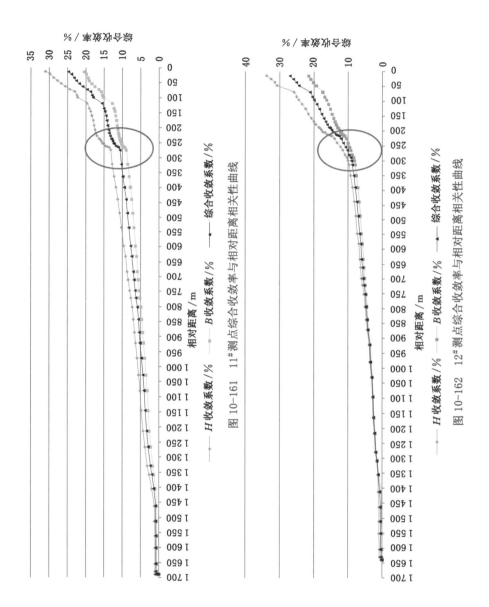

图 10-161　11#测点综合收敛率与相对距离相关性曲线

图 10-162　12#测点综合收敛率与相对距离相关性曲线

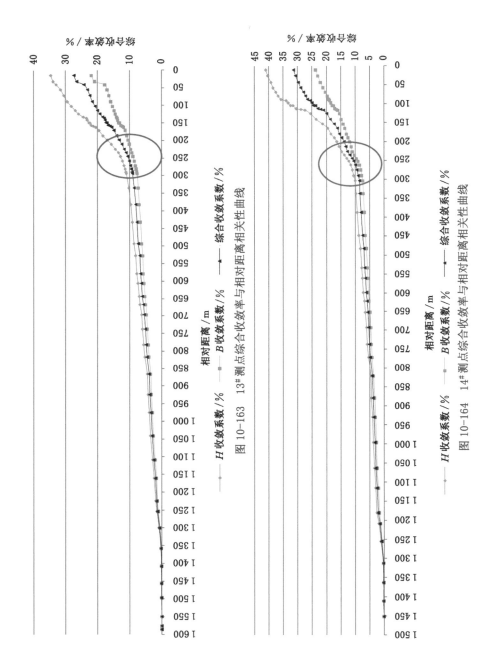

图 10-163　13# 测点综合收敛率与相对距离相关性曲线

图 10-164　14# 测点综合收敛率与相对距离相关性曲线

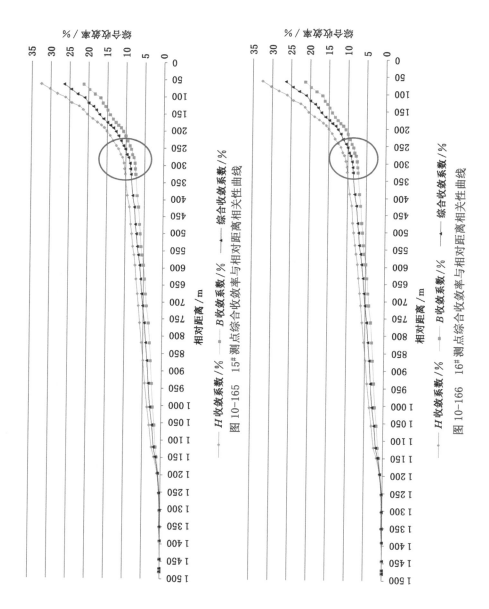

图 10-165　15# 测点综合收敛率与相对距离相关性曲线

图 10-166　16# 测点综合收敛率与相对距离相关性曲线

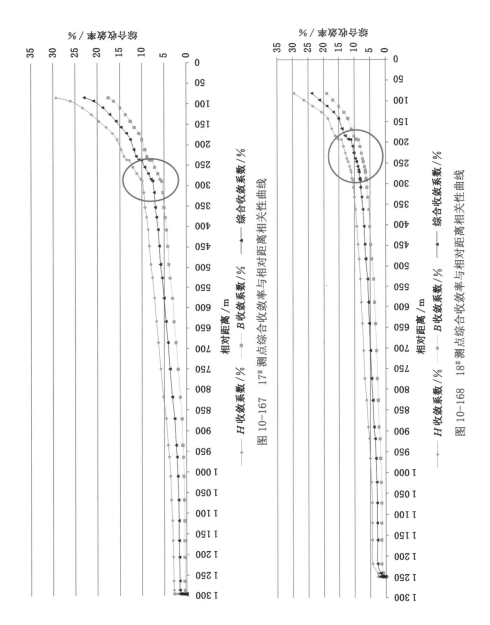

图10-167 17# 测点综合收敛率与相对距离相关性曲线

图10-168 18# 测点综合收敛率与相对距离相关性曲线

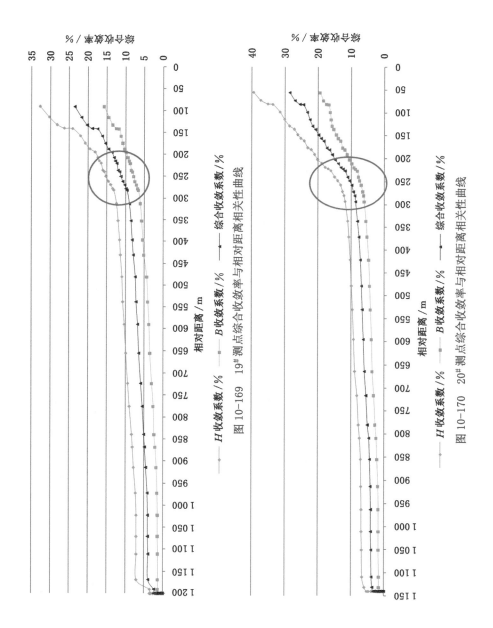

图 10-169　19# 测点综合收敛率与相对距离相关性曲线

图 10-170　20# 测点综合收敛率与相对距离相关性曲线

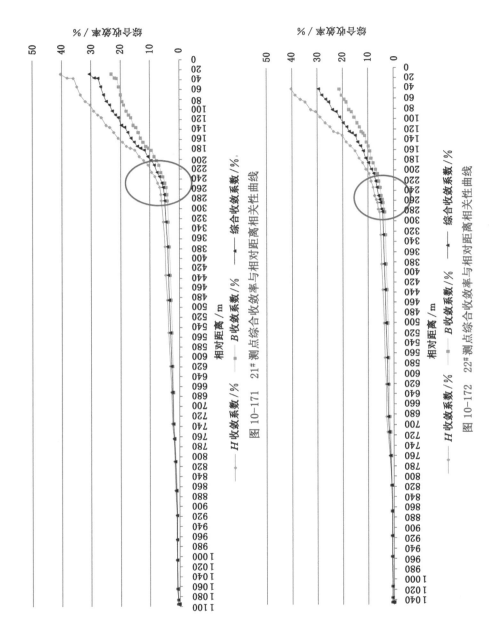

图 10-171　21# 测点综合收敛率与相对距离相关性曲线

图 10-172　22# 测点综合收敛率与相对距离相关性曲线

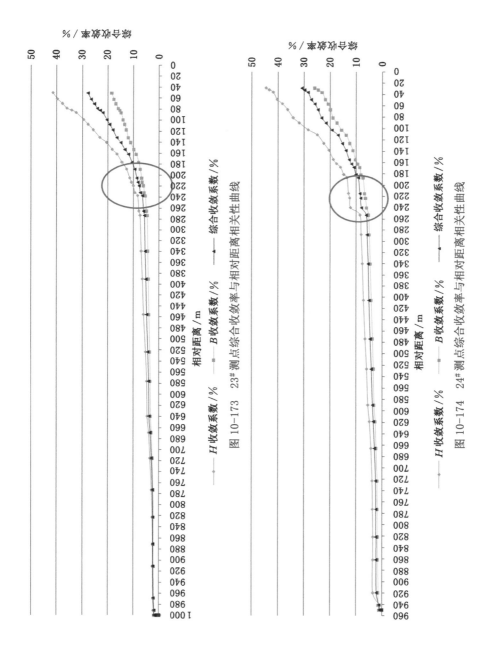

图 10-173　23# 测点综合收敛率与相对距离相关性曲线

图 10-174　24# 测点综合收敛率与相对距离相关性曲线

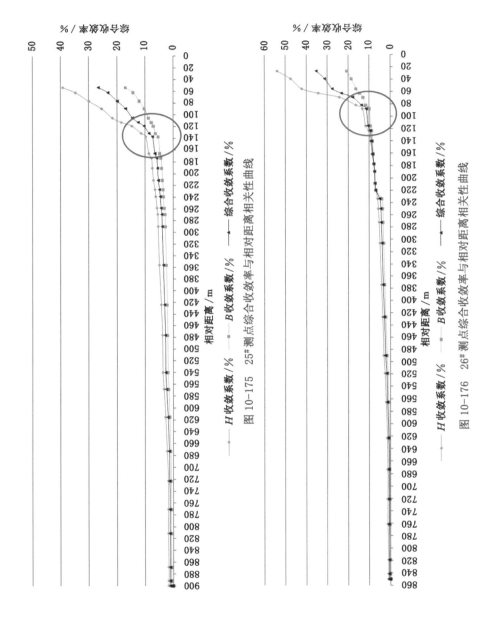

图 10-175　25# 测点综合收敛率与相对距离相关性曲线

图 10-176　26# 测点综合收敛率与相对距离相关性曲线

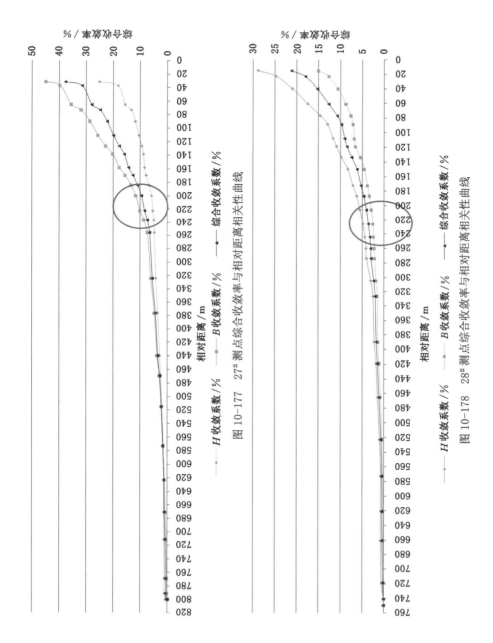

图 10-177　27# 测点综合收敛率与相对距离相关性曲线

图 10-178　28# 测点综合收敛率与相对距离相关性曲线

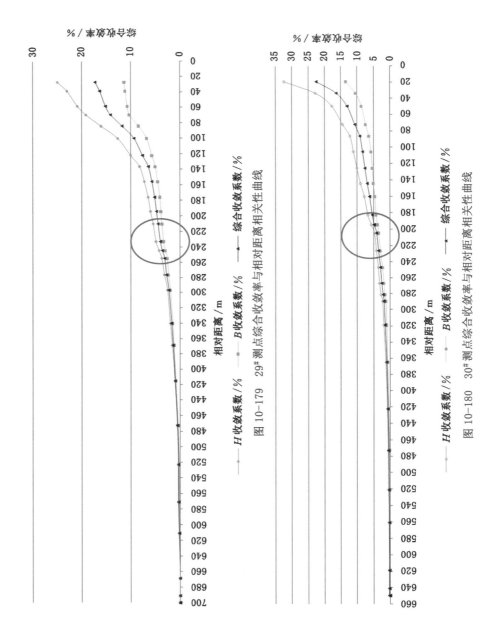

图 10-179  29# 测点综合收敛率与相对距离相关性曲线

图 10-180  30# 测点综合收敛率与相对距离相关性曲线

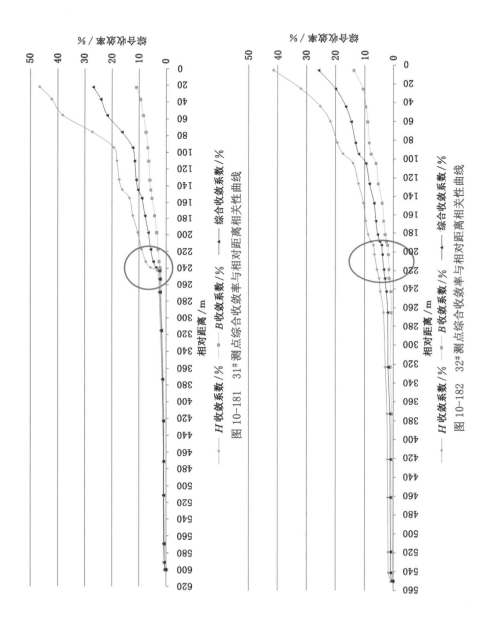

图 10-181　31# 测点综合收敛率与相对距离相关性曲线

图 10-182　32# 测点综合收敛率与相对距离相关性曲线

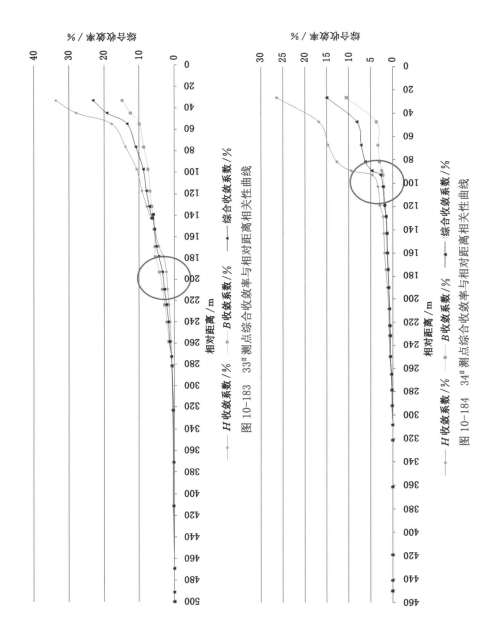

图10-183 33#测点综合收敛率与相对距离相关性曲线

图10-184 34#测点综合收敛率与相对距离相关性曲线

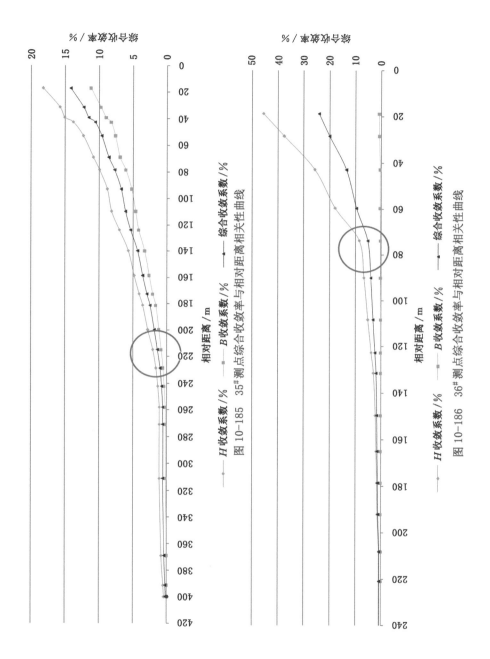

图 10-185　35# 测点综合收敛率与相对距离相关性曲线

图 10-186　36# 测点综合收敛率与相对距离相关性曲线

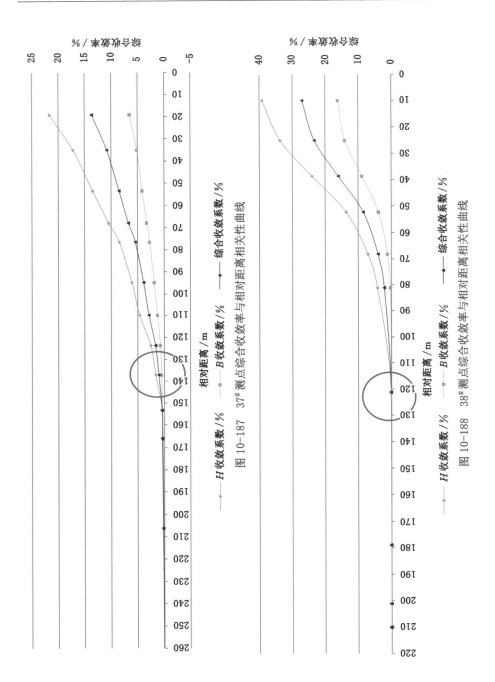

图 10-187　37#测点综合收敛率与相对距离相关性曲线

图 10-188　38#测点综合收敛率与相对距离相关性曲线

表 10-6　下巷超前动压影响距统计表

| 测点 | 1# | 2# | 3# | 4# | 5# | 6# | 7# | 8# | 9# |
|---|---|---|---|---|---|---|---|---|---|
| 影响距/m | — | — | — | — | 311.6 | 215.6 | 235.2 | 164.4 | 169.8 |
| 测点 | 10# | 11# | 12# | 13# | 14# | 15# | 16# | 17# | 18# |
| 影响距/m | 275.6 | 289.6 | 281 | 262.2 | 269.2 | 269.2 | 283.8 | 246 | 270.2 |
| 测点 | 19# | 20# | 21# | 22# | 23# | 24# | 25# | 26# | 27# |
| 影响距/m | 257 | 248 | 263.9 | 231.7 | 240.1 | 173.3 | 219.4 | 236.6 | 225.8 |
| 测点 | 28# | 29# | 30# | 31# | 32# | 33# | 34# | 35# | 36# |
| 影响距/m | 244.7 | 247.2 | 243 | 242.8 | 240 | 128.4 | 228.6 | 131.4 | 137.2 |
| 测点 | 37# | 38# | | | | | | | |
| 影响距/m | 137.2 | 121.2 | | | | | | | |

# 10.4　采场周期来压规律研究

## 10.4.1　监测原理

KJ24 数显式煤矿顶板与冲击地压监测系统仪,是专业用于煤矿顶板安全与冲击地压多参量监测的全国首套无线监测系统,具有功能齐全、可靠性高、操作使用方便、配置灵活、经济实用等特点。该系统可以对综采工作面支架工作阻力等进行实时在线监测,运用多元化的尖端传感技术、数据采集技术、网络通信技术、计算机软件处理技术。

矿用本安型数字压力计(以下简称压力计),采用多段式和一体化分布,通过无线通信方式,将监测数据发送到矿用本安型压力监测子站(以下简称监测子站),由监测子站通过上位基站将数据传送到井上监测服务器,完成对井下综采支架压力参数的实时监测;具有光控数显、数据无线发送、支架号显示功能,体积小、精度高、功耗低、操作方便,具有较高的可靠性和安全性,可长期在井下使用,无须维护;外壳采用精良不锈钢材质加工而成,耐腐蚀、强度高、不易变形、环保,适用于井下高温、高湿、高酸碱等恶劣环境。

数字压力计具有内置电池供电、可长期连续检测和无线数据通信等功能。数字压力计测量工作面液压支架所受的工作阻力,是 KJ24 数量式煤矿顶板与冲击地压监测系统的核心部件。数字压力计选取不锈钢材质加工而成,可有效杜绝数字压力计漏油现象,具有灵敏度高、压力保持好、承压能力强、质量可靠等特点;给定初始压力后能极佳地贴合液压支架工作阻力变化,可适用于不同矿井工作面及各种复杂环境。

数字压力计的测压传感器通过高压油管引接到被测综采支架立柱柱腔上,实时监测立柱柱腔内液体介质的压力变化情况,其监测值为 $p$,单位为 MPa。综采支架工作阻力按下式计算:

$$F_{工作阻力} = F_{左前} + F_{右前} = p_{通道1} \times \pi \times (R/2)^2 + p_{通道2} \times \pi \times (R/2)^2$$

式中   $F_{工作阻力}$——综采支架工作阻力,kN;

      $F_{左前}$——支架左前立柱工作阻力,kN;

      $F_{右前}$——支架右前立柱工作阻力,kN;

      $p$——压强,MPa;

      $R$——立柱内腔直径,m。

### 10.4.2 数据采集与处理

(1)数据采集

114153 工作面共安装 145 个综采支架,压力传感器分别安装在 $2^{\#}$、$10^{\#}$、$20^{\#}$、$30^{\#}$、$40^{\#}$、$50^{\#}$、$60^{\#}$、$70^{\#}$、$80^{\#}$、$90^{\#}$、$100^{\#}$、$110^{\#}$、$120^{\#}$、$130^{\#}$、$140^{\#}$ 等支架上,对应线号分别为 $1^{\#}$,$2^{\#}$,…,$15^{\#}$ 测线,即 15 条观测线。本次收集的数据自 2020 年 2 月 24 日至 12 月 9 日,共历时 289 天,工作面上端推进了 1 774.0 m,工作面下端推进了 1 764.2 m,平均推进 1 769.1 m。煤机截深 0.8 m,即循环进尺约 0.8 m,工作面推进距离与循环进刀数之间是 0.8 倍关系。每一个循环进刀完成时,采集液压支架循环末阻(以压强值替代),利用 Excel 表格整理分析数据,数据统计方法见表 10-7。

表 10-7 支架循环末阻力统计表

| 日期 | 循环进刀数 | 推进距离/m | | | $1^{\#}$ 测线 | | | $2^{\#}$ 测线 | | | … | | | $15^{\#}$ 测线 | | |
|---|---|---|---|---|---|---|---|---|---|---|---|---|---|---|---|---|
| | | 上端 | 下端 | 平均 | 左立柱/MPa | 右立柱/MPa | 平均/MPa | 左立柱/MPa | 右立柱/MPa | 平均/MPa | 左立柱/MPa | 右立柱/MPa | 平均/MPa | 左立柱/MPa | 右立柱/MPa | 平均/MPa |
| | | | | | | | | | | | | | | | | |
| | | | | | | | | | | | | | | | | |
| | | | | | | | | | | | | | | | | |
| | | | | | | | | | | | | | | | | |
| | | | | | | | | | | | | | | | | |

（2）数据处理

理论上支架初撑力 24 MPa 为合格，在生产中由于操作水平、地质条件、支架工况、环境条件以及仪器故障等原因，实际上很多时候达不到初撑力，难以取得理想的观测数据，为矿山压力研究增加了难度，理论设想与生产实践之间存在较大的差距，举例说明如下：

图 10-189 所示为 1# 测线支架循环末阻力平均值与循环进刀数关系曲线。在工作面推进 60 刀（48.0 m）以前，左立柱基本没达到标准的 24 MPa 初撑力，右立柱提前失效，第 61 刀以后，左、右立柱均失效，压力显示为 0。

图 10-190 所示为 15# 测线支架循环末阻力平均值与循环进刀数关系曲线。从图中可以看出，回采过程中支架运行状态不太好，平均末阻力值 23 MPa 左右，说明大多数情况下该支架处于非正常工作状态，除了前述原因以外，还有人为操作问题，采集的数据均为无效数据。同时也可以看出，工作面初采期间支架工作阻力较高，生产一段时间后问题增多，数据质量下降。

经过对数据进行对比筛选，3#、8#、14# 三条测线数据质量较好，据此绘制支架循环末阻力与循环进刀次数相关性关系曲线，如图 10-191～图 10-193。

图 10-191 所示为 3# 测线支架循环末阻力与工作面推进距离相关性曲线。从中可以看出，工作面推进 21.6 m 时（含开切眼宽度）顶板初次来压，以后分别在推进距离 36.8 m、50.4 m、62.4 m、73.6 m、89.6 m、103.2 m 时监测到周期来压现象，初次来压和周期来压分别对应工作面循环进刀次数为 19、38、55、70、84、104、121，来压步距分别为 $L_0 = 21.6$ m，$L_1 = 15.2$ m，$L_2 = 13.6$ m、12.0 m、11.2 m、16.0 m、13.6 m。

图 10-192 所示为 8# 测线支架循环末阻力与工作面推进距离相关性曲线。从中可以看出，工作面推进 23.2 m 时（含开切眼宽度）顶板初次来压，以后分别在推进距离 36.0 m、48.8 m、64.0 m、76 m、89.6 m、105.6 m 时顶板周期来压，初次来压和周期来压分别对应工作面循环进刀次数为 21、37、53、72、87、104、124，来压步距分别为 $L_0 = 23.2$ m，$L_1 = 12.8$ m，$L_2 = 12.8$ m、15.2 m、12.0 m、13.6 m、16.0 m。

图 10-193 所示为 14# 测线支架循环末阻力与工作面推进距离相关性曲线。从中可以看出，工作面推进 24.0 m 时（含开切眼宽度）顶板初次来压，以后分别在推进距离 36.8 m、50.4 m、63.2 m、75.2 m、90.4 m、104.8 m 时顶板周期来压，初次来压和周期来压分别对应工作面循环进刀次数为 22、38、55、71、86、105、123，来压步距分别为 $L_0 = 24.0$ m，$L_1 = 12.8$ m，$L_2 = 13.6$ m、12.8 m、12.0 m、15.2 m、14.4 m。

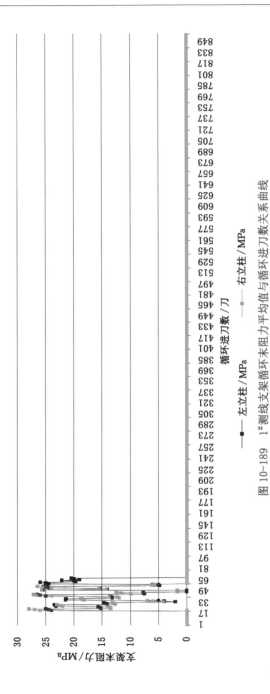

图 10-189  1# 测线支架循环末循环末阻力平均值与循环进刀数关系曲线

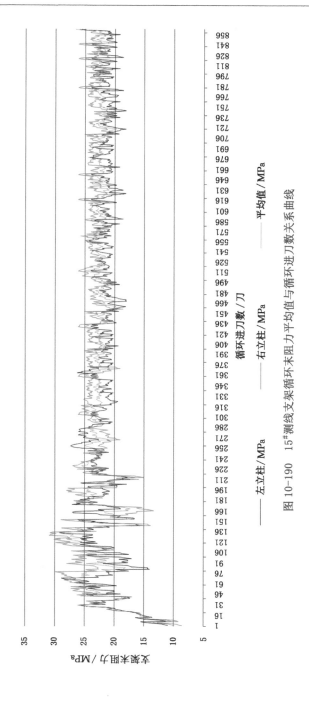

图 10-190　15#测线支架循环末阻力平均值与循环进刀数关系曲线

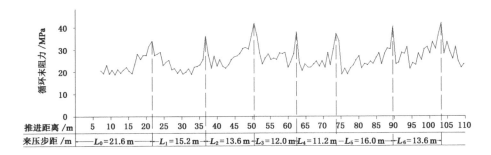

图 10-191  3# 测线支架循环末阻力与推进距离相关性曲线

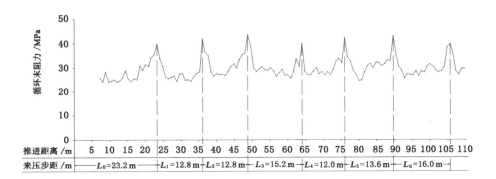

图 10-192  8# 测线支架循环末阻力与推进距离相关性曲线

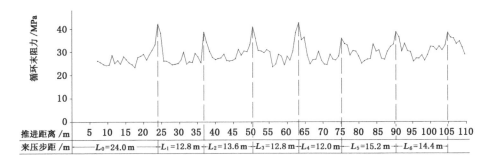

图 10-193  14# 测线支架循环末阻力与推进距离相关性曲线

工作面初次来压步距与周期来压步距见表 10-8。

表 10-8　工作面初次来压步距与周期来压步距统计表

| 测线 | 步距/m | | | | | | |
|---|---|---|---|---|---|---|---|
| | $L_0$ | $L_1$ | $L_2$ | $L_3$ | $L_4$ | $L_5$ | $L_6$ |
| 3# | 21.6 | 15.2 | 13.6 | 12 | 11.2 | 16 | 13.6 |
| 8# | 23.2 | 12.8 | 12.8 | 15.2 | 12 | 13.6 | 16 |
| 14# | 24 | 12.8 | 13.6 | 12.8 | 12 | 15.2 | 14.4 |
| 平均 | 23.0 | 13.6 | | | | | |

114153 工作面顶板初次来压平均步距为 23.0 m,周期来压平均步距为 12.6 m,可见软岩采场周期来压步距相对偏小。

## 10.5　本章小结

① 实体煤巷道或临空巷道,高度收敛率均大于帮部收敛率,高度收敛量主要由底鼓变形造成,其贡献率超过 80%。

② 实体煤巷道收敛率小于临空巷道收敛率,临空巷道收敛率恒大于实体煤巷道收敛率,临空巷道收敛率是实体煤巷道收敛率的 1.6 倍。

③ 实体煤巷道上帮收敛率大于下帮收敛率,其原因在于巷道上帮底板岩石暴露,岩石吸水膨胀率优于煤层吸水膨胀率,且岩石抗压强度不及煤体抗压强度。

④ 临空巷道的临空侧收敛率大于非临空侧收敛率,原因在于临空侧受采场第 1 次扰动较大。

⑤ 在现行加强支护情况下,不考虑超前支承压力影响,巷道一般要经历两个变形阶段:平均成巷 33 天后开始出现变形,此阶段变形速度较小;平均成巷 125 天后开始第二阶段变形,此次变形持续进行,变形速度大。

⑥ 实体煤道受到超前动压影响距为 130.2～361.3 m,平均 260.2 m;临空侧巷道受到超前动压影响距为 128.4～311.6 m,平均 240.5 m。临空巷道受超前动压影响距略小于实体煤巷道,这是由于临空巷道受到过动压影响,本工作面回采时对动压传递能力减弱。

⑦ 工作面初次来压步距为 23.0 m,周期来压步距为 12.6 m,与硬岩采场相比来压步距偏小。

# 第11章 软岩工程劣化效应与劣化控制技术体系

## 11.1 劣化效应与工程劣化特征

### 11.1.1 软岩劣化效应概念

弱胶结、低强度、强膨胀、高富水软岩在工程上表现出来的突水溃砂、采场泥化、围岩蠕变、膨胀扩容、底鼓变形、收敛甚至闭合、支护体系受损等一切非稳定工程现象,统称为软岩劣化效应。

在煤炭工程领域经常说"软岩治理"或"围岩控制",针对巷道变形量大、变形速度快的工程现象,试图利用某种支护手段减小巷道变形量,但低强度、弱胶结软岩所带来的工程难题不限于巷道变形问题。掘进工作面受顶板淋水以及其他水的影响而泥化,在这样的作业环境下人员行走困难,工作效率难以提高;掘进机经常陷入巷道底板,不能进退自如,势必影响快速掘进;采煤工作面受淋水影响后,采场软化、泥化,支架初撑力达不到设计要求而影响顶板管理,支架容易陷入底板,拉架困难;底鼓造成刮板机上抬,致使采煤机行走高度不足而无法正常割煤等,这些问题均与软岩有关。

### 11.1.2 软岩劣化工程特征

采煤工作面由于顶板淋水,易造成底板软化、泥化,综采支架陷底,刮板输送机上翘,经常需要人工起底,有时采煤面上需要搭雨棚挡水,作业环境恶劣;采空区涌水加剧工作面端头底鼓变形,影响转载机的拉移,1支采煤队作业通常需要2支掘进队配合在工作面上端头巷道内降底,严重制约快速回采。

图 11-1(a)所示为采场淋水现场,顶板淋水、雾化,底板泥化,采场一片泥泞状态,有时不得不搭设雨棚将水引出采空区内或导出采场,如图 11-1(b)所示。

煤层顶板砂岩数层赋存,砂岩为含水层。砂岩体呈透镜体状分布,层位和厚度极不稳定,难以预测。当煤层直接顶板砂岩或具有隔水性的伪顶较薄时,

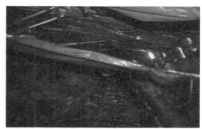

（a）采场淋水现场　　　　　　　（b）采场搭设雨棚

图 11-1　软岩采场作业环境

会出现大面积淋水现象；当伪顶较厚时，上部砂岩水会通过锚杆眼或锚索孔流出，单孔水量可达 15 m³/h，且水中会携带大量泥砂，实践证明"有砂就有水、突水必溃砂"，如图 11-2 所示。

（a）顶板锚索孔出水　　　　　（b）水中携带的泥砂在巷道底板堆积

图 11-2　锚索孔出水与泥砂堆积

　　掘进巷道受水的影响底板泥化，掘进机经常陷入底板，甚至整个机身陷入底板岩层中，极大地影响了掘进效率[图 11-3（a）]，甚至工作人员行走都很困难[图 11-3（b）]。

　　开拓巷道采用锚网索喷联合支护，巷道变形问题仍得不到较好的控制；在锚网索喷基础上增加 U 型钢棚支护，效果仍不佳；改为锚网索喷＋格栅支护，效果也不理想，甚至采用锚网索喷＋混凝土钢管这种特别加强的支护形式，半年后仍然会发生大变形而无法长期使用。矿井建设过程中遇到的困难重重。例如，榆树井主、副斜井放工近半时，井壁大变形而开裂，出水溃砂现象多发，井筒无法修复而报废；回风大巷（锚网索喷＋U 型钢棚＋喷浆）施工 680.5 m

（a）掘进机陷底 　　　　　　　　　　（b）人员行走困难

图 11-3　掘进巷道底板泥化现象

时，后部巷道喷浆层开裂、支架变形到无法修复的程度，不得不报废。再如，新上海一号煤矿的副立井，开掘马头门时井壁开裂，伴有突水溃砂现象，被迫将一水平大巷标高上提 80 m，下部的 80 m 井筒作填埋处理，图 11-4 所示为当时井巷工程破坏现场的情况。

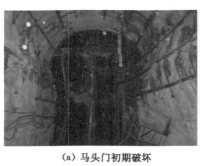

（a）马头门初期破坏 　　　　　　　　（b）U 型钢棚整体剪切破坏

（c）箕斗硐室初期破坏（鼓帮）　　　（d）返修后箕斗硐室再次遭受破坏

图 11-4　报废的永久巷道照片

（e）锚网索喷＋钢棚支护巷道底鼓　　　　　（f）锚网索喷＋钢棚支护巷道大变形

图 11-4　（续）

13804 工作面 2 条巷道总进尺约 1 700 m，因后部巷道变形严重，修复成本过高而报废；13802 工作面 2 条巷道共掘进 1 200 m，同样因后部巷道整体变形严重而报废，如图 11-5 所示。

（a）13804 工作面煤巷道报废　　　　　　（b）13802 工作面煤巷道报废

图 11-5　报废的工作面巷道

13803 工作面上巷为沿空掘进巷道（区段煤柱 26 m），工作面回采到第 1 次见方后，巷道顶底板完全闭合；下巷的高度变形到不足 1.2 m，依靠人工导洞才能勉强维持通风；增加格栅支护巷道底板，仍控制不了底鼓变形，如图 11-6 所示。

一号井和榆树井水平大巷均经过多次返修，前期采取锚网索喷支护，成巷 2 个月后巷道变形失去使用功能；扩帮挖底后，采用锚网索喷＋U 型钢棚支护，4 个月后再次变形失去使用功能；后采用锚网索喷＋钢管＋混凝土砌碹支护，仍有一定的变形量，经扩巷维修后勉强能满足使用要求，如图 11-7 所示。

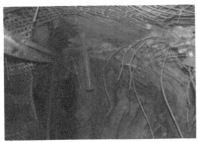
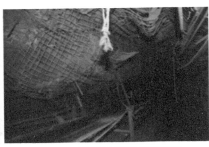

（a）13803工作面上巷闭合　　　　（b）13803工作面下巷顶板出现下沉

（c）加工好的格栅支架　　　　　　（d）格栅支护巷道遭受破坏

图 11-6　巷道报废

（a）巷道返修（起底）施工现场　　　（b）巷道返修（挑顶）施工现场

图 11-7　巷道返修

## 11.1.3　劣化效应对安全和经济效益的影响

（1）威胁安全生产

弱含水基岩"短时高强度携砂突水"是侏罗纪煤田一种典型的地质灾害。正常开发情况下这种富水性弱至极弱型含水层不会引发水害事故，即使巷道直接进入也不会大量出水,由于离层汇水这种"中介"作用,裂隙水会持续向离层空间渗透汇集,最终形成离层水体,一旦出水则短时水量大、水动力强;弱胶结软岩本身遇水崩解砂化,在水动力作用下形成水-砂混合流体(有人称井下泥石流),危害极大。

对于中等或强富水含水层,往往受到重视程度更高,探查措施超前、防范措施得当。弱含水层容易被忽略,更容易在无防范情况下发生。此类型水害事故具有很强的偶发性,较难制定预防措施,一旦发生则猝不及防;即使现场具备充足的排水能力,由于水中携带大量泥砂,容易埋泵,使灾情扩大化,危害性更大。新上海一号煤矿 111084 工作面发生一次水-砂混合突涌事故,工作面综采支架、刮板机、采煤机、转载机等机电设备被掩埋,千余米巷道报废,所幸无人员伤亡;陕西铜川照金煤矿 ZF202 工作面架前突水溃砂,当场 11 人被夺去生命;陕西宝鸡崔木煤矿、招贤煤矿等均发生过类似的地质灾害。

(2) 制约高效采煤

新上海一号煤矿除了延安组的 15 煤层平均厚度超过 3 m 以外,设计的其他可采煤层厚度均在 3 m 以下;榆树井煤矿各可采煤层厚度均不足 3 m,采煤工作面一次采全高,这样采场必然见顶露底,煤巷破底板岩石一般超过 1.5 m,暴露于空气中的岩体对水十分敏感。

由于岩石抗压强度低,采煤支架达到 24 MPa 的工作阻力后容易陷底,推移滑块一端上翘并牵动刮板输送机抬升,进而导致采煤机行走高度不足,经常需要停止生产,使用人工挖底,制约采面推进速度;顶板普遍有淋水,加剧底板软化程度,使人员行走、设备运移困难重重;拉移支架或推移刮板输送机时会铲起数十厘米厚的泥巴,煤与泥混合形成泥球,一方面容易堵煤仓且很难处理,另一方面泥煤进入选煤场会增加洗选难度。榆树井煤矿 13801 工作面在采场条件最差的情况下,全月仅推进了 6.5 m,2015 年以前榆树井煤矿和新上海一号煤矿共回采了 13 个采煤工作面,平均工作面月产原煤 8.1 万 t,矿井多年不能达到设计产量;侏罗纪煤种多为褐煤或不黏煤,纯煤最高发热量约 4 200 cal/kg,由于泥化使产品发热量大大降低,提出井口的煤炭发热量不到 3 000 cal/kg,没有销售市场。

(3) 制约快速掘进

新上海一号煤矿和榆树井煤矿同属于内蒙古上海庙矿业有限责任公司,2015 年以前,回采巷道(综掘工艺)平均单头月成巷进尺 180 m,开拓巷道平均单头月成巷进尺 68 m,掘进效率十分低下,主要原因在于:

① 巷道变形速度快,主要表现为巷道底鼓变形,一部分人员分配在迎头

掘进,另一部分人员分配在后路进行巷道返修,拉低了总体工效;由于煤层较薄,回采巷道多是破底板岩石掘进,巷道中上部为实体煤,不容易变形,巷道下部则为岩石,暴露于空气中后吸水膨胀扩容,在煤岩分界线处可形成超过 1 m 宽的错台。

② 顶板淋水造成巷道底板软化、泥化,掘进机经常陷入巷道底板无法正常行走,甚至整机陷入底板,处理一次需要数日;辅助运输困难,地轨常因巷道底鼓而无法使用,需要一支专门队伍挖底降道;支护困难,锚网支护无法控制巷道变形速度,采用锚网索喷支护,喷浆材料用量大,迎头经常停工待料;巷道成本高,每米回巷道净成本约 1.2 万~1.5 万元。

③ 开拓巷道多为下山施工,爆破工艺,耙装机出矸石,到迎头段始终处于泥泞状态,岩石成了泥巴,出碴效率极低;双层锚网喷+双层钢筋混凝土支护,工序复杂,每月成巷进尺一般在 50 m 左右,巷道成本约合 5 万元/m。

# 11.2 工程劣化影响因素

### 11.2.1 工程劣化内因

通常,影响巷道变形的因素可归纳为四个方面:① 岩体赋存环境、岩体组合特征和结构面力学性质等地质因素;② 掘进施工不良和支护架设不合理等质量因素;③ 受到附近工作面的动压影响等工程因素;④ 顶板安全管理制度执行不力等管理因素。在不同的地质条件下各影响因素表现差异大,软岩条件下地质因素则成为矛盾的主要方面。侏罗系煤田地层具有以下工程特征:

(1) 弱胶结性

根据第 4 章研究结果,岩体容易风化,手搓即碎;砂岩遇水崩解成散砂,泥质岩石遇水软化、泥化,反映出侏罗系岩体弱胶结特点。岩石弱胶结物理特点是工程劣化的客观因素之一。

(2) 低强度

根据第 3 章研究结果,煤层直接顶板(岩石)自然状态下单轴抗压强度为 3.8~25.4 MPa,平均 6.77 MPa;煤层直接底板单轴抗压强度为 5~47.1 MPa,平均 22.35 MPa。延安组岩层天然抗压强度为 7.2~64.4 MPa,平均 24.08 MPa;直罗组岩层天然抗压强度为 5.6~66.8 MPa,平均 13.71 MPa;白垩系地层天然抗压强度为 5.2~40.0 MPa,平均 12.0 MPa;基岩段岩层天然抗压强度为 3.8~66.8 MPa,平均 21.4 MPa。

侏罗系煤田煤系地层尽管夹杂少量坚硬岩层,但总体上仍属于极弱软岩。物理力学强度低是工程劣化的又一重要因素。

（3）强膨胀性

根据第 4 章研究结果,煤系地层岩体(这里主要泥岩或泥质岩石)膨胀吸水膨胀率为 2.9%～63.1%,平均 28.72%,岩石的强膨胀性是巷道顶板下沉、底鼓、两帮收敛的内因之一。膨胀产生的膨胀力会推倒支架、破坏支护体,使支护体系失效。侏罗系煤系地层具有强膨胀性,是围岩劣化的重要因素之一。

（4）高富水性

从水文地质学角度看,侏罗系煤田总体水文地质条件较简单,煤系地层内没有中等及以上富水的含水层。但井下疏放水钻孔施工情况表明,"有砂就有水、突水必溃砂"。新上海一号煤矿吨煤排水 0.36 m³,榆树井煤矿吨煤排水 0.74 m³。因此,从对生产影响的角度看,侏罗系煤系地层上有高富水特征,是工程劣化的主要因素之一。

## 11.2.2　工程劣化外因

第 4 章研究结果表明,岩石软化系数为 0.0～0.75,平均 0.27,岩石物理力学强度随岩石含水率提高而降低,干燥状态下抗压强度明显提升,说明水对围岩劣化影响很大。天然状态下,砂岩裂隙重力水存在于岩层内,与泥岩不直接接触;开采扰动状态下砂岩裂隙水通过采动裂隙与泥岩接触而影响原岩力学状态,水渗流到采场对围岩水稳定性影响更大。

有研究表明,较高的围岩水含量会有效缩减及降低锚杆有效压应力区和压应力值,使得锚固结构的整体性能有明显的弱化,锚杆难以对围岩产生有效的主动支护作用,当钻孔的淋水量小于 128 mL/min 时,树脂锚杆的锚固力保持不变;当淋水量大于 128 mL/min 时,树脂锚杆的锚固力下降 35% 以上。顶板岩石富水的巷道,围岩控制的关键是降低顶板岩石含水量。

可见,水是工程劣化的外因,这里所说的"水"既包括通过采动裂隙渗入采场的水,也包括施工过程中的灭尘水、设备冷却水、空气中的水分等。解决软岩工程劣化问题,必须从其影响因素入手,采取针对性管控措施。

# 11.3　工程劣化控制理念与技术管理体系

## 11.3.1　工程劣化控制理念

煤炭工程包括井巷工程和回采工程。井巷工程包括井筒、主要硐室、开拓巷道、准备巷道、回采巷道等;回采工程则指采场,即采煤工作面。

井巷工程劣化问题主要表现在巷道顶板下沉、两帮收敛、底鼓变形等,但又不限于巷道变形,还包括泥化等既影响工程质量又影响工程进度的岩体劣化现象。回采工程(采场)劣化问题主要包括采场底鼓、底板软化、泥化、支架陷底、刮板机上抬(造成煤机行走高度不足)、形成泥煤等。基岩"突水溃砂"原本属于煤矿水害范畴,但在巨厚基岩下采煤由基岩引起的"水-砂混合突涌"与浅埋煤层提高开采上限引起的松散层"突水溃砂"有着本质区别,由软岩特征的工程特性决定。此外,弱含水层短时高强度突水与强含水层突大水在致灾机理上有着本质区别,因此"基岩水-砂混合突涌"是软岩采场的又一劣化表现。

软岩本身力学强度低,吸收水分后力学强度进一步降低;天然状态下岩体具有一定的力学强度,吸水后崩解、泥化,其弱胶结性通过水这个"媒介"得到充分表现,因此,弱胶结特性也与水有关。岩体吸水后发生物理化学变化使其体积扩容,只有在水的参与下强膨胀特点才能表现出来,高富水性自然与水有关。可见,软岩所具有的四大特征均与水密切相关。

以煤矿为实验室,以生产现场为实验基地,十余年来在实践中探索、探索中实践,笔者逐步认识到:支护是控制巷道变形的基本手段,但单纯依靠支护材料的创新、支护构件的革新以及支护参数的调整,不足以打通软岩工程劣化控制的最后一公里,支护更解决不了基岩突水溃砂、采场泥化、支架陷底等问题。

总之,岩体自身物理力学性质是工程劣化的内因(致劣因素),水是工程劣化的诱因(促劣因素),而且是关键性影响因素。人类在现实条件下尚无法改变内因,但可以通过控制外因达到劣化效应控制的目的,因此,"治软先治水"应作为软岩工程劣化控制的核心理念。

### 11.3.2 工程劣化控制技术体系

工程劣化控制技术体系是解决上述问题的一套综合性技术方法,转变以往单纯依靠支护手段控制巷道变形这种狭隘思路。巷道变形只是工程劣化现象之一,更多的劣化问题得不到解决,即便是控制巷道变形,单纯的支护措施效果也不佳。以往的研究对象多为高应力软岩,或膨胀性软岩但并不富水;工程措施致力于巷道底鼓变形控制,没有解决回采工程劣化问题;工程支护侧重于解决工程力问题,忽视了岩体这种双相介质中水-岩相互作用的影响;膨胀性软岩渗透性很差,通过注浆阻断水诱因可操作性不强。传统的支护材料创新、支护构件革新或支护参数调整等措施只能在一定程度上减轻巷道变形量;支护只能部分解决井巷工程变形问题,无法解决采场淋水造成的底板软化、泥化、膨胀、支架陷底、底鼓变形等影响回采效率的问题,更解决不了基岩"突水溃砂"的安全问题。通过"大水防控"保障矿井安全,通过控制诱因(水)解决采煤和掘进现场遇到的问题,提高工效,再配合"强化支护"可进一步解决巷道变形问题。"治软先治水"是理念,"水与软岩协同治理"是技术路径,"十六字方针"是具体措施,逐步形成一套软岩工程劣化效应控制技术体系(图 11-8)。本技术方法将地质防治水专业与采矿工程专业有机结合,通过控制诱因解决大部分的工程劣化问题,再配合强支护措施解决巷道大变形问题,保证巷道能够满足通风、行人、设备安装需要。

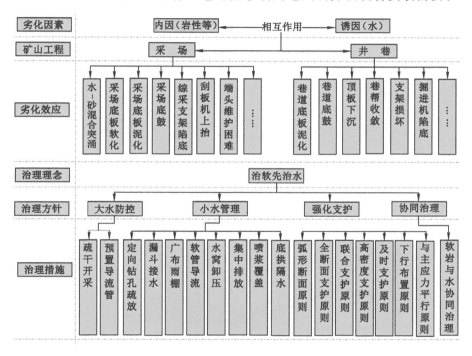

图 11-8　软岩劣化效应控制技术体系

# 第 12 章　顶板水害评价预测技术

## 12.1　煤矿防治水台账的建立与拓展应用

　　基础数据的收集和整理是技术工作的基础,有效的数据必须具备完整性、持续性、准确性、规范性等特征,碎片化的数据几乎等同于无效数据。《煤矿防治水细则》(以下简称《细则》)规定,矿井应当根据实际情况建立 16 种基础性台账,并至少每半年整理完善一次。由于煤矿井下涌水形式不同、主要涌水地点不同、排水方式不同、侧重点也不同,因此《细则》没有给出各种台账的具体形式。2020 年,山西省煤炭地质工程协会以团标形式发布的《煤矿防治水基础台账编制方法》,采用 Micosoft Word 表格格式,该格式在计算功能和绘图功能方面有明显欠缺。而电子表格在计算、筛选、排序、绘制趋势线等功能上较 Word 表格强大得多,以 Excel 2007 为例,一张表格共有 1 048 576 行、16 384 列,可以满足建立各种台账的需要。因此,这里提出基于 Excel 格式的煤矿防治水 4 种基础性台账的建立方法,创建可供煤矿参考使用的模板。

### 12.1.1　矿井涌水量台账的建立与拓展应用

　　(1)涌水量数据收集

　　矿井涌水量分为全矿井涌水量、水平涌水量、采区涌水量、工作面涌水量以及集中出水点涌水量等。根据现场条件,涌水量观测可选择浮标法、堰测法、容积法、明渠水文自动监测仪法、管卡式超声波流量计法、水泵铭牌额定值法等。

　　矿井各地点涌出的水一般要经过采区泵房、水平排水系统,最后进入中央泵房水仓。由于各排水点排水时间不统一,在水仓入口处设置观测站观测矿井总水量的方法并不通用。较多的煤矿企业将各地点实测涌水量相加得到全矿井涌水量,由于测量时间节点不统一、测量方法不统一、散水难以实测等原因,导致涌水量误差较大。推荐在主排水管路上安装管卡式超声波流量计,尽量保持每天某一固定时间节点(如夜间 0:00 时)水仓内水位基本一致,以使中央泵房当日排水量与矿井当天的涌水量基本一致,即使有一定误差,但在大尺度的时间跨度上,这种误差对涌水量变化趋势影响可以忽略不计。

（2）涌水量台账的建立

矿井每天的涌水量按日期录入表格内,表格底部对应单元格内输入公式,自动计算月度平均涌水量、月度最大涌水量、月总排水量、年度平均涌水量、年度最大涌水量、年度总排水量以及历年累计排水量,年度内平均涌水量可视为矿井正常涌水量。每年涌水量数据占用 1 张电子表格,表格设置为 A3 号纸张大小,打印装订成册即为矿井涌水量台账,表格形式和内容见表 12-1。采区涌水量台账可参照矿井涌水量台账建立,采区涌水量、矿井涌水量足以反映全矿井的水情,一般没有必要再建立水平涌水量台账。

表 12-1　矿井涌水量台账（××年）

| 1 月 | | 2 月 | | 3 月 | | … | 11 月 | | 12 月 | |
|---|---|---|---|---|---|---|---|---|---|---|
| 日 | 涌水量/m³ | 日 | 涌水量/m³ | 日 | 涌水量/m³ | … | 日 | 涌水量/m³ | 日 | 涌水量/m³ |
| 1 | … | 1 | … | 1 | … | … | 1 | … | 1 | … |
| 2 | … | 2 | … | 2 | … | … | 2 | … | 2 | … |
| 3 | … | 3 | … | 3 | … | … | 3 | … | 3 | … |
| 4 | … | 4 | … | 4 | … | … | 4 | … | 4 | … |
| 5 | … | 5 | … | 5 | … | … | 5 | … | 5 | … |
| ⋮ | ⋱ | ⋮ | ⋱ | ⋮ | ⋱ | ⋱ | ⋮ | ⋱ | ⋮ | ⋱ |
| 28 | … | 28 | … | 28 | … | … | 28 | … | 28 | … |
| 29 | … | 29 | — | 29 | … | … | 29 | … | 29 | … |
| 30 | … | 30 | — | 30 | … | … | 30 | … | 30 | … |
| 31 | … | 31 | — | 31 | … | … | 31 | — | 31 | … |
| 平均 m³/h | … | 平均 m³/h | … | 平均 m³/h | … | … | 平均 m³/h | … | 平均 m³/h | |
| 最大 m³/h | … | 最大 m³/h | … | 最大 m³/h | … | … | 最大 m³/h | … | 最大 m³/h | … |
| 累计/m³ | … | 累计/m³ | … | 累计/m³ | … | … | 累计/m³ | … | 累计/m³ | |
| 年平均/m³/h | … | 年最大/m³/h | … | 年累计/m³ | … | 历年累计/m³ | | | | |

（3）数据应用举例

以时间为标度的矿井涌水量数据反映出矿井过去涌水量变化特征，结合其他相关因素可以预测未来涌水量、判断水力联系、评价堵水效果等。

① 绘制涌水量历时曲线

"台账"只是数据保存的一种格式，在解决具体问题时需要对数据格式做适当调整。绘制矿井涌水量历时曲线时，在电子表格第 1 行第 1 列（如 A1 格）单元格内输入时间（年月日），下拉鼠标得到时间序列；将台账（表 12-1）中涌水量数据复制粘贴到此表的第 2 列（如 B 列）相应的单元格内，得到涌水量序列；如果需要计算每小时的涌水量，在第 1 行第 3 列单元格（如 C1 格）内输入"＝B1/24"，涌水量单位则由 $m^3$ 变换为 $m^3/h$，下拉鼠标完成全部数据的单位转换。选取"第 1 列＋第 2 列"或"第 1 列＋第 3 列"数据，电子表格可自动插入涌水量（逐日）历时曲线。按同样方法输入公式求取旬或月涌水量平均值，绘制逐旬或逐月涌水量历时曲线。

图 12-1 为某煤矿涌水量（逐日）历时曲线。从中可以看出，该矿从 2011 年 11 月至 2020 年 11 月涌水量总体稳定，正常涌水量约 110 $m^3/h$，说明矿井涌水量与开采面积、掘进进尺等因素关联性不明显；矿井涌水量出现过 4 次异常性增加，第一次异常对应一次采煤工作面突水，第二次异常对应一次巷道底板突水，第三次异常对应一次井下单孔放水试验，第四次异常对应一次井下多孔放水试验。

② 判断井上下水力联系

大气降水量台账是《细则》要求的 16 种台账之一，利用台账数据绘制矿井涌水量与大气降水量相关性曲线，如果雨后或滞后一段时间井下涌水量明显增加，可以判定该矿井存在井上、下水力联系。

通常一年内大气降水集中在某个季节或某几个月，据此区分丰水季节和枯水季节，如果连续多年矿井涌水量没有随季节（或月份）有规律地增减，则说明矿井涌水量与大气降水（或地表水）之间没有联系。上述某矿位于我国西北地区，年降雨量集中在 7 月下旬至 9 月上旬。根据涌水量台账数据（剔除 2 次突水和 2 次放水试验期间涌水量数据），按旬绘制矿井涌水量历时曲线叠合图（图 12-2）。从中可以看出，矿井涌水量雨季没有明显增加、枯水季也没有明显减少，多年均如此，同样可以说明大气降水对矿井没有影响。利用矿井涌水量台账还可以预测未来涌水量、评价注浆堵水效果等，限于篇幅不再举例。

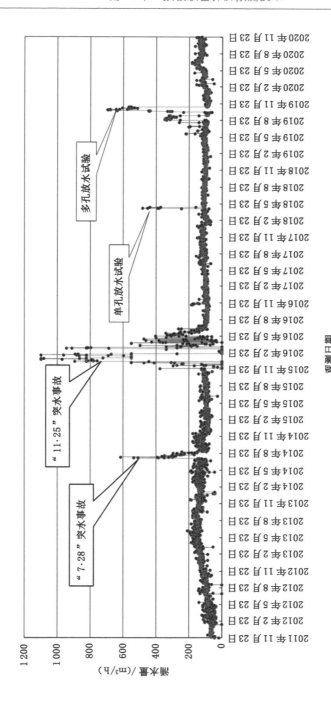

图 12-1　某矿井涌水量（逐日）历时曲线

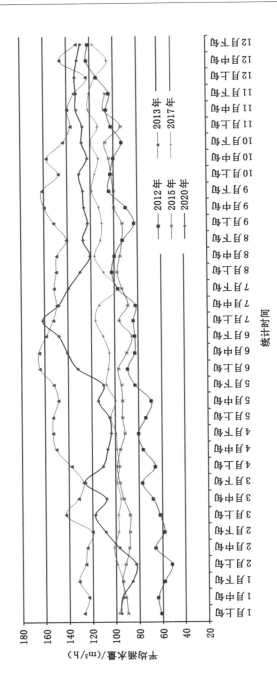

图 12-2  某矿井多年涌水量历时曲线叠合图

### 12.1.2　含水层水位台账的建立与应用

（1）数据采集

矿井主要含水层均有井上或井下水文观测孔,地面观测孔内可安装NDCS 分布式智能自动监测系统,数据实时无线传输;井下水文自动监测报警系统通过以太网、GPRS 和 GSM 等通信手段实现数据传输。

地面孔观测含水层水位埋深,经过孔口高程换算成水位标高;井下孔观测含水层水压,通过水位与水压关系换算成含水层水位标高。正常情况下观测频率设置为每隔 8 h 发送 1 个数据即可(如每天 0:00、8:00、16:00 时间点),便于建立台账和数据应用。井下出现水情时可加密观测。

（2）建立台账

含水层水位台账见表 12-2,台账中包括观测时间、水位埋深等,设置公式自动换算成水位标高。单元格内设置公式求取当日 3 个数据的平均值作为当日水位,用来绘制水位(逐日)历时曲线;日升降幅度＝当日平均水位－前日平均水位,差值为正数代表水位上升,字体设置为黑色;差值为负数代表水位下降,字体设置为红色,视觉上更加直观。

表 12-2　含水层水位数据台账

| 观测日期（时间） | | 孔 1 | | | | 孔 2 | | | | ··· |
| --- | --- | --- | --- | --- | --- | --- | --- | --- | --- | --- |
| | | 水位埋深/m | 水位标高/m | 平均水位/m | 日升降幅度/m | 水位埋深/m | 水位标高/m | 平均水位/m | 日升降幅度/m | ··· |
| 年/月/日 | 0:00 | ··· | ··· | ＝"average1" | | ··· | ··· | | ··· | ··· |
| | 8:00 | ··· | ··· | | — | ··· | ··· | ··· | ··· | ··· |
| | 16:00 | ··· | ··· | | | ··· | ··· | | ··· | ··· |
| 年/月/日 | 0:00 | ··· | ··· | ＝"average2" | ＝"average2－average1" | ··· | ··· | | ··· | ··· |
| | 8:00 | ··· | ··· | | | ··· | ··· | ··· | ··· | ··· |
| | 16:00 | ··· | ··· | | | ··· | ··· | | ··· | ··· |
| ⋮ | ⋮ | ⋱ | ⋱ | ⋮ | ⋮ | ⋱ | ⋱ | ⋱ | ⋱ | ⋱ |

含水层水位"日升降数列"可用来绘制水位日升降条形图,反映水位升降变化剧烈程度。"观测日期"必须连续,当时间段仪器出现故障、数据有缺失时,相应的单元格内为空格,否则水位历时曲线失真。需要做其他计算工作时,表内可按需要插入行或列。

利用含水层水位台账中的数据,通过绘制各种曲线图,可判断含水层间水力联系、预测突水灾害、评价疏放水效果、判断突水水源、判断补给水源和补给通道等。

(3)水位历时曲线

鼠标选取表12-2中"观测日期"和"平均水位"数列,电子表格插入功能可自动生成水位历时曲线。图12-3为某矿 $J_1$ 观测孔自2012年9月11日至2020年7月31日期间的水位历时曲线。从中可以看出,该含水层水位总体呈逐年下降趋势,几次较大的水位波动对应着几次异常水情(突水或放水试验影响)。

(4)水位日升降幅度条形图

选择某矿宝塔山砂岩含水层 $B_1$ 孔水位数据进行分析说明,鼠标选取表12-2中"观测日期"+"水位日升降幅度"数列,插入水位日升降幅度条形图(图12-4),水位升降幅度反映了该含水层放水试验的全过程:2019年6月15日以前水位有微小的升降,总体稳定;2019年8月25日至2019年9月15日试放水,水位大幅度下降,最大日降1.2 m;2019年9月16日至2019年10月10日关闭阀门,水位快速恢复,最大日升0.7 m;2019年10月11日至2019年11月10日正式放水,水位快速下降,最大日降2.7 m;2019年11月11日以后关阀结束放水试验活动,水位回升速度由快至慢,最后回到放水试验前水位变化特征。水位升降幅度与放水量结合,可以定性判断含水层给水能力。

(5)判断水力联系

B-9孔为白垩系含水层观测孔、B-36孔为三叠系延长组含水层观测孔、B-44孔为延安组宝塔山砂岩含水层观测孔,利用台账绘制这3个钻孔水位叠合曲线(图12-5)。井下对宝塔山含水层开展放水试验期间,白垩系含水层、延长组含水层水位均随"宝塔山"含水层的水位同升同降,说明这3个含水层之间存在紧密的水力联系,延长组含水层与"宝塔山"含水层之间水力联系相对更加密切。

### 12.1.3　水化学数据台账的建立与应用

(1)建立水化学数据台账

矿井通常经历找煤、普查、详查、勘探、建设、生产、补充勘探等多个阶段,积累大量的水质化验数据,水质指标可达数十种,需要建立台账对数据进行管理,电子表格是首选工具。

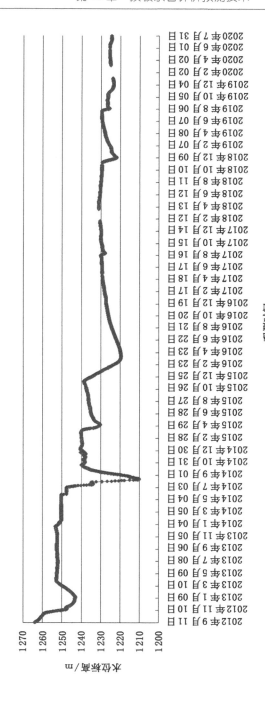

图 12-3　直罗组（J₁孔）观测孔水位历时曲线

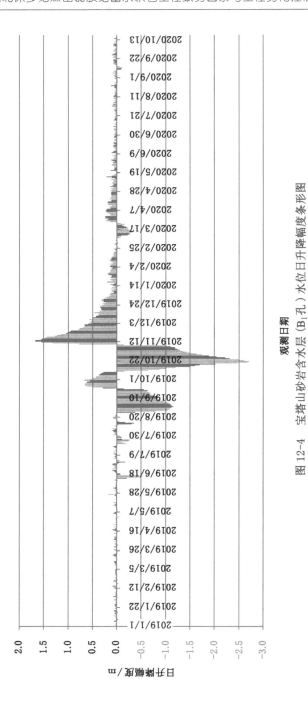

图 12-4 宝塔山砂岩含水层（B₁孔）水位日升降幅度条形图

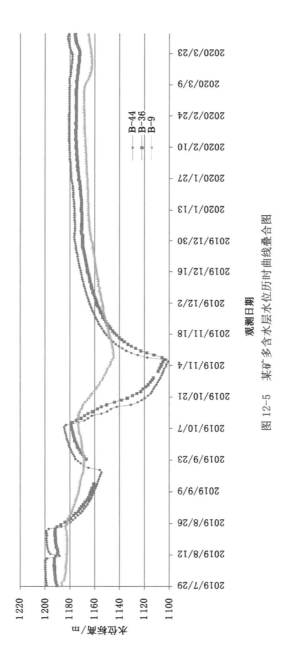

图 12-5　某矿多含水层水位历时曲线叠合图

表 12-3 为水质化验数据台账的基本形式,每 1 份水质分析报告占用一行,化验报告中主要阴、阳离子及其他指标依次填入表中。同一采样点或同一含水层多次采样时,按时间先后顺序排列,便于上下滚动鼠标大致了解水质随时间变化的规律。不同含水层或不同取样点的化验数据在台账内分段存放,也可以按采样点或含水层分别建表。长期积累的水化学数据可以用来确定含水层水化学类型、判断含水层之间水力联系、判定突水水源等。

表 12-3　水质化验数据台账

| 采样时间 | 采样地点 | 含水层 | K+Na | | | ... | Cl | | | ... | 总硬度 | 总碱度 | pH值 | 矿化度 | ... |
| --- | --- | --- | --- | --- | --- | --- | --- | --- | --- | --- | --- | --- | --- | --- | --- |
| | | | $\rho$ /(mg/L) | $C$ /(mmol/L) | $X$ /% | ... | $\rho$ /(mg/L) | $C$ /(mmol/L) | $X$ /% | ... | ... | ... | ... | ... | ... |
| 2020/1/1 | 1 | a | | | | | | | | | | | | | |
| 2020/2/1 | 1 | a | | | | | | | | | | | | | |
| 2020/3/1 | 1 | a | | | | | | | | | | | | | |
| ... | | | | | | | | | | | | | | | |
| 2020/1/1 | 2 | b | | | | | | | | | | | | | |
| 2020/2/1 | 2 | b | | | | | | | | | | | | | |
| 2020/3/1 | 2 | b | | | | | | | | | | | | | |

注:表中 $\rho$ 为该种离子的毫克含量;$C$ 为该种离子的毫摩尔含量;$X$ 为该种离子的毫克当量百分比。

（2）判断补给水源

如某矿三采区的 13301 工作面突水前,一采区的 11305 采空区出水矿化度稳定在 4.7 g/L 左右;13301 工作面突水后,11305 采空区水中矿化度快速降为 3.10～3.24 g/L,矿化度历时曲线出现明显的台阶(图 12-5),说明这两个采区之间存在水力联系。

（3）水质类型划分

某该矿开采山西组 $3_{\pm}$ 煤层,主要含水层包括侏罗系砂岩($J_3$)、煤层顶板砂岩(简称 3 砂)、太原组三灰、太原组七灰、奥灰等含水层。根据台账数据,取各含水层各项指标的平均值得到各含水层水质特征指标(表 12-4),据此划分各含水层水质类型如下:$J_3$ 为 $SO_4 \cdot Cl-Na \cdot Mg$ 型;3 砂为 $SO_4 \cdot Cl-Na$ 型;三灰为 $SO_4 \cdot Cl-Na$ 型;七灰为 $SO_4-Na$ 型;奥灰为 $SO_4-Ca \cdot Na$ 型。

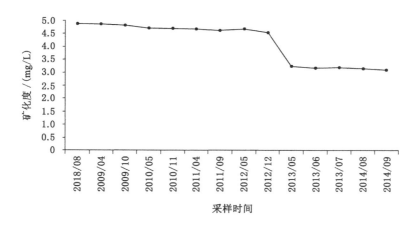

图 12-5　矿化度历时曲线

表 12-4　某煤矿主要含水层特征水质指标

| 含水层 | K+Na | Ca | Mg | Cl | SO₄ | HCO₃ | 总硬度 | 永久硬度 | 暂时硬度 | 负硬度 | 总碱度 | 硅胶 | pH值 | 矿化度 | … |
|---|---|---|---|---|---|---|---|---|---|---|---|---|---|---|---|
| | $X$/% | $X$/% | $X$/% | $X$/% | $X$/% | $X$/% | mg/L | mg/L | mg/L | mg/L | mg/L | mg/L | / | mg/L | … |
| J₃ | 63.02 | 13.13 | 25.77 | 35.62 | 60.54 | 2.84 | 646.05 | 538.6 | 107.46 | 0.51 | 107.5 | 14.49 | 8.1 | 5 133.3 | … |
| 3砂 | 89.61 | 7.74 | 2.54 | 31.727 | 54.17 | 13.81 | 695.36 | 463.84 | 231.51 | 17.01 | 248.6 | 14.36 | 7.6 | 9 213.6 | … |
| 三灰 | 94.15 | 3.05 | 2.62 | 26.66 | 60.66 | 8.07 | 191.44 | 3.24 | 191.44 | 212.7 | 404.2 | 16.9 | 7.15 | 4 532.7 | … |
| 七灰 | 92.73 | 4.34 | 2.72 | 13.7 | 77.89 | 8.21 | 277.89 | 4.67 | 273.21 | 49.2 | 322.4 | 14.73 | 7.21 | 5 517.8 | … |
| 奥灰 | 29.05 | 51.69 | 19.22 | 21.25 | 73.08 | 5.4 | 2078.9 | 1921.7 | 157.17 | 0.32 | 157.2 | 18.72 | 7.3 | 3 833.1 | … |

注:$X$ 为该种离子的毫克当量百分比。

### 12.1.4　地层信息管理台账与应用

地层信息本不属于防治水台账之一,近年来随着"三图-双预测"以及"双图评价"等富水性评价技术的发展和应用,地层(岩性)信息与防治水专业愈加紧密相关,故本书将地层信息单独建立台账。钻探是获取地层信息最基本的手段,地质柱状图是重要的勘探成果之一,包含岩性、埋藏深度、富水性等大量信息。

(1)建立地层信息管理台账

以钻孔地层柱状图为基础,将地层信息尽可能全面地录入 Excel 表格内形成基础数据表,基础数据是后续评价、研究工作的基础。台账中钻孔(编号)按行排列,每个钻孔占用三列,分别为岩性、岩层厚度、岩层底板埋深。第1列为标志层,包括含水层、煤层、地层底界面等,所有钻孔同一个标志层保持同行对齐;各钻孔揭露的标志层之间地层层数不等时,层数少的保留空格,确保标志层同行对齐。建立地层信息基础数据管理台账见表12-5,一个矿井所有钻孔地层信息尽可能纳入一张电子表格内。

表 12-5　地层信息基础数据表(台账)

| 标志层 | $Z_1$ 孔 | | | $Z_2$ 孔 | | | $Z_3$ 孔 | | | $Z_4$ 孔 | | | … |
|---|---|---|---|---|---|---|---|---|---|---|---|---|---|
| | 岩性 | 层厚 /m | 底板 埋深 /m | 岩性 | 层厚 /m | 底板 埋深 /m | 岩性 | 层厚 /m | 底板 埋深 /m | 岩性 | 层厚 /m | 底板 埋深 /m | … |
| 标志层 1 | … | | | | | | | | | | | | |
| ⋮ | … | | | | | | | | | | | | |
| 标志层 2 | … | | | | | | | | | | | | |
| 标志层 3 | … | | | | | | | | | | | | |
| ⋮ | ⋱ | | | | | | | | | | | | |

(2)建立工作表

工作表是用来完成专题计算任务的表格,根据工作任务建立相应形式的工作表,以地层信息基础数据表为信息源,提取相关的数据,通过公式设置、自动计算等操作,得到一组数据用来绘制专题图。举例说明如下:

① 底板突水系数专题图:工作表第1列为钻孔编号,钻孔孔口坐标参数($X$、$Y$、$Z$)占3列,这是工作表的固定部分;工作表是开放性表格,根据工作任务,如绘制底板突水系数专题图时,需要从基础数据表内提取奥灰顶界埋深、奥灰水位埋深、煤层底板埋深等数据。在相应单元格内设置公式自动计算出底板隔水层厚度、隔水底板承受的水头压力、突水系数等(表12-6)。如果水文观测孔较少,可利用少量的水位埋深数据绘制水位埋深等值线图,再采取内插值方法得到其他孔位上的水位埋深。将计算得到的突水系数列表导入绘图软件(如 Surfer),即可得到煤层底板突水系数等值线。

表 12-6　奥灰突水系数计表

| 钻孔编号 | 钻孔参数/m | | | 奥灰 | | 煤层底板埋深/m | 底板隔水层厚度/m | 隔水层承受水压/MPa | 突水系数/(MPa/m) |
|---|---|---|---|---|---|---|---|---|---|
| | X | Y | Z | 顶界埋深/m | 水位埋深/m | | | | |
| $Z_1$ | ··· | ··· | ··· | ··· | ··· | ··· | ="奥灰顶界埋深－煤层底板埋深" | ="奥灰水位埋深－煤层底板埋深" | ="隔水层承受水压/隔水层厚度" |
| $Z_2$ | | | | | | | | | |
| $Z_3$ | | | | | | | | | |
| ⋮ | | | | | | | | | |

② 砂地比专题图:砂地比可定性表征地层的富水性。研究煤层顶板富水性的实质是研究导水裂隙带高度范围内地层的富水性,砂地比可简单表述为导水裂隙带范围内砂岩累加厚度与导水裂隙带高度之比。工作表中钻孔编号、钻孔参数等与表 12-6 相同,根据综采支架型号以及钻孔揭露的煤层厚度,预定各孔位上的采高(不是煤层实际厚度);在导水裂隙带高度相应的单元格内输入公式自动计算;砂岩层厚度在基础数据表中简单相加可得;砂地比单元格内输入"＝砂岩厚度/导水裂隙带高度"(表 12-7)。将计算得到的砂地比数据导入绘图软件得到砂地比专题图。

表 12-7　砂地比工作表

| 钻孔编号 | 钻孔参数/m | | | 采高/m | 导水裂隙带高度/m | 砂岩厚度/m | 砂地比 | ··· |
|---|---|---|---|---|---|---|---|---|
| | X | Y | Z | | | | | |
| $Z_1$ | ··· | ··· | ··· | ··· | ="$[100\sum M/(3.1\sum M+5.0)]\pm4.0$" | ··· | ="砂岩厚度/导水裂隙带高度" | |
| $Z_2$ | | | | | | | | |
| $Z_3$ | | | | | | | | |
| ⋮ | | | | | | | | |

"五图-双系数"中的"五图"以及"三图-双预测"中的"三图"均可以通过建立相应的工作表完成计算任务,利用计算结果绘制相应的专题图,使日常水情预测预报工作更加便捷。

### 12.1.5　小结

基础数据是煤矿防治水技术工作的基础,数据的收集、整理是一项长期持续性工作,大量的数据需要一套行之有效的管理方法,采用 Microsoft Excel 建立的台账,能够满足数据存储、分析、预测预报需要,同时促使数据收集更加及时、规范。基于 Microsoft Excel 建立的涌水量台账、钻孔(含水层)水位台账等,可以用来记录历史上水文地质事件、预测涌水量变化趋势、判断井上下水力联系,甚至判断堵水工程效果。基于 Microsoft Excel 建立的水化学数据台账,便于开展水质分析,确定水质类型、评价水力联系等。基于 Microsoft Excel 建立的地层基础数据表,将矿井全部钻孔揭露的地层信息记录于一张表格内,便于查阅。根据任务要求建立的工作表灵活多样,大量计算过程可通过表格自身功能实现。

## 12.2 顶板涌(突)水危险性评价预测技术——分类型四双工作法

矿井突水灾害是制约我国煤炭安全开采的主要问题之一。按空间关系分为煤层顶板水害和煤层底板水害两大类。刘天泉院士提出的采动覆岩移动"上三带"模型仍是国内顶板水害防治工作的理论基础,并给出了"两带"高度计算的经验公式。

含水层富水性和导水通道是评价顶板水害的两个关键要素,《煤矿防治水细则》提供了"三图-双预测"技术,该技术综合砂岩厚度、脆塑性比值、单位涌水量、渗透系数、裂隙率、冲洗液消耗量、岩芯采取率等多种地学信息评价岩层的富水性;依据导水裂隙高度与煤层顶板到含水层之间隔水岩层厚度的差值进行冒裂安全性分区,解决了导水通道问题;以 Visual MODFLOW 模拟软件预测采场动态涌水量。该技术方法从水源、通道、水量三个方面评价预测顶板水害,形成了较为科学的技术评价体系,对我国煤矿顶板水害防治做出了突出贡献。但是,该技术方法也存在一些值得商榷或探讨的问题,如进行富水性评价时要求提供 6 种以上的地学信息,鉴于我国大部分矿区水文地质勘探程度较低,同时具备多种地学信息的矿井极少,尤其是多煤层多含水层的矿井,具体到某一重要含水层仅有数个抽水试验参数,甚至没有做过抽水试验,单位涌水量和渗透系数的数据来源十分有限;实践中全孔取芯钻进并统计岩石裂隙(孔隙)率的做法也不常见;限于现场施工条件,冲洗液消耗量数据的可靠性受人为因素影响较大;资源勘查钻孔经常采用无芯或部分取芯钻进,以地球物理测井手段获取岩性信息,因此,岩芯采取率的数据来源也较为匮乏。以仅有少量数据的地学信息描述动辄数十甚至上百平方千米地层的富水规律,效果显然存疑。由于不同地学参数的量纲、量级和单位的差别,需要进行无量纲处理,应用到构造判断矩阵、AHP 层次分析法、ArcGIS 地理信息系统、Visual MODFLOW 等专业软件,可见评价和预测手段专业性强、过程复杂,在一定程度上制约了该技术在广大基层工程技术人员中的推广应用。笔者认为,砂岩厚度和脆塑性比值这两种地学信息数据来源广,是最重要的地学信息,如果再融合一些数据少、贡献小甚至可靠性低的地学信息,会大大强化富水性评价过程的复杂性和评价手段的专业性。也有学者认为,碎屑岩粒径大小与富水性呈正相关关系,根据粒径赋以不同的等效系数,单层厚度与等效系数相乘后再相加作为富水性评价因素。而笔者认为,碎屑岩的富水性与其自身力学强度、裂隙发育程度、胶结方式等密切相关,大粒径碎屑岩并不必然比小粒径碎屑岩富水性强。如内蒙古上海庙矿区白垩系上部中粒砂岩以接触式胶结为主,下部砾岩以泥质基底式胶结为主,上部中粒砂岩的富水性却显著优于下部砾岩的富水性,因此,等效系数法并不具备普适性。

冒裂安全性分区图依据导水垮裂高度与煤层顶板到含水层之间隔水岩层厚度的差值进行分区,而这个差值两极值区间范围过大,势必影响评价的灵敏度;"三图-双预测"对突水危险性综合分区图的实质做了概括:导水裂隙带发育到充水含水层的底板标高以上,且触及含水层部位的富水性强,可能会引起相当规模的矿井突水,可见解决的是煤层与含水层之间存在一定厚度隔水层这种类型突水危险性评价问题,即间接充水含水层突水危险性评价,而煤层与含水层的空间关系以及含水层自身富水性特点等还可以有其他组合形式,也需要相应的评价方法。富水性分区图解决的是富水性或强或弱问题,冒裂安全性分区图解决的是导水通道是否具备问题,本是两个不同的属性要素,直接复合叠加得到突水危险性综合分区图的做法是否科学,值得商榷。

此外,《煤矿防治水细则》从威胁安全生产角度列举了需要超前疏放水的几种情况,事实上地质软岩条件下即使少量的淋水对软岩劣化效应影响都很大,严重制约高效采煤,预先疏干砂岩水更为必要。"疏干水量"是指工作面实现无水状态下开采应该预先疏放的水量,由于缺乏充分的水文地质参数,疏干水量难以预计,致使采前安全评价缺少量化判据,也不利于防排水系统设计。本书从对顶板含水层评价类型划分入手,以给定的评价方法与准则、技术路线开展富水性评价和突水危险性评价,开展疏干水量预测或涌水量预计,形成了一套系统的研究思路和具体的实施步骤,即"分类型四双工作法",简称 MTFD 工作法。与前人技术方法相比,本技术只需要砂岩厚度和脆塑性比值这两种地学因素,数据来源广泛;采用 Excel 建立双表,选用 Golden Surfer 绘图软件,评价手段难度低、评价过程简单、评价效果好,更容易在基层广大工程技术人员中推广应用。

### 12.2.1 评价类型划分与评价技术路线

(1)评价类型划分

根据待采煤层与上部岩层(含水层)之间空间组合关系以及含水层自身富水性强弱特征,可将顶板含水层突(涌)水评价类型划分为 A、B、C、D 四种(表 12-8 和图 12-6)。

表 12-8 分类型评价应用条件与评价准则

| 评价类型 | 应用条件 | 评价内容 | 评价方法 | 评价准则 |
|---|---|---|---|---|
| A 型 | 直接(顶板)充水含水层为砂泥质互层型沉积建造,其中砂岩为含水层,富水性不均;导水裂隙波及不到间接(顶板)充水含水层,无须考虑间接充水含水层的富水性 | 直接(顶板)充水含水层突(涌)水危险性 | 运用富水性指数法,绘制直接顶板富水性指数等值线图,指数高则富水性强,反之富水性弱 | 采掘活动位于相对富水区,则突(涌)水 |
| B 型 | 直接(顶板)充水含水层和间接(顶板)充水含水层均为砂泥质互层型沉积建造,富水性相似,但不均,视为一套地层进行评价,无须区别直接顶板或间接顶板 | 评价(顶板)含水层突(涌)水危险性 | 运用富水性指数法绘制煤层顶板富水性指数等值线图,指数高则富水性强,反之富水性弱 | 采掘活动位于相对富水区,则突(涌)水 |
| C 型 | 直接顶板富水性弱,可视为隔水层;间接(顶板)含水层为砂泥质互层型沉积建造,总体富水性较好,但不均 | 间接(顶板)含水层突(涌)水危险性 | 运用富水性指数法绘制间接顶板底部层段富水性指数等值线图;运用突水危险性指数绘制突水危险性指数等值线图,危险性指数为负数,且绝对值大则危险性高 | 采掘活动位于间接(顶板)含水层的相对富水区,同时位于突水危险性指数等值线图的危险区,则突(涌)水 |

表 12-8(续)

| 评价类型 | 应用条件 | 评价内容 | 评价方法 | 评价准则 |
|---|---|---|---|---|
| D 型 | 间接顶板存在强含水层(第四系松散砂层水、岩溶水、采空区积水、地表水体等);直接顶板为隔水岩层,但厚度不稳定 | 间接(顶板)含水层(水体)突(涌)水危险性 | 运用突水危险性指数法绘制突水危险性指数等值线图;危险性指数为负值,其绝对值越大危险性越高;危险性指数为正数,其数值越大安全性越高 | 采掘活动位于突水危险性指数等值线图的突水危险区内,则突(涌)水 |

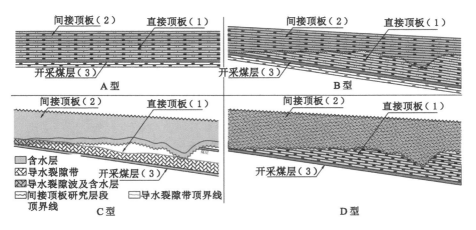

图 12-6　评价类型划分

（2）评价技术路线

A、B、D 三种类型均为单图评价,其中 A、B 型采用富水性指数等值线图评价,D 型采用突水危险性指数等值线图评价;C 型采用富水性指数等值线图和突水危险性指数等值线图联合评价,如图 12-7 所示。

### 12.2.2　建立"双表"

"双表"包括基础数据表和工作表,推荐选用 Excel 电子表格建立双表。基础数据表相当于数据库,所有数据和信息均来源于地质报告中的钻孔柱状图,是一切评价、预测工作的数据源。在基础数据表的基础上,根据工作评价内容建立工作表,富水性指数及突水危险性指数等计算工作均在工作表内进行。

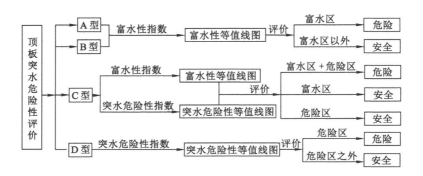

图 12-7  评价技术路线

（1）建立基础数据表

表中第一列为标志层，如含水层、煤层、地层分界等；钻孔按行排列，每个钻孔占用三列，分别填写岩性、层厚、底板埋藏深度（或标高）等数据；两个标志层之间层数不等时，层数少的保留空格，以确保同一标志层同行对齐，便于后期工作，见表 12-9。

表 12-9  基础数据表

| 标志层 | $Z_1$ 孔 | | | $Z_2$ 孔 | | | $Z_3$ 孔 | | | $Z_4$ 孔 | | | ... |
| --- | --- | --- | --- | --- | --- | --- | --- | --- | --- | --- | --- | --- | --- |
| | 岩性 | 层厚/m | 底板埋深/m | 岩性 | 层厚/m | 底板埋深/m | 岩性 | 层厚/m | 底板埋深/m | 岩性 | 层厚/m | 底板埋深/m | ... |
| 标志层 1 | ... | ... | ... | ... | ... | ... | ... | ... | ... | ... | ... | ... | ... |
| | ... | | | | | | | | | | | | |
| 标志层 2 | ... | | | | | | | | | | | | |
| | ... | | | | | | | | | | | | |
| 标志层 3 | ... | | | | | | | | | | | | |
| | ... | | | | | | | | | | | | |

（2）建立工作表

工作表第一列为钻孔编号，一个钻孔数据占一行；第二至第三列填写孔口坐标（$X$、$Y$）；与开采煤层有关的含水层底板埋深填入第四列；开采煤层占用四列，分别填入煤层底板埋深、煤层到上覆含水层距离、煤层厚度、设计采高；后续依次为 $H_d$、$H_b$、$H_{y1}$、$d_x$、$d_f$、$H_{y2}$、$M_c$、$F_i$、$T_i$，分别代表导水裂隙高度、保护层厚度、理论研究层段、修正值、附加值、实际研究层段、砂岩厚度、富水性指数、突水危险性指数等,在相应单元格内输入公式即可完成评价工作所需的数据,见表 12-10。

表 12-10　工作表

| 钻孔编号 | 孔口坐标 | | 含水层底板埋深/m | 开采煤层 | | | | $H_d$ | $H_b$ | $H_{y1}$ | $d_x$ | $d_f$ | $H_{y2}$ | $M_c$ | $F_i$ | $T_i$ | ... |
| | $X$/m | $Y$/m | | 底板埋深/m | 隔水层厚度/m | 煤层厚度/m | 设计采高/m | | | | | | | | | | |
|---|---|---|---|---|---|---|---|---|---|---|---|---|---|---|---|---|---|
| $Z_1$ | ... | ... | ... | ... | ... | ... | ... | ... | ... | ... | ... | ... | ... | ... | ... | ... | ... |
| $Z_2$ | ... | | | | | | | | | | | | | | | | |
| $Z_3$ | ... | | | | | | | | | | | | | | | | |
| $Z_4$ | ... | | | | | | | | | | | | | | | | |
| ... | ... | | | | | | | | | | | | | | | | |

### 12.2.3　计算"双指数"

（1）计算富水性指数

富水性指数是表征地层富水性相对强弱的参数,富水性指数越大表示富水性越强,反之富水性越弱,富水性指数区间范围为 $0\sim100$。富水性指数即研究层段内脆性岩层（包括砾岩、粗粒砂岩、中粒砂岩、细粒砂岩）总厚度占全部研究层段地层厚度的百分比：

$$F_i = \frac{M_c}{H_y} \times 100\% \qquad (12\text{-}1)$$

式中　$F_i$——富水性指数,无量纲；

　　　$M_c$——研究层段内脆性岩层累加厚度,m；

　　　$H_y$——研究层段厚度,m。

分子为脆性岩石,分母为研究层段内脆性岩石和塑性岩石之和,因此该公式包涵了砂岩厚度和脆塑性比值两种地学信息,可以省去多源信息融合和融合前归一化处理的复杂过程。受采煤扰动的那部分岩层称为研究层段,通常等于导水裂隙带,有时比导水裂隙带的范围更广。研究层段以上的岩层富水性不在我们考虑范围,称之为非研究层段（图 12-8）。富水性评价的实质是研究层段富水性评价,非研究层段无论其富水性如何均不在评价范围内。

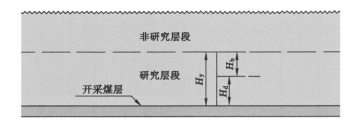

图 12-8 研究层段示意图

富水性指数具体的计算过程如下：

① 设定采高($M$)。实践中采高决定着导水裂隙发育高度，而采高经常与煤层厚度不相等，采高受到煤层厚度、支架选型、刮板运输机能力、破碎机能力、带式输送机运输能力等匹配度制约，如 ZY900-18-40 型综采支架，最大采高 3.8 m（保留 0.2 m 活柱），最小采高 2.2 m（便于煤机运行），无论煤层厚度变化多大，采高的区间范围均以 2.2～3.8 m 为限，因此要确定研究层段首先要设定采高。

② 计算导水裂隙高度。本书以上海庙矿区地层条件为例，选用经验公式中的软岩适用公式计算导水裂隙高度，也可通过现场实测或数值仿真模拟等方法确定计算公式：

$$H_d = \frac{100\sum M}{3.1\sum M + 5} \pm 4 \qquad (12\text{-}2)$$

式中　$H_d$——导水裂隙高度，单位 m；

　　$\sum M$——累计采厚，m，为增加安全系数，这里选取＋4.0。

③ 确定保护层厚度($H_b$)。直接将计算得到的导水裂隙高度作为研究层段，有可能研究范围偏小，"借用"保护层厚度适当扩大研究范围。这里所谓的"保护层"不是传统意义上的保护层，而是在经验公式计算结果可能偏小的情况下用来适当扩大研究层段。本书设定保护层厚度为采高的 4 倍，各矿实际应用时不限于 4 倍的采高。

④ 确定修正值($d_x$)。采高与煤层厚度不等时需要引入修正值进行调整，以便于统一研究层段的起始层位。沿煤层顶板回采时，$d_x=0$；留顶煤回采时，顶煤视为隔水层，$d_x>0$；破顶板岩石回采时，则被采出的岩石厚度为修正值，此时 $d_x<0$，如图 12-9 所示。

⑤ 确定附加层厚度($d_f$)。如果研究层段上方相邻的岩层为砂岩时，将该

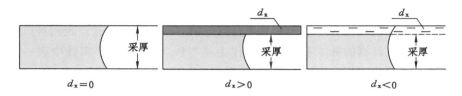

图 12-9　修正值示意图

层砂岩作为附加层厚度$(d_f)$计入研究层段。附加层厚度需要在基础数据表中获得,方法简单,不再赘述。

⑥ 最终确定研究层段$(H_y)$。经过以上步骤确定,$H_y = H_d + H_b + d_x + d_f$。研究层段需要根据钻孔坐标逐点计算确定。

⑦ 确定研究层段起始位置。A、B、D 型均从煤层顶板起向上计算,C 型从煤层间接顶板的底板起向上计算。

⑧ 计算研究层段内砂岩总厚度$(M_c)$。在基础数据表中,找到相应钻孔相应的煤层(标志层),从起始位置向上计算研究层段内砂岩层(包括粗砂岩、中砂岩、细砂岩、砾岩等)累加厚度,填入工作表相应单元格内。

富水性指数计算公式最终转化为:

$$F_i = \frac{M_c}{H_y} \times 100\%$$

$$= \frac{M_c + d_f}{H_d + H_b - D_x + d_f} \times 100\%$$

$$= \frac{\sum_{i=0}^{n} m_i}{H_d + H_b - d_x + d_f} \times 100\% \qquad (12\text{-}3)$$

式中　$F_i$——富水性指数,无量纲;

　　　$M_c$——研究层段内砂岩累加厚度,m;

　　　$H_y$——研究层段,m;

　　　$H_d$——导水裂隙带高度,m;

　　　$H_b$——保护层厚度,m;

　　　$D_x$——修正值,m;

　　　$d_f$——附加层厚度,m;

　　　$m_i$——单层砂岩厚度,$i = 1,2,3\cdots,$m。

(2)计算突水危险性指数

通常,我们采用作图法(地质剖面图)判断导水裂隙是否波及上覆含水层,绘制地质剖面图受钻孔数量和钻孔分布情况限制。经验公式有时误差较大，工程探测和数值模拟等手段也未必能获得更加准确的计算公式。我们可以把采用经验公式计算的导水裂隙带高度作为基本线，后期在生产实践中进一步修正基本线。

突水危险性指数是衡量间接充水含水层水涌入采场可能性大小的参数，"0"为临界值，指数为正数且值越大则突水危险性越小，指数为负数且绝对值越大则突水危险性越大，其实质是通过衡量导水裂隙波及上覆含水层可能性大小来评价突水危险性大小。如果不考虑其他因素，突水危险性指数计算公式为：

$$T_i = \frac{H_g - H_{fs}}{H_{fs}} \tag{12-4}$$

式中　　$T_i$——突水危险性指数，无量纲；

　　　　$H_g$——隔水层厚度，即煤层顶板到上方含水层之间距离，m；

　　　　$H_{fs}$——防隔水煤（岩）柱厚度，m。

这里也需要考虑修正值问题（方法同前文），则式（12-4）转换为：

$$T_s = \frac{H_g - H_{fs}}{H_{fs}} = \frac{H_g - H_d - H_b + d_x}{H_{fs}} \tag{12-5}$$

式中　各符号意义同前。

突水危险性指数的两极值区间较小，评价的灵敏度提高。

### 12.2.4　绘制"双图"

（1）富水性等值线图

从工作表中把计算得到的富水性指数列表导入 Surfer 绘图软件，得到富水性指数等值线图。目前业内多习惯设定阈值进行富水性分区，笔者认为地层富水性强弱是自然渐变的，分区的方法过于绝对化；富水性强弱是相对的，采用等值线表征富水性强弱更加符合自然规律，充填颜色仅是为了更加直观。图 12-10 是内蒙古上海庙矿业公司新上海一号煤矿 8 煤层直接顶板富水性指数等值线图。

（2）突水危险性等值线图

将突水危险性指数列表导入 Surfer 绘图软件，得到突水危险性指数等值线图。新上海一号煤矿 8 煤层开采时，评价上覆间接充水含水层（侏罗系直罗组）突水危险性，得到突水危险性指数等值线图（图 12-11）。为更加直观，$T_s \leqslant 0$ 的区域以红色充填，导水裂隙波及含水层可能性很大；$T_s > 0$ 的区域以灰色充填，导水裂隙波及该含水层的可能性小。参照采空区积水"三线"作法，

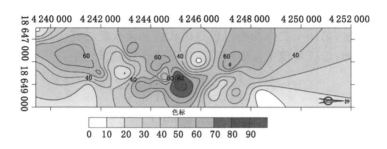

图 12-10　8 煤层直接顶板富水性指数等值线图

将 $0 < T_s \leqslant 0.5$ 的区域以黄色充填,相当于警戒区。实际应用时应结合生产实践,进一步修正本矿井突水危险临界指数。

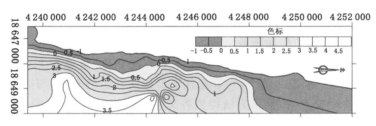

图 12-11　8 煤层顶板(直罗组)突水危险性指数等值线图

### 12.2.5　进行"双预测"

"双预测"指采煤工作面疏干水量预测(如果采用疏干开采法采煤)和采煤工作面涌水量预测。

(1)疏干水量预测

《煤矿防治水细则》第六十二条规定:"当煤层(组)顶板导水裂隙带范围内的含水层或者其他水体影响采掘安全时,应当采用超前疏放……"。地质软岩条件下,水可引起围岩劣化效应,严重影响生产,必须彻底预先疏放。将疏放的水量与预计疏干水量进行比较,可以判断疏放程度,作为采前安全评价的量化判据。

"疏干水量"指工作面顶板水经过超前疏放,实现生产过程中采空区无涌水、顶板无淋水,达到无水开采条件而应该预先疏放的水量。这里强调地质软岩条件下开采需要预先疏干,其他条件下具备足够的排水能力时不一定要疏干。

疏干水量主要与富水性指数、开采面积、采高等因素相关,呈正相关关系。新开采的煤层,第一个工作面经过预先疏放达到无水状态开采的条件时,总疏放水量可实测,后续其他工作面均可采用下式预计疏干水量:

$$Q_{dc} = \frac{\overline{F}_{idc} \times S_{dc} \times \overline{M}_{dc}}{F_{iyc} \times S_{yc} \times \overline{M}_{yc}} \times Q_{yc} \qquad (12\text{-}6)$$

式中　$Q_{dc}$——待采工作面预计疏干水量,$m^3$;

　　　$\overline{F}_{idc}$——待采工作面平均富水性指数,无量纲;

　　　$S_{dc}$——待采工作面的平面积,$m^2$;

　　　$S_{dc}$——待采工作面设计平均采高,m;

　　　$\overline{F}_{iyc}$——已采工作面平均富水性指数,无量纲;

　　　$S_{yc}$——已开采工作面平面积,$m^2$;

　　　$\overline{M}_{yc}$——已采工作面实测平均采高,m;

　　　$Q_{yc}$——已采工作面疏放水量,$m^3$。

采煤工作面平均富水性指数可以按下列方法获取:将巷道工程展绘于富水性等值线图上,每隔 50 m 画一条垂直于工作面巷道的直线,每条直线与上下巷道各有一个交点,按插值方法得到各交点上的富水性指数(图 12-12),求取其算术平均数得到工作面的平均富水性指数:

$$\overline{F}_i = \sum_{i=1}^{n} f_i / n \quad (n = 1, 2, 3\cdots) \qquad (12\text{-}7)$$

式中　$\overline{F}_i$——工作面平均富水性指数,无量纲;

　　　$f_i$——第 $i$ 交点上富水性指数,无量纲。

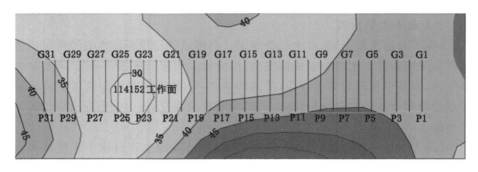

图 12-12　工作面平均富水性指数求取方法

（2）工作面涌水量预计

不需要进行疏干开采时,把预计疏干水量公式中疏放水量替换成涌水量,即可得到工作面涌水量预计公式。与传统的相似水文地质条件比拟法相比,引入了量化参数后,预计结果更趋近于准确。涌水量预计采用下式:

$$Q'_{dc} = \frac{\overline{F}_{idc} \times S_{dc} \times \overline{M}_{dc}}{\overline{F}_{iyc} \times S_{yc} \times M_{yc}} \times Q'_{yc} \tag{12-8}$$

式中　$Q'_{dc}$——待采工作面预计涌水量,$m^3/h$;

　　　$Q'_{yc}$——已采工作面实测涌水量,$m^3/h$。

### 12.2.6　应用实例

(1)富水性评价应用实例

图 12-13 是新上海一号煤矿侏罗系延安组 8 煤层 113082 工作面富水性等值线图。沿工作面中部切一条剖面得富水性指数变化曲线,根据实测的钻孔放水量绘制水量变化曲线。从中可以看出,两条曲线具有高度正相关性(图 12-14),说明富水性评价方法是可行的。

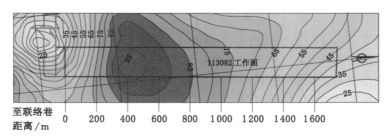

图 12-13　113082 工作面富水性等值线图

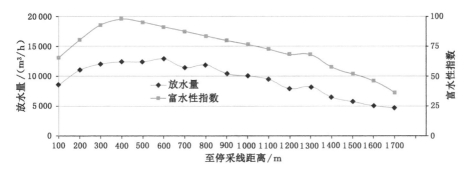

图 12-14　富水性指数与放水量叠合曲线

榆树井煤矿 114151 工作面是 15 煤层首采工作面,回采面积为 300 772 $m^2$,

平均采高 3.6 m,平均富水性指数 36.99,共疏放水量 176 598 m³,实现了无水状态开采。114152 工作面是 15 煤层第二个采煤工作面,回采面积 431 048 m²,设计平均采高 3.5 m,平均富水性指数 39.86,预计 114152 工作面疏干水量为:

$$Q_{114152} = \frac{39.86 \times 431\,048 \times 3.5}{36.99 \times 300\,772 \times 3.6} \times 176\,598 = 265\,150\ (\mathrm{m}^3)$$

114152 工作实际疏放水量 275 880 m³,生产过程中采空区无涌水、顶板无淋水,满足疏干水量预计条件。预计的水量与实际放水量相差 10 730 m³,偏差率 4%。

(2)"双图评价"应用实例

① 111084 工作面突水应用案例

新上海一号煤矿延安组 8 煤层为单斜构造,煤层与上覆(直罗组)地层为小角度不整合关接触。8 煤层直接顶板富水性弱,直罗组底部的"七里镇砂岩"为间接充水含水层,富水性中等,但富水性不均。

8 煤层已经回采四个工作面,唯有 111084 工作面发生严重的突水事故,总出水量约 23.3 万 m³,泥砂量约 3.58 万 m³。水化学连通试验表明,突水水源为直罗组七里镇砂岩水。符合评价类型 C 型条件,采用"双图"分析其突水原因。

根据前文方法,计算得到全井田"8 煤层-直罗组"突水危险性指数,绘制突水危险性等值线图(图 12-15)。

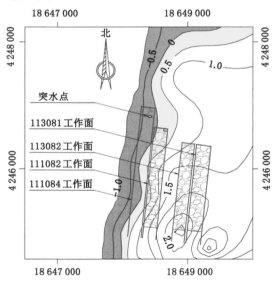

图 12-15 "8 煤层-直罗组"突水危险性指数等值线图

111084 工作面突水危险性指数为负数;111082 工作面仅切眼附近小范围内突水危险性指数小于 0(−0.01 左右);113081 及 113082 工作面突水危险性指数均为正值。

直罗组含水层为间接充水含水层,只研究其下部地层的富水性,研究层段起止位置为直罗组地层底界面。图 12-16 是直罗组下段(研究层段)富水性指数等值线图。如果将富水性指数大于或等于 45 划分为相对富水区,可以看出上述四个工作面均有一部分位于相对富水区下。

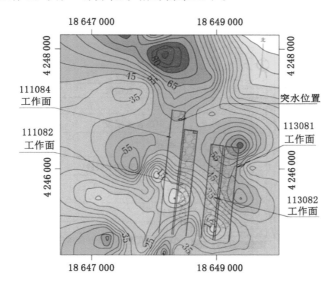

图 12-16　直罗组底部富水性指数等值线图

113081 及 113082 工作面均有一部分位于相对富水区,但不在突水危险区内,缺少导水通道条件;111084 工作面突水危险区与富水区大面积重叠,满足 C 型突水条件,因此突水。

② 13301 工作面突水应用案例

山东济宁煤田王楼煤矿设计生产能力 90 万 t/a,开采山西组 $3_上$ 煤层,平均厚度 1.6～2.4 m。煤层顶板砂岩为直接充水含水层,富水性不均;煤系地层上覆石盒子地层为隔水层,石盒组上方侏罗系砂岩为间接充水含水层,富水性弱至中等,如图 12-17 所示。

《矿井地质报告》预计矿井正常涌水量 146 m³/h,最大涌水量 178 m³/h。矿井 2007 年 7 月投产,首采区 6 个工作面涌水量均较大,其中 11305 工作面

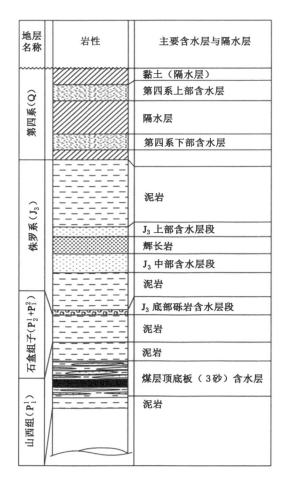

图 12-17　地层柱状图

推进 80 m 时涌水量 450 m³/h,造成工作面被淹。通过水位观测、水化学连通试验、水质分析等,确定主要充水水源为煤层顶板砂岩水,上部侏罗系砂岩水通过刘官屯断层有少量补给。

　　采用富水性指数法得到煤层顶板砂岩富水性等值线图(图 12-18)。可以看出富水区呈不规则的带状分布:一采区富水性较强(指数值 30～40);二采区靠近刘官屯断层附近富水性较强(指数值 30～40),其余部分富水性弱(指数值 10～30);七采区富水性最弱(指数值 6～20);三采区中部富水性最强(指数值 30～55)。

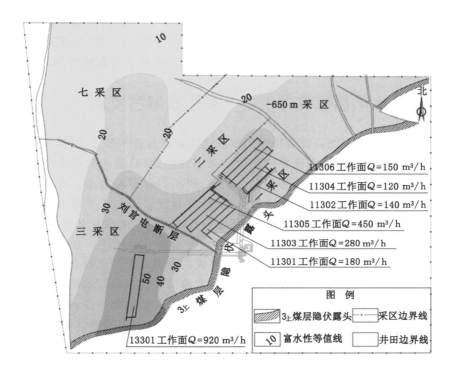

图 12-18　煤层顶板富水性指数等值线图

13301 工作面为三采区首采工作面,走向长 1 160 m,倾斜宽 160 m,煤层平均厚度 2.15 m,上距侏罗系 76～140.54 m,层间距远大于导水裂隙发育高度。回采前总水量约 60 m³/h(巷道顶板淋水),推进 400 m 时水量增长到 120 m³/h;推进 520 m 时水量 200 m³/h;推进 640 m 时水量 690 m³/h;推进 760 m 时水量达到 920 m³/h 的峰值。如图 12-18 所示,该工作面所处位置富水性最好,预计涌水量较大,采取的措施有:工作面设计为伪俯斜开采,利于自然泄水;加大了工作面运输巷水沟断面;扩大三采区泵房系统排水能力。由于预测到位、采取措施得当,工作面生产没有受水影响。

首采区 6 个工作面已回采结束,涌水量均较大(120～450 m³/h);二采区已回采 8 个工作面,涌水量 15～45 m³/h;三采区已回采 6 个工作面,除了 13301 工作面水量达到 920 m³/h 外,后续回采的工作面水量 50～150 m³/h;七采区已回采 3 个工作面,涌水量均不超过 10 m³/h;−650 m 采区尚未采动。

与首采区相比,二采区工作面涌水量呈断崖式减小;三采区后续开采的工作面与 13301 工作面相比,涌水量呈断崖式下降。不排除先开采的工作面对后续开采的工作面有一定超前疏放效应。但总体上可以看出,各采区之间以及采区内部各工作面之间涌水量大小与富水性预测结果是高度吻合的。

## 12.3　含水层富水性评价——多因素融合技术

近年来,融合多因素评价砂泥质沉积建造富水性技术日趋成熟,但在应用中经常出现数据采信不规范导致评价效果不理想、盲目追求数据多样化导致"技术"过于复杂影响普适性等问题。为此,提出目标层段概念。富水性评价的实质是目标层段内地层的富水规律评价,在目标层段约束下可以排除大量的无效数据;从实践角度分析常用的地学参数数据现实来源及其可靠性,得出多种参数同时具备的案例极少、可采信的数据量不大的结论。在地学参数种类少、数据量小的现实条件下,可以利用常规的手段实现信息融合以回避复杂的数学工具和较难掌握的软件应用。通过完整的案例说明富水性评价过程中数据筛选、权重确定、归一化处理、数据融合、成果图绘制的方法,技术难度低、容易被基层工程技术人员掌握。工程实践表明,虽然采用的地学参数少、数据量较小,但由于与采矿工程结合密切,因此评价效果较好。

含水层富水性评价与预测是矿井水害防治工作中十分重要且具有基础性意义的工作,是矿井生产系统特别是防排水系统设计及水害防治技术方案与技术路线选择的基础。教科书中将岩层富水性定义为岩层所能给出水的能力。煤地质学上定义为单位时间内开采钻孔可能从含水层中得到的水量,取决于含水层的岩性、厚度、地质构造和补给条件等。煤系地层充水含水层类型多,条件复杂,特别是砂泥质交互沉积型含水层,由于其渗透性的高度非均质、各向异性和非连续性等特点,造成含水层富水性极不均匀,甚至同一含水层没有统一的地下水水头面。砂泥质互层型含水地层的富水性受控因素多,以"三图-双预测"技术为代表,常选取砂岩厚度、脆塑性比值、单位涌水量、渗透系数、RQD 值、冲洗液消耗量、构造等地学因素作为富水性评价的主控因素。由于相关因素多、各因素对富水性"贡献"大小不尽相同,需要运用专业的数学工具确定各因素的权重。主观赋值法或客观赋值法是常用的方法,层次分析法是主观赋值法的一种,建立层次结构模型包括目标层、准则层、决策层,然后进行"专家评分",按萨蒂创立的 1-9 标度构建 AHP 判断矩阵,通过复杂运算得到权重分配方案。也有学者采用变异系数法、模糊聚类、支持向量机、语气算子、贝叶斯分析法等建立数学模型,确定因素间灰色关联度和权重值。由于数据量大,因此常采用功能强大的地理信息系统(GIS)进行多因素融合和数据叠加,但煤矿从事一线水害防治工作的主体队伍中,能熟练操作 GIS 的工程技术人员较少,在一定程度上限制了该技术的推广应用。富水性评价效果根本上是由基础数据的质和量决定的,评价的是相对富水性,勘探工程获取的信息量十分庞杂,采信数据时如果没有规范约束,会导致大量横向可比性不高甚至无效的数据参与评价,不仅无益于评价的客观性,还会过度依赖数学工具,推高评价的"技术"难度。

### 12.3.1　确定评价范围

（1）目标层段概念

研究富水性规律的目的是评估采掘工程所处区域富水性相对强弱,结合其他地质条件确定防治水技术路线——开采或作为水文地质损失弃采、采取疏放措施或增加防排水系统能力措施等。采矿工程影响到的地层范围称为目标层段,目标层段的富水性评价才具有现实意义。

（2）目标层段确定方法

理论上,导水裂隙带上方如果有一定厚度的隔水岩层存在,只要能抵抗上部静水压力,即可以阻止砂岩水渗入采场,因此目标层段与导水裂隙带空间上一致。可以采用工程实测、相似材料模拟试验、数值模拟等方法确定目标层段。

《"三下"开采规范》提供的经验公式应用于不同矿区会有一定误差,只要能"灵活"运用仍是首选。为消除计算值偏小的负面性,可以经验公式得到的导水裂隙带为基础,适当增加一定的厚度,共同作为目标层段,如图 12-19 所示。

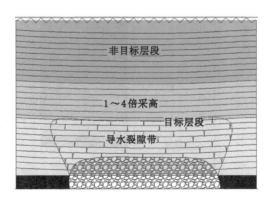

图 12-19　目标层段示意图

此时目标层段类似于防水煤(岩)柱,但与传统意义有所不同,目标层段不是等厚地层板体,是一个底界面随煤层顶板起伏的厚度不等的曲面体。

### 12.3.2　评价参数分析

(1)砂岩厚度

砂岩原生孔隙、裂隙较泥岩发育,在构造应力作用下更容易产生面状网络型裂隙,这些孔隙或裂隙共同构成了储水空间;泥岩在构造应力作用下以塑性变形为主,具有约束构造裂隙延展的功能,因此泥岩被视为隔水层。

通常统计的是一套地层内砂岩总厚度,而地史学意义上的一套地层厚度可达数百米,显然其中部分含水层不受采矿影响,不在目标层段内。

如图 12-20 所示,研究区煤层顶板延安组地层厚度 238.5 m,包括含水砂岩 8 层(Ⅰ～Ⅷ)、隔水性泥岩 8 层(Ⅰ～Ⅷ)。采用综合机械化采煤法,一次采全高 4.5 m,软岩地层,采用经验公式计算目标层段 68.0 m,则目标层段包含 4 个隔水层、5 个含水层,在第Ⅴ隔水层阻隔下,Ⅴ～Ⅷ层砂岩水无法进入采场。

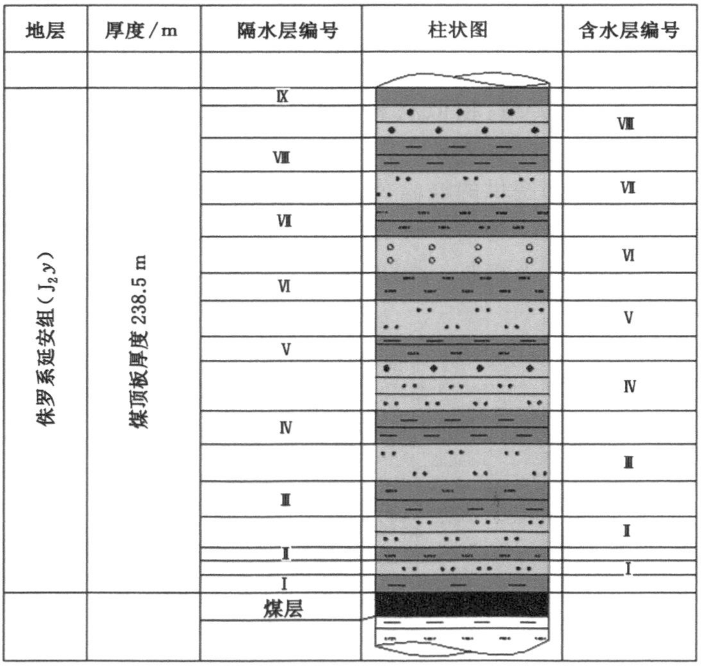

| 地层 | 厚度/m | 隔水层编号 | 柱状图 | 含水层编号 |
|---|---|---|---|---|
| 侏罗系延安组($J_2y$) | 煤顶板厚度 238.5 m | Ⅸ | | Ⅷ |
| | | Ⅷ | | Ⅶ |
| | | Ⅶ | | Ⅵ |
| | | Ⅵ | | Ⅴ |
| | | Ⅴ | | Ⅳ |
| | | Ⅳ | | Ⅲ |
| | | Ⅲ | | Ⅱ |
| | | Ⅱ | | Ⅰ |
| | | Ⅰ | | Ⅰ |
| | | 煤层 | | |

图 12-20　含水层与隔水性

把砂岩厚度作为评价指标时,必须以目标层段为限。只要有地层信息就可以计算砂岩厚度,数据来源广泛。

(2) 砂地比

也有文献以砂泥比表述,但含意差别很大。砂泥比指一套地层内砂岩与泥质岩石厚度的比值。该套地层如果均为泥质岩石,则砂泥比为 0,均为砂岩石时比值为 ∞,取值区间过大,影响其与其他参数进行合理的加权计算,砂泥比也称为脆塑性岩石比值。

砂地比即目标层段内的砂岩厚度与目标层段厚度之比,取值区间为 0~1。用下式表示:

$$B_s = \frac{d_{sh}}{D_m} = \frac{d_{sh}}{d_{sh} + d_{ni}} \qquad (12\text{-}9)$$

式中　$B_s$——砂地比,无量纲;

　　　$D_m$——目标层段厚度,m;

　　　$d_{sh}$——目标层段内砂岩厚度,m;

　　　$d_{ni}$——目标层段内泥质岩石厚度,m。

受采高、采煤方法等影响,同一煤层甚至同一采煤面的目标层段厚度差别很大,单纯以砂岩厚度来比较富水性是有缺陷的,厚度不等的两个目标层段,尽管砂岩厚度相等,目标层段大的相对于目标层段小的富水性弱,如果没有目标层段限制,问题会更加突出。目标层段内的“砂地比”评价地层富水性更有优势,只要有地层信息就可以计算砂地比,数据来源广泛。

(3) 单位涌水量

单位涌水量($q$)直接表征地层的富水性,但在实践中同一含水层抽水试验次数不会很多,数据量较小。此外,矿井经历普查、详查、精查、补充勘探等多个勘查阶段,施工单位多变,对含水层的认识过程由浅入深,难免会出现对同一含水层抽水试验层段不相等,致使试验成果横向可比性不足。

如图 12-21 所示,$Z_3$ 孔为多含水层混合抽水;$Z_4$ 孔不仅是多含水层混合抽水,且没有将目标层段内所有含水层包括进去;$Z_1$ 孔抽水虽然为混合抽水,煤层底板泥岩对试验结果基本没有影响,但目标层段内上部砂岩未参与试验;$Z_2$ 孔抽水试验层段与目标层段一致。

上述 4 个抽水试验成果不具有横向可比性,应以目标层段为条件排除 $Z_1$、$Z_3$、$Z_4$ 孔数据,这样可采用的单位涌水量数据进一步减少,数据量较少。

(4) 渗透系数

渗透系数($K$)也称为水力传导系数,在各向同性介质中,定义为单位水力

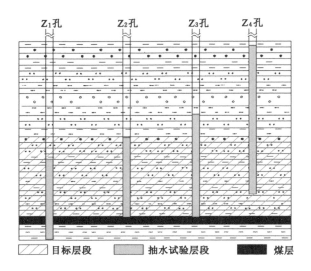

图 12-21    目标层段与抽水试验层段关系

梯度下的单位流量,表示流体通过孔隙骨架的难易程度,经常作为含水层富水性评价的一个参量。渗透系数同样来源于单孔抽水试验,利用裘布依公式推导计算而得,数据量较少。

(5）冲洗液消耗量

冲洗液消耗量间接反映岩体内可储水的张性裂隙发育程度,常用来评价地层富水性。冲洗液消耗量刻画岩体内储水空间条件情况,但张性裂隙未必实际充水,尤其是生产矿井,覆岩裂隙发育情况被人为改变,采动裂隙内可能充水,也可能不充水。限于现场观测条件,冲洗液消耗量数据精确性、可靠性不是很高。冲洗液消耗量按钻探回次测量记录,如何计算目标层段内冲洗液消耗量也是个难题。总之,数据准确性和可靠性不高。

(6）岩石质量指标(RQD)

用直径为 75 mm 的金刚石钻头和双层岩芯管在岩石中钻进、取芯,回次钻进所取岩芯中,长度大于 10 cm 的岩芯段长度之和与该回次进尺的比值称为岩石质量指标(RQD 值),以百分比表示。RQD 值越小,表明岩石完整程度越差,构造裂隙相对更发育,间接反映岩层的储水能力,与通过冲洗液消耗量间接反映岩层充水能力存在的问题类似。此外,随着地球物理测井技术的进步,为缩短勘探工期、节省勘探费用,越来越多地采用无芯钻进施工法,RQD数据来源受到限制,且受钻探方法和人为因素影响较大。

（7）裂隙率

裂隙率即岩石中裂隙的体积与包括裂隙在内的岩石体积之比（体积裂隙率）。野外工作时，一般测定岩层的面裂隙率或线裂隙率。

除了专项科研需要外，采集岩芯并观测、统计裂隙率的做法不太常见，生产矿井一般不具备相关数据，数据来源十分有限。

（8）构造分维

分形理论作为研究不规则形体的自相似性及其复杂程度的理论，随着分形几何学等非线性理论的发展及其在地质学中的广泛应用，为地质构造空间分布和几何结构特征的定量表征提供了新的手段，也为构造裂隙型水害研究提供了新的思路。构造场通常包括断层、褶曲、陷落柱、煤层隐伏露头线等。三维地震勘探技术识别构造精度日益提高，构造分维的数据量来源广泛且可靠性高。

综上所述，上述 8 种地学参数中大部分数据来源受限或可靠性不高，同一井田各类参数同时具备的案例极少，在目标层段约束下有效数据量更少，使得采用常规的办公手段解决权重分配和数据融合成为可能。

### 12.3.3　权重分配方法分析

地学参数多、各参数间层次结构复杂、数据量很大的情况下，需要用高等数学手段分配各参数权重，以 AHP 层次分析法为例进行分析。AHP 分配权重值的流程如下。

（1）建立层次结构模型

将上述 8 种地学参数归类于岩性场、水动力场、构造场，建立层次结构模型，如图 12-22 所示。A 层为富水性评价的目标层；B 层为准则或关联层；C 层为参与评价的各种地学参数。

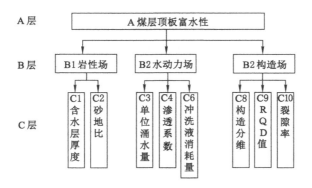

图 12-22　层次结构模型

（2）确定权重

构造判断矩阵，校核矩阵的合理性，矩阵计算，确定各参数权重值。

（3）数据归一化

数据归一化处理消除量纲、统一量级。

（4）数据融合

GIS 系统平台进行数据叠加，得到富水性指数列表。

（5）成果图

基于 GIS 系统平台绘制富水性指数等值线图，以此表征富水性平面规律。

### 12.3.4 基于 Excel 的数据融合技术应用实例

通过专家评分，对 8 种地学参数进行两两比较，根据 1-9 标度法初步确定相对重要性，从而建立矩阵，通过矩阵计算确定各参数权重。专家评分本身就是主观性行为，矩阵计算以"专家评分"的主观性行为基础，既然实践中同时具备的参数种类较少，那么"专家评分"直接赋给各参数权重值更为简便。

GIS 系统的学习和操作较为困难，基层工程技术人员较少能掌握。通过以上分析，实践中数据量并不很大，采用 Excel、Surfer 这两种工具完全可以满足数据叠加和绘制成果图的需要，工程技术人员普遍能熟练掌握。

（1）地质条件简介

某井田面积 43.75 km²，开采侏罗纪延安组 2 煤层，厚度 1.5～9.2 m，平均 6.1 m。地层自下而上有：三叠系延长组（$T_3y$），煤系地层基底，厚度大于 500 m，岩性以砂岩、粉砂岩为主，富水性极弱；侏罗系延安组（$J_2y$），含煤地层，以砂岩、粉砂岩、泥岩为主，平均厚度 353.5 m，砂岩含水层富水性不均；侏罗系直罗组（$J_2z$）：平均厚度 243.2 m，以泥岩、粉砂岩、细粒砂岩为主，底部含砾粗粒砂岩发育，富水性中等；白垩系志丹群（$K_1zd$），平均厚度 251.6 m，上部以细至粗砂岩为主，下部为巨厚层砾岩，富水性中等；古近系（E），平均厚度 103.1 m，砾岩为主夹泥岩薄层；第四系（Q），风积砂，平均厚度 35.9 m。井田综合柱状图如图 12-23 所示。

2 煤层上距直罗组 7.8～46.3 m，平均 21.3 m，导水裂隙局部波及直罗组下部地层。本区为典型的膨胀性软岩，砂岩遇水崩解，容易突水溃砂，制约安全生产；泥岩吸水泥化，制约高效生产，需要研究煤层顶板富水性指导疏水钻孔设计。

（2）确定目标层段

井田内 31 个钻孔揭露 2 煤层厚度 1.5～9.2 m，平均 6.1m；综采支架的最小采高 2.8 m，最大采高 6.0 m。按前文方法确定目标层段 37.48～57.92 m，目标层段等厚线图如图 12-24 所示。

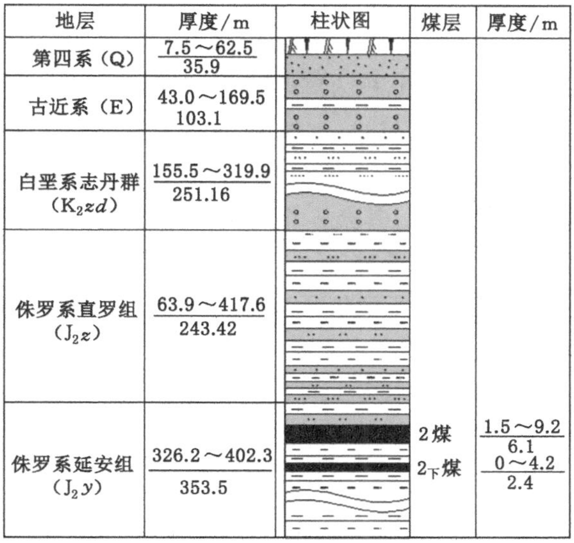

| 地层 | 厚度/m | 柱状图 | 煤层 | 厚度/m |
|---|---|---|---|---|
| 第四系（Q） | $\dfrac{7.5\sim62.5}{35.9}$ | | | |
| 古近系（E） | $\dfrac{43.0\sim169.5}{103.1}$ | | | |
| 白垩系志丹群（$K_2zd$） | $\dfrac{155.5\sim319.9}{251.16}$ | | | |
| 侏罗系直罗组（$J_2z$） | $\dfrac{63.9\sim417.6}{243.42}$ | | | |
| 侏罗系延安组（$J_2y$） | $\dfrac{326.2\sim402.3}{353.5}$ | | 2煤 | $\dfrac{1.5\sim9.2}{6.1}$ |
| | | | $2_下$煤 | $\dfrac{0\sim4.2}{2.4}$ |

图 12-23　井田地层综合柱状图

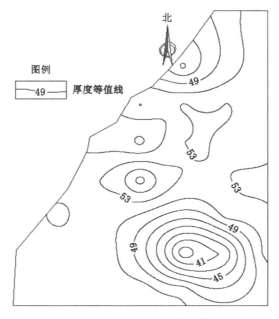

图 12-24　目标层段厚度等值线

（3）确定评价参数

全井田做过二维地震勘探、三维地震勘探,构造控制程度较高;经历过 4 期,共有各类钻孔 47 个。其中,砂岩厚度共 31 个钻孔穿过目标层段,12 孔取芯钻进,31 孔有地球物理测井资料,可得 31 个砂岩厚度数据。砂地比与砂岩厚度相对应,共 31 个数据。共有 8 孔做过抽水试验,其中 3 孔混合抽水,这 3 孔取得的单位涌水($q$)不采用,其余 5 个孔抽水试验层段与目标层段基本一致,这 5 个数据可采用。渗透系数($K$):与单位涌水量相对应,共有 5 个数据可采用。构造分维:构造查明程度较高,构造分维可作为富水性评价主控因素之一。其他如 RQD 值、裂隙率、冲洗液消耗量等,因数据量小或数据可靠性低,不采用。抽水试验钻孔列见表 12-11。

表 12-11　抽水试验钻孔列表

| 钻孔编号 | 抽水试验层段 | 抽水段高/m | 备注 |
|---|---|---|---|
| 2615 | 白垩下部＋直罗上部 | 120.3 | 混合抽水,不采用 |
| 2411 | 白垩下部＋直罗上部 | 118.6 | 混合抽水,不采用 |
| 2817 | 煤层顶板＋煤层底板 | 87.1 | 混合抽水,不采用 |
| 2413 | 煤层顶板 | 53.2 | 采用 |
| 2611 | 煤层顶板 | 48.1 | 采用 |
| 2815 | 煤层顶板 | 51.5 | 采用 |
| 3215 | 煤层顶板 | 49.4 | 采用 |
| 3413 | 煤层顶板 | 50.8 | 采用 |

（4）分项评价

① 砂岩层厚度专题:根据钻孔信息,计算目标层段内砂岩层累加厚度,绘制目标层段内砂岩等厚线图(图 12-25)。

延安组和直罗组的水文地质条件相似,忽略地史学意义上地层分界概念,将进入目标层段的地层视为同一套地层。根据砂地比计算公式得砂地比数据列表,绘制目标层段内砂地比专题图(图 12-26)。

② 单位涌水量专题:共 5 个有效数据(表 12-12),绘制单位涌水量等值线图(图 12-27)。

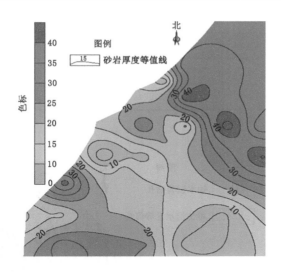

图 12-25　目标层段内砂岩等厚线图

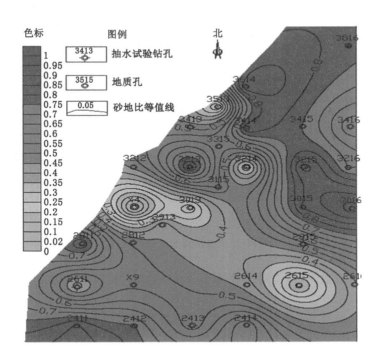

图 12-26　目标层段内砂地比专题图

表 12-12    单位涌水量统计表

| 钻孔编号 | 2413 | 2611 | 2815 | 3215 | 3413 |
|---|---|---|---|---|---|
| 单位涌水量/[L/(s·m)] | 0.046 2 | 0.032 3 | 0.047 1 | 0.082 6 | 0.043 5 |
| 渗透系数/(m/d) | 0.069 1 | 0.049 3 | 0.071 5 | 0.124 1 | 0.065 4 |

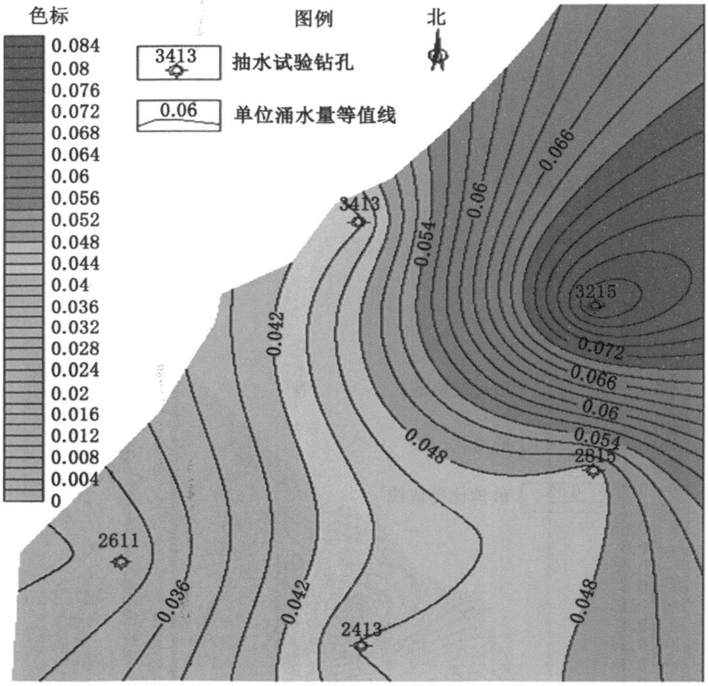

图 12-27    单位涌水量等值线图

③ 渗透系数专题:渗透系数共 5 个有效数据(表 12-12),绘制渗透系数等值线图(图 12-28)。

④ 构造分维专题:以 200 m 为边长,将井田划分为 816 个正方形块段,以每个正方形中心点坐标作为数据点坐标。根据构造纲要图[主要构造包括断层、煤层隐伏露头(风化基岩),褶曲轴幅小、无陷落柱等其他构造]按逐

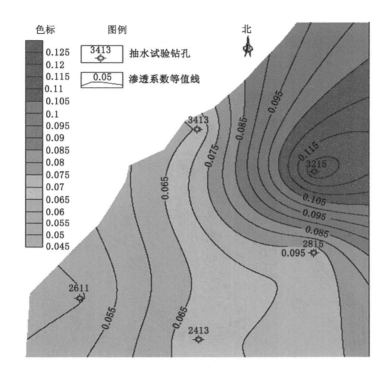

图 12-28　渗透系数等值线图

级等分法计算得到 816 个数据点上构造分维值,绘制构造分维等值线图如图 12-29 所示。

(5)综合评价

① 确定权重:根据对该区有长期工作经验的专家意见,分配各参数权重见表 12-13。

表 12-13　权重分配表

| 参数类别 | 含水层厚度 | 砂地比 | 单位涌水量 | 渗透系数 | 构造分维 |
|---|---|---|---|---|---|
| 权重 | 0.3 | 0.25 | 0.15 | 0.15 | 0.15 |

② 归一化处理:对 5 种参数分别进行归一化处理,使区间值为 0~1。

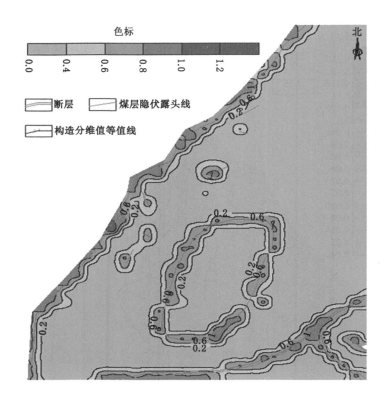

图 12-29　构造分维等值线图

③ 数据叠加:构造分维 816 个数据,砂岩厚度和砂地比各 31 个数据,单位涌水量、渗透系数各 5 个数据,数据量不等,点坐标不同,可按下列步骤进行 5 种参数的融合。

第 1 步:将构造分维 816 个数据点分别投影到砂岩厚度、砂地比、单位涌水量、渗透系数专题图上。

第 2 步:在各专题图上人工读取(插值)对应的数值,记入 Excel 表格总数据表内。这样数据量相等、点坐标相同,便于数据叠加。

第 3 步:在电子表格内设置公式,各参数乘以相应的权重值后相加,得到富水性综合指数。

④ 绘制成果图:将富水性综合指数列表导入 Surfer 绘图软件,克里金插

值得到评价成果图(图 12-30)。

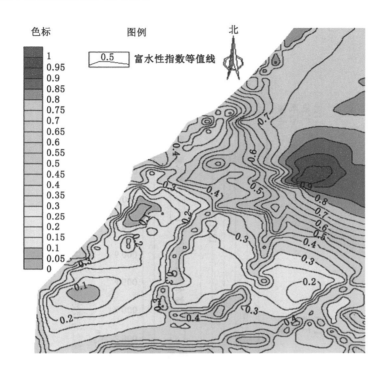

图 12-30　富水性综合评价图

(6) 评价效果分析

该矿为新建矿井,1221、1222 是矿井最早开采的两个工作面。采取疏干措施,回采中顶板无淋水、采空区无涌水,放水量具有可比性。1121 工作面共布置 76 个钻场,总放水量 296 538 m³;1122 工作面共布置 60 个钻场,总放水量 78 649 m³。

从工作面中部作一条剖面线,依据图 12-30 绘制富水性指数曲线(图 12-31 中的红色曲线);将工作面通风巷、运输巷内对应位置(钻场)放水量相加,绘制放水量变化曲线(图 12-31 黑色曲线)。由图 12-31 可以看出,1221 工作面两条曲线变化趋势高度吻合;1222 工作面两条曲线变化趋势基本一致,总体上评价效果较好。

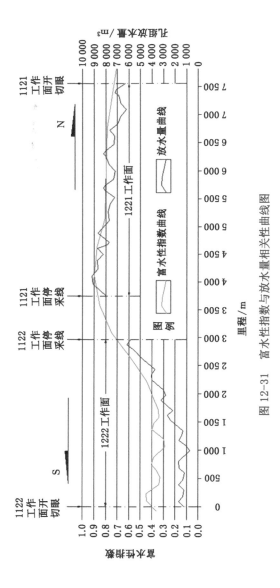

图 12-31　富水性指数与放水量相关性曲线图

# 第 13 章　软岩工程劣化控制技术

## 13.1　大水防控技术

所谓"大水防控"，属于防治水专业人员的职责范围，充分发挥工程技术人员的主观能动性，利用自身掌握的防治水方面的知识，采取"探、防、堵、疏、排、截、监"等措施，防止淹面、淹采区、淹矿井等较大水害事故的发生。

### 13.1.1　疏干开采理论基础

（1）弱胶结砂岩短时高强度突水必要条件

前文"弱富水基岩短时高强度携砂突水机理"研究结果表明：离层汇水作用强化了弱含水层短时突水强度，泥砂自封堵作用决定着突水模型呈周期性间歇式特点。弱含水基岩短时高强度携砂突水必须同时具备 5 个条件：岩石物理力学条件、富水性（水源）条件、汇水时间条件、导水通道条件、离层空间条件。

（2）泥砂来源

巨厚基岩下采煤"水-砂混合突涌"不同于第四系松散层突水溃砂，首先要有一定的水量（离层水体规模），离层水体被导水裂隙刺穿而短时期内释放，弱胶结砂岩在水动力下迅速崩解成水-砂混合流体；离层水体刚刚释放时水动力足以携带泥砂，但离层水体问量有限，水动力会迅速衰减，大量泥砂堵塞导水裂隙，突水溃砂过程暂时终止，进入第二个汇水期，当水量、水压达到一定程度会再次水-砂混合突涌。

（3）改变富水性条件

岩石物理力学性质、导水通道条件无法改变或不容易改变，可以通过钻孔预先疏放水改变地层的富水层（水源）条件，其实质也是改变离层空间的汇水时间条件，疏干开采是"大水防控"的关键技术手段。

### 13.1.2　疏干开采技术管理体系

采煤工作面预先疏干技术管理体系如图 13-1 所示。

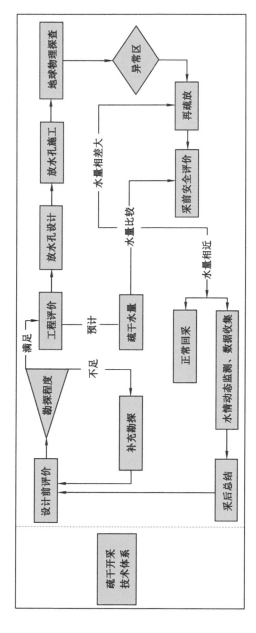

图 13-1　疏干开采技术管理体系

（1）设计前评价

采区设计前（提前 1 年以上时间），全面评价待开采区域地质及水文地质勘探程度是否满足进一步评价要求，是否查清该区域地质构造、地层结构、岩石物理力学特征、含水层分布、水力联系等。经预评价，勘探程度不足时，需要立即开展补充勘探工作。

（2）勘探程度评价

待开采区域掘进前开展突（涌）水危险性评价，运用"双图评价技术"或"分类型四双工作法"，确定突涌水危险区、相对富水区；同时预计"疏干水量"，以作为采前安全评价的量化判据。

（3）疏放水钻孔工程设计

根据富水性评价成果图设计疏放水钻孔，包括：钻场数量、每组钻孔数量、钻孔深度、钻孔仰角、钻孔方位角、孔口装置、钻探设备、施工安全技术要求等。

（4）疏放水钻孔施工

工作面巷道掘进过程中一边掘进一边施工放水孔，钻探工程与掘进进尺同步验收，疏放水滞后时其掘进进尺不予结算；工作面开切眼贯通时必须完成疏放水钻孔设计的工程量。

（5）地球物理探查

工作面开切眼贯通后，采取瞬变电磁法、音频电透视等地球物理勘探手段，探测煤层顶板一定高度内相对富水区，起到拾遗补缺作用，防止出现疏放水盲区。

（6）钻探验证

根据地球物理探查结果，采用钻探方式对相对富水区打钻孔验证，当单孔涌水量超过 1.0 $m^3/h$ 时，就地加密放水孔；只有所有验证孔水量均小于 1.0 $m^3/h$ 时，疏放水工程结束。

（7）采前安全评价

疏放水工程竣工后，结合巷道揭露的构造、岩性、疏放水量、钻孔残余水量等要素，开展采前安全评价。"疏干水量"是重要的指标，比较疏放水量与疏干水量，当两者差值较大时要分析原因，必要时对重点区域施工加密钻孔；两者差值较小或接近时，可以做出"可以回采"的结论。

（8）工作面回采

工作面回采过程中做好采空区涌水情况、钻孔残余水量、顶板淋水情况、揭露的地质构造情况等动态分析，并做好记录。

（9）采后总结

工作面回采结束后编制采后总结,对富水性评价方法、疏放水效果等进行全面分析总结,以指导下一个工程设计或采前评价。

### 13.1.3　疏干开采工程实践

（1）掘进工作面顶板水疏放

掘进工作面顶板淋水会影响掘进效率、影响反底拱混凝土喷浆质量、加速围岩变形。采用中煤科工集团西安煤科院生产的 ZDY-6000LD 型履带式全液压坑道千米定向钻机或其他型号定向钻机循环施工疏放水钻孔,每循环 3 个钻孔、孔深 600～800 m,保持超前距约 30 m(图 13-2)。中孔沿巷道中心线布置,两侧钻距离巷道约 6 m,钻孔轨迹控制在巷道顶板上方约 6 m(图 13-3),确保支护杆体长度范围砂岩水得到提前疏放。

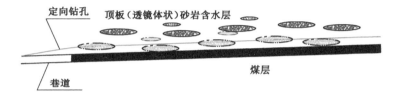

图 13-2　超前疏放水钻孔纵剖面图

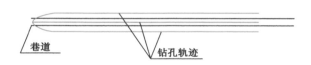

图 13-3　超前疏放水钻孔平面布置图

（2）采煤工作面顶板水疏放

① 确定疏干高度:疏放水高度以《"三下"开采规范》提供的软岩条件下导水裂隙带经验公式为基础综合确定。

② 孔口装置(措施):此类含水层虽然静水压力较高,但渗透系数小,给水度低,孔口一般无压力,单孔水量一般不超过 30 m³/h,孔口管只是为了安装软管导流需要,一般不采用注浆固管工艺,采用棉纱、树脂锚固剂等封闭孔口,避免水从孔外渗流。

③ 疏干钻孔布置:在工作面进、回风巷道内,每隔 100～120 m 布置一组钻孔,工作面宽度小于 220 m 时采用"双层双向扇形布孔"(图 13-4、图 13-5),每组钻孔 24 个;工作面宽度超过 220 m 时采用"三层双向扇形布孔"方式

（图 13-6），每组钻孔 36 个。疏干孔在平面上、空间上有一定的交叉，上、中、下各层钻孔仰角相差 $10° \sim 15°$，终孔于疏干高度的顶界面。同层钻孔平面夹角设计为 $30° \sim 45°$，每层钻孔各 12 个，可根据单孔水量大小适当增减孔数。根据富水性等值线（富水性相对强弱）进一步确定，相对富水性钻孔平面夹角适当减小，相对贫水区钻孔平面夹角施工增大。开孔直径 $\phi$120 mm，下入 $\phi$108×1 500×5 mm 孔口管，然后以 $\phi$75 mm 钻头裸孔钻至终孔。疏干孔布孔现场如图 13-7 所示。

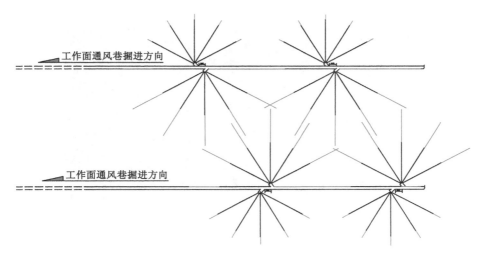

图 13-4　"双层双向扇形布孔"平面示意图

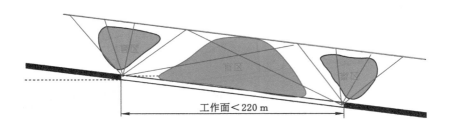

图 13-5　"双层双向扇形布孔"剖面示意图

④ 疏干空间范围：工作面上方导水裂隙带范围以及工作面两侧一定范围内砂岩水得到疏放，又分为疏干区、半疏干区、未疏放区（图 13-8）。

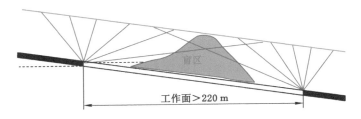

图 13-6 "三层双向扇形布孔"剖面示意图

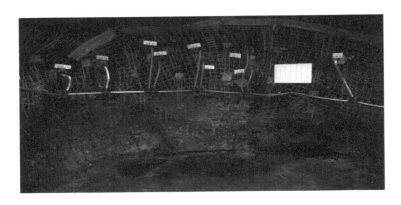

图 13-7 "双层双向扇形布孔"疏干孔施工现场

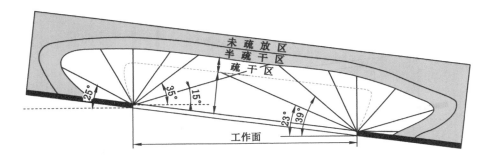

图 13-8 疏干空间范围示意图(剖面)

### 13.1.4 预置导流管

疏干开采改变了地层富水性,可减少离层水害发生的风险,但目前尚没有精确的科学判据来确定危险是否彻底消除这种风险,采用预置导流管方法,通过破坏(可能产生的)离层空间封闭性,使其无法形成离层积水,从而进一步消除隐患。

在工作面运输巷内循环见方位置,向煤层顶板施工一个钻孔,钻孔与巷道平面成 35°~45°,反向于工作面推进方向(图 13-9),终孔于导水裂缝带顶界(图 13-10)。孔内下入 $\phi 50$ mm 无缝钢管,壁厚 5 mm,前部约 60 m 做成滤水花管。

这是防止事故发生的一项兜底性措施。

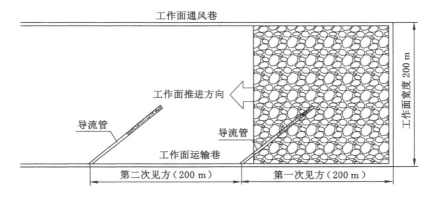

图 13-9　导流管平面布置图

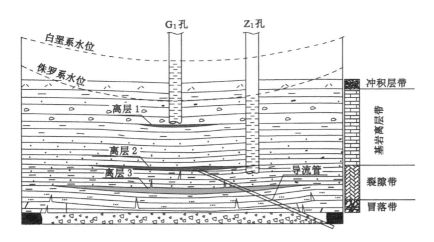

图 13-10　导流管安装示意图

### 13.1.5 关于"大水防探"点实践性思考与建议

"探放水"一词最早见于 1956 年《合肥矿业学院学报》的一篇名为《焦作矿务局与矿井水作斗争的经验》(作者:黄继武),文章指出"探放水"包括"探水"和"放水"两部分,针对焦作矿务局所属煤矿中华人民共和国成立前留下的老窑水,其位置、水量、水压、规模等都不清楚,先进行"探水工作",然后实施"从上而下分段放水"。1974 年,徐州矿务局地质测量处公开发表的《掌握矿井充水规律,作好防治水害工作》中,针对古空和老窑水治理提出十六字方针:"有水必放、有疑必探、先探后掘、不探不掘",这是探放水原则的早期表述。原国家煤炭工业部发布的《煤矿防治水工作条例》(1986)明确了防治水原则:"有疑必探、先探后掘"。《煤矿防治水规定》(2009)进一步提出"预测预报、有疑必探、先探后掘、先治后采"的防治水原则,"预测预报"是前提,"先治后采"是落脚点。《煤矿防治水细则》(以下简称《细则》)继承了十六字原则。可见,"预测预报、有疑必探、先探后掘、先治后采"是历经几代人不懈的努力,从实践中总结出来的,对预防和减少煤矿水害事故发挥了重要作用。2011 年,山西省煤炭工业厅出台了《关于进一步加强煤矿防治水工作的若干规定》政策性文件,提出"预测预报、有掘必探、有采必探、先探后掘、先探后采"原则,重点强调"有掘必探"。近年来,其他省份积极跟进,一刀切式执行"有掘必探"。关于"有疑必探"的内涵、"有掘必探"是否具有普适性、是否能执行到位等值得商榷。单纯为了弱化软岩劣化效应而采取的预疏干措施,此类疏干孔是否应该与常规的"探放水"钻孔在施工要求上加以区别也值得探讨;相关规程中"导水裂隙带"的定义、计算公式以及附图之间存在相互矛盾之处,容易在部分工程技术人员中产生困惑,建议做适当修改,以期规程、规范更趋完善,更好地服务于安全生产。

(1)关于"有掘必探"的探讨与建议

① "有疑必探"的内涵。《煤矿防治水细则专家解读》中,"有疑必探"是指根据水害预测预报的结论,对可能构成水害威胁的地区,采用物探、化探和钻探等综合探测手段,查明并排除水害。《细则》中规定的 8 种情况均为"有疑",必须按规定探放水。预测预报是专业技术人员凭借自己的专业知识、充分发挥其主观能动性,在地质和水文地质分析基础上,超前预测可能存在的水害。具体针对探放水工作,"预测预报"是"有疑必探"的前提,"预测预报"必须解决以下问题:

a. 预测水害类型。根据不同的水害类型采取不同的布孔方式,确定孔组数量,采取与水害类型相适应的安全技术措施。

b. 预测水源(水体)的空间位置。根据水源所处的空间位置,确定探测方法、探测方向,设计钻孔的方位角、仰角、深度、超前距、侧帮距等。

c. 预测水压。依据在用规程,水压大于 0.1 MPa 时需要预先固结套管、注浆固管、耐压试验,带阀钻进;水压大于 1 MPa 时原则上禁止在煤层内探放充水断层、含水层水及陷落柱水;水压大于 1.5 MPa 时钻机必须采用反压和防喷装置。根据预测水压大小选择与水压相适应的钻探设备,设计钻孔结构、止水套管的耐压值等。

② 山西省"有掘必探"的合理性探讨。关于"有掘必探",目前尚未查到官方或其他权威性解读。历史上山西省境内私营小煤矿较多,乱挖乱采现象突出,留下了大量的古井老窑,以致老窑水透水事故多发。2010 年 3 月 28 日,华晋焦煤有限公司王家岭煤矿发生老空透水特别重大透水事故,次年 8 月山西省政府出台了晋政发办〔2011〕70 号文件,率先提出"预测预报、有掘必探、有采必探、先探后掘、先探后采"二十字方针。

山西省在历史上遗留的老窑分布广、各项开采资料严重缺失、老窑水害事故频发这一特殊的现实背景下提出"有掘必探",其水害类型明确、水压上限可以大致估测、水体空间位置指向清晰,具备探放水工程设计的条件。可见,山西省的"有掘必探"不是盲目性探,结合其历史原因和现实背景,有其合理性。如果在大范围内一刀切式强行推广"有掘必探",势必弱化"预测预报"的作用,通过预测预报查"疑"并确定"疑"的性质及相关参数的过程会被忽略,探放水工程设计和安全技术措施的编制缺少依据。故此,《煤矿防治水细则》仍然坚持"预测预报、有疑必探、先探后掘、先治后采"的防治水原则。

③ 盲目性"有掘必探"存在执行问题。近年来,各级政府部门对煤矿安全监管力度逐步加大,纷纷效仿山西省的做法,一刀切要求做到"有掘必探"。经过"预测预报"没有发现"疑"的情况下执行"有掘必探",势必带来以下问题:

a. 设计难。不确定水害类型,无法选择探测方法和手段;不确定富水性,无法预计涌(放)水量,防排水系统设计无依据;不确定水体空间位置,无法设计钻孔方位角、仰角、孔深及孔组数量等;不确定水压上限,无法设计钻孔结构及止水套管耐压值,无法确定钻探设备是否需要具备防喷、反压功能(通常煤矿探放水钻机不具备此两项功能)。总之,这种"有掘必探"是盲目性探,探放水工程设计难。

b. 落实难。行业内尚无"有掘必探"的执行说明或官方解读,煤矿企业执行"有掘必探"的普遍做法是:向掘进前方施工 3 个钻孔,孔深 120 m,掘进 100 m,超前距不小于 20 m,掘进与探水作业交替进行。按照开孔→下止水套管→注浆固管→候凝→扫孔→打压试验(合格)→带阀钻进→终孔施工程序,完成 3 个探水孔大约需要 7 天时间。社会上煤巷掘进日进尺普遍超过 15 m,则一半时间用来掘进、一半时间用来超前探放水。据《煤炭信息》(周刊 2015 年第 9 期)报道,神东大柳塔煤矿煤巷日进尺已超过 158 m,掘进与探水交替作业更是难以实现。

c. 监管难。有疑必探是企业保安全的自主性行为,执行上具有源动力;"有掘必探"是被动地执行,经过"预测预报"没有发现"疑"的情况下执行"有掘必探",就会出现为了探而探的心理,不用专用钻机、不下止水套管、不注浆固管、不打压试验等违反规程的现象会增多,久而久之无形中会侵蚀规程的严肃性,安全监管难度增加。

④ 通过案例探讨"有掘必探"非必要性。部分政府安全监管部门和煤炭企业集团,本着"严于规程、高于规程"的思想,把"有掘必探"当成万全之策、兜底性措施,认为只要超前探放水就可以避免一切水害事故。通过一起突水案例分析,进一步探讨"有掘必探"作为万全之策的非可行性。

某矿开采侏罗纪延安组煤层,分为上、中、下三个煤组,一水平开拓上组煤,二水平开拓下组煤。由于上组煤可采储量较少,矿井投产初期以暗斜井向下延伸开拓下组煤。胶带暗斜井斜长 543 m(−148 m 下山),施工到 503 m 时底板突水,水量 3 600 m³/h,矿井被淹。事后查明,延安组煤系地层底部(21 煤层底板)含砾粗砂岩发育,单位涌水量 0.040 4~1.331 5 L/(m·s),突水点水压 4.6 MPa,突水时巷道下距含水层约 13 m(图 13-11)。由于历史原因,勘探过程中没有发现该含水层,甚至没有"宝塔山砂岩"含水层的概念,属于水文地质条件探查不清引发的一起底板突水事故。

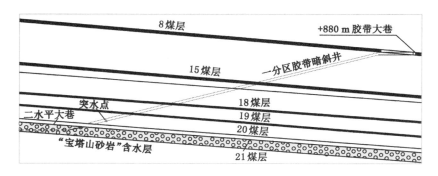

图 13-11  突水点示意图

矿井地质勘探报告、水文地质补充勘探报告等均明确"下组煤顶底板富水性极弱"。在此情况下,被动地执行"有掘必探",按习惯做法设计 3 个超前探水孔,其中 1 个孔—148 m,另外 2 孔向正前方探,每次钻探 120 m,控制超前距不小于 20 m,未能避免本起事故。

设想,如果向巷道侧帮探或探顶板,事故仍不可避免。如果探底板,由于钻机不具备防喷装置,高压水瞬间喷出有伤人危险;钻机不具备反压装置,高压水可能会将钻具顶出盘绕在巷道内,有伤人危险。地球物理探查即使发现了巷道底板富水性异常,随后必须钻探验证,但物探不能预测水压及其富水性,探到含水层后无法止水,事故仍不可避免。

可见,能够引发水害事故的原因多种多样,基础性技术工作是根本,"有掘必探"并非万全之策或兜底性措施。

⑤ 对执行"有掘必探"的建议。行业性的规程、规范必须考虑其普适性,有疑必探的防治水原则是科学的。某些地方在特定条件下执行"有掘必探",建议注意以下几点:

a. 执行有掘必探前,必须经过周密调查、科学研判(预测预报),当某种水害隐患在本区内普遍存在且又难以通过地面工程探查清楚,或地面探查不经济时,井下可按有掘必探执行,如山西省老窑积水隐患,但仍应分类指导,不宜一刀切。

b. 执行有掘必探时应尽量缩小适用范围,可以限定在某一特定矿区、某一特定井田或某一特定采区甚至是某一项工程,总之范围不宜无限扩大。

c.《细则》中明确的 8 种疑点,必须严格按规程要求探放水。

(2) 关于富水软岩疏干开采技术探讨与建议

① 西北侏罗白垩地层特征及工程劣化现象。西北侏罗纪延安组煤田煤层层数多、厚度大,资源储量丰富,是我国重要的战略性煤炭基地之一,在我国六大水害类型分区中属于西北砂岩裂隙型水害区,岩层条件具有如下特征:

a. 弱胶结性。成岩期短,胶结性差,大多数砂岩遇水崩解,在水动力条件下具有流砂属性。疏放水工程实践表明"有砂就有水、突水必溃砂"。

b. 低强度。区内大量试验数据表明,岩石单轴抗压强度 0.5～60 MPa,平均不足 10 MPa,总体力学强度低,属极软弱岩体。

c. 强膨胀性。以上海庙矿区为例,侏罗白垩系软岩矿物成分分析结果表明,岩石中含有的珍珠陶土、高岭石、伊利石、蒙脱石质量百分比超过 30%,甚至达到 80%,表现出强膨胀性和塑性流变性特征。采场岩石遇水软化、泥化,造成掘进机陷底、人员行走困难,裸露岩体吸水后膨胀扩容,煤与岩石分界处形成台阶。

d. 富水性。煤层顶板为砂泥质互层型沉积建造,砂岩含水但砂岩层赋存极不规律,相变快。以上海庙矿区为例,煤层顶板砂岩含水层单位涌水量小于 0.1 L/(m·s),富水性极弱至弱,不直接危及安全。但顶板淋水诱使采场泥化、弱化,出现底鼓变形、采煤支架陷底、受底鼓影响刮板机上翘,采面无法正常推进,严重制约采煤效率。

为了改善作业环境、提高生产效率,需要对顶板水预先疏干,创造无水环境下采煤的条件,从而提高生产效率。

② 疏干开采工程实践。上海庙矿区目前疏放顶板水的做法:在工作面进、回风巷道内,每隔 100~120 m 布置一组钻孔,工作面宽度小于 260 m 时采用"双层双向扇形布孔",每组钻孔 24 个;工作面宽度超过 260 m 时采用"三层双向扇形布孔"方式,每组钻孔 36 个。仰角相同的钻孔称为同层钻孔,层与层之钻孔仰角相差 10° 左右,均终孔于导水裂隙带顶界面附近。以走向长度 2 500 m、宽度 320 m 的工作面为例,每个采煤面需要布置 50 组放水孔,疏放水钻孔总数约 1 800 个。

近年来已回采 16 个采面,疏放水孔总数约 19 160 个。单孔涌水量 $q \leqslant$ 0.5 m³/h 约占 46%,0.5 m³/h $< q \leqslant$ 5 m³/h 约占 32%,5 m³/h $< q \leqslant$ 20 m³/h 约占 18%,20 m³/h $< q \leqslant$ 36 m³/h 约占 4%,最大单孔涌水量 36 m³/h,平均吨煤放水量 0.142 m³。通过顶板水预先疏干,改善了采煤作业环境,回采工效提高了 471%。

③ 关于疏干孔施工技术探讨。矿区内煤层埋藏较深,根据钻孔观测的水位换算,煤层顶板含水层水压均大于 3.0 MPa。如果疏放水孔按照现行规程对探放水孔的技术要求进行管理,必须做到符合满足要点:

a. 水压大于 0.1MPa 时,放水孔必须预先固结止水套管并安装闸阀。

b. 水压大于 3 MPa 时,止水套管长度不小于 20 m。

c. 水压大于 3 MPa 时,套管耐压值不小于 4.5 MPa。

d. 水压大于 1.5 MPa 时,钻机必须具备反压装置和防喷装置。

e. 耐压试验合格后,必须安装闸阀并带阀钻进。

f. 水压高于 1 MPa,原则上不得在煤层内钻探。

疏放水孔如果按照上述技术要求施工,技术层面上可以做到。但疏放水工期将延长 12~30 个月,采面投产时间相应地延后 12~30 个月,造成生产接续紧张,接续紧张又是煤矿重大安全隐患之一;软岩巷道时间越长变形量越大,返修巷道的工程量增加,大大增加生产成本;钻探队伍将十分庞大、疏放水费用将成倍增加,企业将不堪重负。含水层富水性极弱至弱、单孔涌水量小,不存在突水的安全隐患,矿方把与探放水有关的钻孔区分为"探水钻孔"和"疏放水孔",按照不同的技术要求施工,化解了疏放水与生产之间的矛盾。《细则》中列举的 8 种情况以及"预测预报"发现的"疑",严格按规程规定的技术要求施工探放水孔,此类钻孔称为探水钻孔。其他用来疏放顶板砂岩水的钻孔称为疏放水孔。规定孔口套管长度 1.5 m,用棉纱配合锚固剂固定(保证管壁外不渗水),用来连接导水软管,防止水落地,不做耐压试验。

④ 关于疏放水技术规范修改建议。《细则》第六十六条:"疏干(降)开采半固结或者较松散的古近系、新近系、第四系含水层覆盖的煤层时,开采前应当遵守下列规定……"。本条款未考虑我国西北地区侏罗系弱胶结、低强度、高膨胀地层特点。《细则》第六十二条:"当煤层(组)顶板导水裂隙带范围内的含水层或者其他水体影响采掘安全时,应当采用超前疏放……等方法,消除威胁后,方可进行采掘活动"。本条款针对顶板水危及安全的情况而做出的规定。

该矿区根据软岩地质条件及水文地质条件,将"疏放水孔"与"探水孔"加以区分的做法,与《细则》没有冲突。但由于规程缺少相应条款约束,安全监管部门通常会按照现行规程中探放水孔的要求进行监察管理,否则执法无据。建议在修订《细则》时,增加"软岩工程地质条件下,单纯为解决软岩劣化效应开展的疏放水工程,由煤矿业务部门制定施工技术要求,报煤炭企业总工程师审批"。

（3）关于规程中"导水裂隙带"的探讨

① 规程对导水裂隙带的定义。《细则》第八章附则中关于导水裂隙带的定义为:"导水裂隙带,是指垮落带上方一定范围内的岩层发生断裂,产生裂隙,且具有导水性的岩层范围"。

《"三下"开采规范》附录一中对关于导水裂缝带的定义为:"垮落带上方一定范围内的岩层产生断裂,且裂缝具有导水性,能使其范围内覆岩层中的地下水流向采空区,这部分岩层范围称为导水裂缝带"。

可见,《细则》中导水裂隙带与《"三下"开采规范》中导水裂缝带内涵是一致的,包含三条关键信息:位于垮落带上方;由于采动产生的裂隙(缝);裂隙(缝)具有导水性。

② 规程附图中导水裂隙带的含义。《细则》附录六针对煤层露头被松散富水性强的含水层覆盖时防隔水煤(岩)柱留设给出了计算公式,并以"附图"示意。

《"三下"开采规范》附录四:"防水安全煤(岩)柱的垂高($H_{sh}$)应当大于或者等于导水裂缝带的最大高度($H_{li}$)加上保护层厚度($H_b$)。可以看出,导水裂隙带($H_{li}$)包括垮落带。事实上,《"三下"开采规范》给出的导水裂隙带计算公式的计算结果也包括垮落带。

依据名词解释,导水裂隙带不包括垮落带(位于垮落带上方);基于惯性思维,导水裂隙高度是指导水裂隙带顶界面与底界面之间的竖直高度。依据规程,导水裂隙带包括垮落带(导水裂隙带高度为煤层顶板到导水裂隙带顶界面之间的竖直高度);依据经验公式计算的导水裂隙带高度也包括垮落带。由此导致对导水裂隙带理解上的歧义,以至于部分工程技术人员基于惯性思维和对名词解释的理解,将垮落带高度、导水裂隙带高度、保护层厚度三者相加作为防隔水煤(岩)柱的高度。

③ 关于导水裂隙带的修改建议。为了避免上述理解上的偏差,提出以下两种修改建议,二者可选其一。

a. 对裂隙带和导水裂隙带进行区分,分别定义。

裂隙带:指垮落带上方一定范围内的岩层发生断裂,产生裂隙,且具有导水性的岩层范围。

导水裂隙带:指煤层顶板上方一定范围内的岩层发生垮落、断裂,产生裂隙,且具有导水性的岩层范围。

这样,裂隙带不包括垮落带,导水裂隙带包括垮落带,如图 13-12 所示。

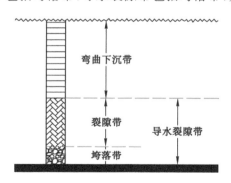

图 13-12　裂隙带与导水裂隙带示意图

20 世纪 80 年代,刘天泉院士基于采矿工程实践提出的覆岩移动"三带"模型,"三带"包括垮落带、裂隙带、弯曲下沉带,采煤支架工作阻力必须大于支架支撑范围垮落带岩体的重力。随后,"三带"模型开始应用于防治水专业,为了强调其导水性,将裂隙带重新定义为导水裂隙带。可见,裂隙带概念形成时间较早,导水裂隙带概念出现在后,做出上述修改符合历史沿革。

b. 对导水裂隙带和导水裂隙带高度分别定义。

导水裂隙带:指垮落带上方一定范围内的岩层发生断裂,产生裂隙,且具有导水性的岩层范围。

导水裂隙带高度:指煤层顶板到导水裂隙带顶界面之间的竖直高度。

导水裂隙带不包括垮落带,与现行规程(规范)中的名词解释相吻合;导水裂隙带高度包括垮落带的高度,与现行规程(规范)中的附图以及经验公式相吻合,如图 13-13 所示。这样修改后,采矿工程专业和防治水专业对覆岩移动"三带"模型的理解更能保持一致性。

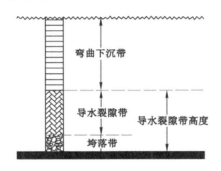

图 13-13　导裂隙带与导水裂隙带高度示意图

此外,《细则》称之为导水裂隙带,《"三下"开采规范》称之为导水裂缝带,两个规程同是服务于煤炭工业,同一概念的专业术语最好统一,避免表述上的混乱。

因此,山西省提出的"有掘必探"有明确的针对性(老窑积水),鉴于其历史原因和现实条件,执行"有掘必探"有一定的合理性,但也应该在深入分析、充分研判的基础上尽量缩小适用范围,不宜无限扩大。一刀切式"有掘必探"是盲目的探,成本高、执行难、效果不理想。各级政府监管部门以及煤炭企业集团不宜以"严于规程"为借口,随意改动有关规程、规范中的表述。针对山西省老空水的特殊情况,可以另行补充说明,以免其他地区不加分析地直接效仿。《细则》以及相关规程仅从安全角度提出需要疏干(降)开采的几种情况,没有涉及为改善作业环境需要预先疏干的软岩地质条件。后一种情况下的疏放水钻孔施工宜与常规的探放水孔有所区别,规程宜做原则性规定,由煤矿企业技术负责人组织制定具体的施工技术措施。《细则》以及相关规程对导水裂隙带以及导水裂隙带高度定义不够清晰,容易产生误导,宜加以修订;"导水裂隙带"与"导水裂缝带"这两个专业术语内涵一致,同是服务于煤炭工业,建议将其统一为导水裂隙带。

# 13.2 小水管理技术

"小水管理"属于生产管理范畴,在生产活动中管理好顶板淋水、底板渗水、生产用水等,确保水不落地,努力减少水与围岩(岩石)接触的机会。

### 13.2.1 巷道底鼓几种特殊机制

(1)水-岩相互作用

回采巷道高度一般 3.8 m 以上,煤层厚度大时,可以适当留设 0.3 m 左右的顶煤,防止顶板直接落砂;煤层抗压强度较岩石高,且煤层遇水后基本不膨胀变形,适当留设一定厚度的底煤,有利于隔水。对于中厚煤层则不然,因煤厚不及巷道高度,势必要破煤层底板岩石掘进,则煤层底板岩石直接暴露在空气中,受顶板淋水、空气中水分等的影响,底板岩石泥化,强度进一步降低,加速底鼓变形;底鼓到一定程度不能满足通风、行人、设备移动的需要,则需要人工起底;新鲜岩面再次暴露于空气之中,底鼓变形持续进行,于是再次起底,如剥洋葱一般,一层又一层起底,巷道底鼓变形问题始终得不到控制如图 13-14 所示。

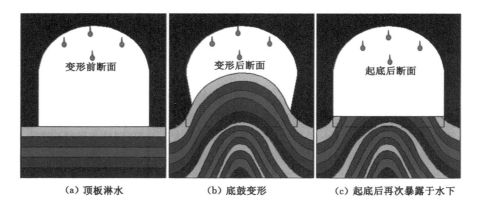

(a)顶板淋水　　　　　　(b)底鼓变形　　　　　(c)起底后再次暴露于水下

图 13-14　顶板淋水对巷道底鼓变形的影响

煤层顶板砂岩富水性不均,生产实践表明"有砂就有水、突水必溃砂",有时锚索孔内出水超过 10 m³/h,少量的淋水对底鼓变形影响很大,因此,可以通过超前疏干方式减少顶板淋水现象。设备冷却水、灭尘喷雾水甚至是空气当中的水分都能加速底鼓变形,都是小水管理的对象。

（2）顺层滑移

巷道两帮煤（岩）柱在支承压力作用下发生塑性变形,表现为两帮收敛、底鼓,图 13-15 表现为底鼓加速变形全过程。

刚开挖的巷道,底板岩层近似于水平（层状叠置）,本身具有一定的抗折能力,在矿山压力作用下其弯曲变形量在岩层挠度范围内时变形速度慢、变形不明显[图 13-15（a）]。

当底鼓（弯曲）变形量超过其挠度时,此时岩层拱起甚至近于直立[图 13-15（b）],人工起底后底板岩层的完整性受到破坏,层与层之间"相互牵制"能力弱化,变成层间滑移,弯曲变形不再受抗折强度的限制[图 13-15（c）]。

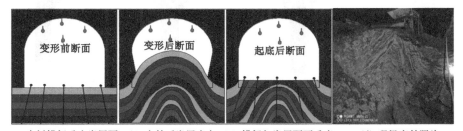

(a) 底板锚杆垂直岩层面　(b) 底鼓后岩层直立　(c) 锚杆与岩层面不垂直　(d) 现场底鼓照片

图 13-15　底板岩层顺层滑移示意图

因此变形加速,这就是起底后的巷道底鼓变形加速的原因之一。

为提高巷道底板整体稳定性,在巷道底鼓前向底板打锚杆,此时锚杆近似于垂直于岩层面,将下部多层岩石组合到一起,施加一定的预紧力后形成一个组合板梁,增加底板岩层整体抗弯曲能力。巷道底板一旦底鼓变形,起底后再打锚杆支护,此时的锚杆支设角度不再是垂直于岩层面,而是近似于顺层支设,无法形成组合梁,支护体系抗变形能力弱化。基于此,强调底板支护要"一次做成、一次做好"。图 13-15（d）是现场底鼓照片,起底后可明显看出岩层产状呈人字形。

（3）静水压鼓机制

长期生产实践中发现,当巷道底板为砂岩时,底板渗水,但底鼓变形量小;巷道底板为泥岩时,巷道干燥,但底鼓反而明显。岩层均为双相介质（液相＋固相）,实测井下巷道底板岩层内的液相静压力 3～4 MPa（与埋深有关）。

图 13-16(a)：巷道直接底板为砂岩，含水。底板砂岩层被揭露后，砂岩水渗入巷道，静水压力得到释放，底板岩层不受静水压力作用，因此底鼓变形速度较慢甚至不底鼓。

图 13-16(b)：巷道直接底为具有隔水性质的泥岩，泥岩下为含水砂岩层，由于不透水的泥岩盖层存在，砂岩静水压力无法释放。砂岩静水压力持续作用在泥岩薄板上，促进了底板变形。

图 13-16(c)：根据静水压鼓原理，我们采取深水窝措施，让底板水向水窝内汇集，既改变了静水压力作用方向，同时起到卸压作用，有利于弱化底鼓变形量。

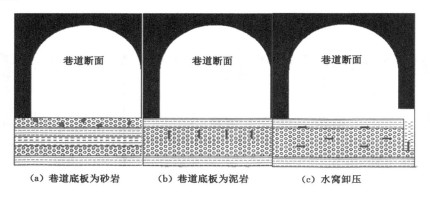

图 13-16　静水压鼓机制

### 13.2.2　小水管理措施与手段

（1）超前疏放水

通常延安组煤层顶板为弱含水层，富水性不强，为弱化水对岩石影响，需要超前疏放，详见第 13.1 章节中的内容。

（2）漏斗接水

井下所有巷道内铺设专门用来"小水管理"的塑料管，塑料管直径应能适应该区"小水管理"的需要。当井下任何有围岩暴露的地方出现零星的淋水点时，如锚杆眼、锚索眼或顶板直接淋水，必须吊挂漏斗状容器把水接住，漏斗下方连接软质塑胶管，将水导入集中导水软管内，严禁水落地或与围岩接触，如图 13-17 所示。

（3）广布雨棚

当巷道顶板大面积出现淋水时，必须广泛搭设雨棚，以金属网做成槽状骨

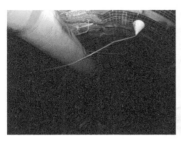

图 13-17　漏斗接水

架,敷上废旧风筒布形成雨棚。吊挂时保持雨棚一端略倾斜,泄水口以漏斗状容器接水,以软管导入上一级较直径较大的排水管内,如图 13-18 所示。

图 13-18　广布雨棚

（4）软管导流

疏放水钻孔以及其他少量水源,凡是能安装软管的均应安装软管导水,多根软管并联接到下一级直径较大的导水管内,通过粗细不同的导水管逐级将水导入水仓内(图 13-19),巷道内不设排水沟。

图 13-19　软管导流

（5）逐级导水、集中排放

底板水就近汇集到水窝以及水仓内,顶板水或其他生产用水通过漏斗、软管、风动泵等导入水窝或水仓内,安装潜水电泵集中排入采区水仓,如图13-20所示。

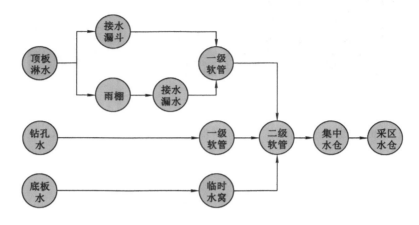

图 13-20　逐级(集中)排水示意图

（6）深挖水窝

长期从事一线作业的人员发现:在底板有渗水的情况下,底鼓较轻微,有时底板无渗水时反而底鼓更加明显。分析后认为,巷道底板赋存不稳定的砂岩层含水层,水量不大但静水压力可达4 MPa。当煤层底板为砂岩层时,裂隙水直接渗入巷道,含水层压力得到释放,此外砂岩较泥岩膨胀性弱,因此底鼓变形较轻;当底板有隔水层时,隔水层下边砂岩水压力持续作用在隔水层上,泥岩暴露后强度降低明显,在静水压力作用下更容易底鼓。据此,在巷道一侧挖掘一个深度2～5 m、1 m见方的水窝,安装水泵、铺设盖板,通过释放静水压力降低巷道底鼓量,如图13-21所示。

（7）喷浆封闭

井下环境温度较高、空气湿度经常处于过饱和状态,煤岩体从空气中吸收水分的过程虽然缓慢,但产生的体积扩容压力巨大,尤其是裸露的泥岩吸水后体积膨胀更为明显。图13-22所示的照片于2014年拍摄于11504工作面通风巷的右帮,巷道中上部为煤层、下部为泥岩,历时90天后泥岩向外凸出,煤岩交界面上错台宽度达到120 cm,拉断金属网,锚杆整体移动失去支护效果。巷道破底板岩石或破顶板岩石掘进时,或岩巷掘进,均应及时喷浆封闭,努力缩短岩石在空气中的暴露时间。

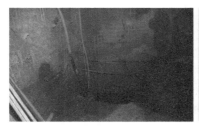

图 13-21　深挖水窝卸压

图 13-22　煤岩交界面形成错台

（8）底拱隔水

软岩巷道自身承载能力较低，需要加强支护。巷道底板开挖成拱形，拱高约 40 mm，先喷射一层厚度约 100 mm 的 C20 混凝土后，按照 800 mm× 800 mm 的间排距支设 $\phi$25 mm×2 400 mm 的高强锚杆，预紧力不小于 30 N·m；锚杆托盘下铺设金属网，最后再次喷射厚约 100 mm 的 C20 混凝土 （图 13-23）。锚杆、金属网、混凝土喷浆层共同构成一个支护体系，强化了巷道底板承载能力，同时起到隔水作用。

图 13-23　反底拱作业现场

### 13.2.3　掘进工作面"小水管理"措施

（1）排水系统

① 每个采煤工作面通风巷开门后,掘进不超过 100 m 以前优先施工一个集中水仓,服务于工作面探放水工作,储水能力不小于 30 m³。

② 每个采煤工作面运输巷开门后,掘进不超过 100 m 前优先施工工作面水仓,既可用于巷道掘进期间排水,同时为后期回采服务,水仓储水能力不小于 60 m³。

③ 主排水管路规格为 $\phi$225 mm,以便于将各种水通过主排水管路集中排放到外部水仓内,排水管路滞后迎头位置不大于 60 m。

④ 排水管路上每隔 100 m 安装一个三通（与探水硐室对应）,规格为 $\phi$50 mm,开口向上安装。

⑤ 巷道内每 200 m 挖一个集水窝,原则上在钻机硐室内施工,待该组钻孔结束后将原水窝加大,主排水管路对应位置要装有三通。

⑥ 集水窝规格为 2.0 m×2.0 m×2.5 m（长×宽×深）,金属网＋风筒布搪壁,壁间以喷浆料充填,厚度为 100 mm;上口加一道工字钢梁,便于吊挂水泵,盖板采用废旧锚杆或废旧钢钎焊制,尺寸统一。

⑦ 掘进迎头常备一台性能完好的潜水电泵,排水能力不小于 30 m³/h,潜水电泵存放位置不大于掘进迎头 100 m。

（2）供水系统

① 供水管路规格为 $\phi$89 mm,每隔 50 m 安装一个三通（对应于每个探水硐室必须有一个）,三通规格为 $\phi$25 mm。

② 供水管中从外部巷道开门起,每隔 100 m 安装一个水截门,保证内部掐接管路时不影响外部供水。

（3）压风系统

① 压风管路规格为 $\phi$110 mm,每隔 50 m 安装一个三通（对应于每个）,三通规格为 $\phi$25 mm。

② 压风管中从外部巷道开门起,每隔 100 m 安装一个截门,保证内部掐接管路时不影响外部供风。

（4）水泵安装

① 原则上除了巷道外部集中水仓及巷道中集水窝内安装潜水电泵外,其他排水点尽量采用风动泵排水。

② 工作面通风巷、运输巷外部集中水仓内各安设两台潜水电泵,一台工作一台备用,单台水泵排水能力不小于 30 m³/h,扬程满足使用要求;工作面

回采前,工作面运输巷潜水电泵更换成排水能力不小于 100 m³/h(单台)的电泵,一台工作一台备用。两台电泵并行吊挂,一高一低;备用电泵带电备用,具备自动开停功能。

③ 巷道槽中部集水窝内安装两台潜水电泵,一台工作一台备用。两台电泵并行吊挂,一高一低;备用电泵带电备用,具备自动开停功能。

④ 探水硐室内打钻期间安装风动泵排水,打钻结束后孔内流水以软管集中导入主排水管路或就近导水入集水窝内,如孔口仍有漏水,需在该硐室内保留一台水泵。

(5) 探放水硐室

① 随着巷道的掘进,每 100 m 施工一个探水硐室,探水硐室施工在非工作面侧,规格为 4.0 m×3.5 m×3.0 m(长×宽×高),硐室底板高于巷道底板 1.0 m,顶部略高于巷道顶板。

② 探水硐室内侧拐角处施工圆形沉淀池,直径 1.2 m,深 1.5 m,金属网+风筒布搪壁,壁间以喷浆料充填,厚度为 100 mm。

③ 探水硐室及水窝支护方式与巷道一致,并保证水窝内的水不向巷道内渗漏。

(6) 探放水施工

① 严格按设计参数施工探放水孔,钻孔方位角实际与设计误差不超过 5°,钻孔仰角误差不超过 1°。

② 支持技术攻关,努力做到孔口管固定牢固、孔口无漏水。

③ 钻孔编号与探水硐室编号一致,轨道巷的第一组钻孔编号为:G1-1,G1-2,G1-3···。其中,G1-1～G1-6 孔为工作面侧,G1-7～G1-12 为非工作面侧,G1-13～G1-14 为与巷道平行的外部两孔(掘进方向后方),G1-15～G1-16 为与巷道平行的内侧两孔(掘进方向前方),单数孔为小角度孔,双数孔为大角度孔。皮带巷内钻孔编号以"P"字母开头,其他规则同轨道巷道。

④ 探放水管理牌板统一格式,统一吊挂标准,字迹工整清晰。

⑤ 每台钻机配备两台风动泵,一台工作一台备用,探放水项目部所属水泵随钻机挪移。

⑥ 钻探过程中孔内流出的泥砂要装袋并码放整齐,集中外运,泥砂量较大时按照工前定价原则给项目部开出零工。

⑦ 每个钻孔施工结束后,由现场安监员验收孔深,地测科、生产科不定期抽检,每旬不少于 1 次。验收签字手续集中装订,月底交到地测科备案;疏放水工程滞后时其进尺当月不予结算。

（7）管理

① 探水硐室编号管理,胶带巷探水硐室从外向里依次编号为 P1,P2,P3…;轨道巷探水硐室从外向里依次编号为 G1,G2,G3…。

② 探水硐室编号并挂上牌板管理,内容包括施工单位、施工日期、规格、负责人等,牌板统一位置和高度悬挂于硐室外部煤壁上,牌板规格为 600 mm×400 mm(长×宽)。

③ 探水硐室施工滞后于迎头不得大于 120 m,超过部分进尺当月不予验收和结算。

④ 所有水泵开关要上架管理,固定牢固,并统一放置在水窝一侧。

⑤ 各类水仓或水窝内淤泥及时清理,不能影响储水功能或影响排水。

⑥ 凡顶板淋水处必须用雨棚配合,用截水槽、导水管及漏斗等接水,导水管规格以能满足导水需要为准,做到横平竖直且美观。

⑦ 探水硐室探放水期间,现场排水设备、文明卫生等现场工作由探放水项目部负责;探放水工程完工并安装好导水管后,现场管理转交掘进工区负责。

⑧ 各生产工区明确一名分管防治水的副区长,并将人员名单上报生产科、地测科备案。

# 13.3　强化支护原则

支护是控制围岩变形的基本手段,"强化支护"强调支护材料的强度和支护体系的刚度,这里仅做原则性说明。

### 13.3.1　历史教训

本公司曾采取过两种强化支护手段,一是钢管混凝土支护,二是格栅支护,支护效果均相对较好,同时也带来经济、生产上的难题,最终均未再坚持采用。

（1）钢管混凝土支护

矿井建设初期主要机电硐室采用过钢管混凝土支护方式,半年内支护效果较好,半年后仍然产生较大变形,最大问题是成本高。此外,该种支护不适用于回采巷道,否则当煤机运行到工作面两端头时容易伤害煤机(图 13-24)。

（2）格栅支护

格栅即预先绑扎好的钢筋笼[图 13-25(a)],有时配合钢支架或浇筑混凝土作为联合支护方式。

用于巷道顶板及两帮支护:巷道开挖后先采用单层锚网喷支护,然后架设格栅,最后再用锚索梁将其固定,支护效果较好。但弊端也非常突出,如掘进

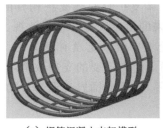
（a）钢管混凝土支架模型

（b）钢管混凝土支设工程

图 13-24　钢管混凝土支护（一）

（a）格栅支架

（b）格栅用于顶板支护

（c）格栅用于底板支护

（d）底角格栅支护失效

图 13-25　钢管混凝土支护（二）

效率低、经济成本高、影响煤层运行［图 13-25（b）］。

　　用于巷道底板支护：巷道开挖后（深挖），整个巷道底板横向摆放格栅，然后再浇筑混凝土，由于格栅混凝土层与底板岩层不能成为一体，底板变形后出现分离现象，支护效果不佳［图 13-25（c）］。

　　用于回采巷道底角支护：巷道开挖后，在巷道两底角掏槽，将格栅埋入纵向沟槽内，再浇筑混凝土，这样的支护方式除了不经济、支护效果不佳以外，格栅混凝土层底鼓翘起，人工根本无法处理，生产无法正常进行［图 13-25（d）］。

十余年来的探索和实践证明,单纯强调支护材料或支护构件的强度和刚度,对控制巷道围岩变形有利,但随之带来的生产问题却不容忽视。巷道支护效果与施工成本是密切相关的,单独谈论支护效果是没有意义的。所谓最佳支护效果,就是以尽可能低的成本达到满足生产需要的支护效果,必须以综合成本为统领,以快速掘进、高效采煤为抓手,以降低围岩变形为目的,合理确定支护方式。

### 13.3.2　强化支护原则

由于围岩具有荷载、工程结构和工程材料等三方面的综合特征,因此支护的根本目的是发挥围岩的自承载能力,并使支护起到加固作用。在支护理论中,区分"支护"和"加固"是很有必要的。支护是对开挖面施加反作用力的工艺和设施,而加固是从岩体内部进行维护并提高整体性能的一种手段,也是围岩自稳、发挥其自支撑能力的主要手段。

（1）弧形断面原则

O形断面承载能力最好,但断面利用率最低;矩形断面的断面利用率最高,但承载能力最差。为兼顾两者的优势,宜采用弧线形断面,巷道顶板设计为半圆拱或三心拱,底板设计为三心拱或圆弧拱,努力缩小巷道两帮直墙高度。

（2）全断面支护原则

巷道表面位移观测结果表明,底鼓变形量＞两帮收敛变形量＞顶板下沉量,巷道底鼓量远大于顶板下沉量,势必牵动两帮收敛,应坚持全断面支护原则,不仅要对巷道顶板加强支护,更要强化底板的支护。图 13-26(a)所示为巷道变形模型,图 13-26(b)所示为底鼓现场照片。

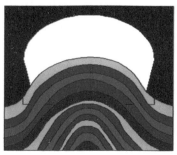 

|（a）底鼓变形模型|（b）底鼓照片|

图 13-26　巷道底鼓

传统的锚杆支护理论根据作用原理可归纳为三种模式：

① 被动地悬吊破坏或潜在破坏范围的煤岩体,即悬吊理论。由于简明易懂、设计计算简单,因此得到广泛应用,但同时也限制或影响了锚杆作用能力的发挥和锚杆支护理论的发展。

② 在锚固区内形成某种梁、层、拱、壳等结构,不再将围岩视为载荷,而是一种承载体,其力学基础是弹塑性力学及岩体力学。

③ 改善锚固体力学性能与应力状态,特别是其屈服后的力学性能,其基础是现代岩体力学理论。

总之,要尽可能全长锚固、最大限度地提高预紧力。锚杆的作用是抑制岩层沿锚杆轴向的膨胀和垂直于轴向的剪切错动,要求相应地提高锚杆强度、刚度和抗剪切能力。

（3）联合支护原则

单纯依靠某种支护方式效果不佳,要么支护成本太高,要么施工工艺复杂。软岩巷道应该考虑联合支护,增加支护体系的强度和刚度,最大化发挥围岩自身支撑能力。综合考虑经济、效率、效益等因素,不同用途的巷道采用有区别的支护方式。

（4）高密度支护原则

为了增加支护体系整体承载能力,锚杆、锚索等杆件的间排距宜适当缩小,实践证明锚杆按 700 mm × 700 mm 间排距的支护效果明显优于 800 mm × 800 mm 间排距的支护效果。支护杆体长度宜适当加长,锚杆由 2.2 m 加长到 2.8 m,锚索由 6 m 加长到 7 m 甚至 9 m,特殊地段可用长度 4 m 的锚索替代 2.8 m 长的锚杆;临空侧巷道支护杆件密度优于非临空侧巷道的支护密度。由于锚杆主要对围岩不连续、不协调的扩容或碎胀起限制作用,因此及时支护、合理的预应力是关键,体现了锚杆的主动加固作用。预应力支护原理如图 13-27 所示。

（5）及时支护原则

围岩长时间暴露于空气中吸水膨胀变形。正常情况下底板锚杆支设基本垂直于岩层面,达到组合梁或压缩梁的效果;巷道底鼓后施工的底板锚杆与岩层近于平行,支护效果变差。此外,如果支护不及时,底鼓后返修工程量大,施工效率低下。

为做到及时支护,经验做法是将掘进机后方桥式二运部件加长,尽量增大桥下有效空间进行底板支护。特别强调杆体的支设角度、预紧力以及扭矩满足设计要求,做到"一次做成、一次做好",返修的效果均不理想。

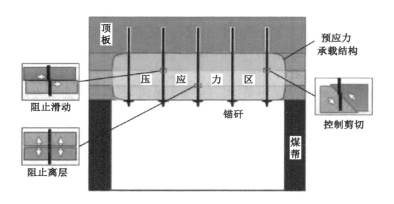

图 13-27　锚杆预应力支护原理示意图

（6）下行布置原则

工作面布置方式本不属于支护范畴，因其对连续高效回采十分重要，故将"下行布置"纳入"强化支护"体系内。

连续布置的工作面总是有一条巷道与采空区相邻，回采过程中临空巷道超前动压显现远比非临空侧巷道剧烈，巷道变形量大，临空侧巷道必须采取更加强化的支护措施。

为弱化临空侧巷道变形量大给生产带来的影响，要坚持"上行布置的工作面上行运煤，下行布置的工作面下行运煤，尽量采用下行布置"的原则，始终保持主要运输设备（包括带式输送机、转载机、破碎机、组合开关等大型设备）在非临空侧巷道内，临空侧巷道虽然变形量较大，但只要能满足通风及行人基本要求即可。

如图 13-28 所示，A 工作面已回采，B 工作面属于上行布置工作面，应以上巷为运输巷，供电、运输设备设置在上巷内，工作面上煤流上运；C 工作面属于下行布置工作面，以下巷为运输巷，供电、运输设备放在下巷内，工作面煤流下行运输。

（7）与最大主应力轴平行原则

现有研究表明，地应力中水平应力普遍大于垂直应力，且在最大水平主应力大于垂直应力的情况下，最大水平主应力对巷道围岩稳定性的影响最为重要，且具有明显的方向性。最大水平主应力方向与巷道长轴之间的夹角 $\alpha$ 越小越有利于围岩稳定，当 $\alpha < 45°$ 时，最大水平主应力对巷道稳定性的影响无影响变化；当 $\alpha > 45°$ 时，巷道围岩应力及位移明显增大。因此，为保护巷道围

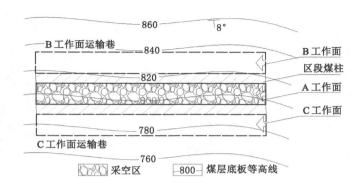

图 13-28 代表性巷道支护设计断面

岩的稳定性,尽可能使巷道轴向与最大水平主应力方向平行。

# 13.4 协同治理效果

弱胶结低强度、强膨胀、高富水软岩带来的工程难题涉及安全、工效、煤质、成本等,必须坚持"治软先治水"理念,坚持水与软岩协同治理原则。

## 13.4.1 安全效果

自 2015 年以来,2 对矿井又回采了 16 个采煤工作面,通过"大水防探、小水管理"措施的实施,再未发生过水害事故或因为水而影响采煤的生产事故。近年来矿井实现安全生产,彻底消除了弱含水基岩短时高强度携砂突水地质灾害的困扰。

## 13.4.2 巷道变形控制效果

在不返修的情况下巷道能够满足安全高效生产的需要。2014 年以前施工的巷道收敛率最大,为 40.752%;2018—2019 年施工的巷道收敛率最大为 10.673%,控制程度达到 73.8%。

## 13.4.3 回采效率提升效果

通过"大水防探、小水管理"措施的实施,实现了采场没有淋水现象、采空区内基本没有涌水(均小于 3 m³/h)现象,真正做到了无水状态下回采的作业环境(图 13-29、图 13-30)。2014 年以前 2 对矿井平均单面月产原煤 8.1 万 t,2014 年以后平均单面月产原煤逐年提高,2019 年平均单面月产原煤已达到 46.3 万 t,回采工效是 2014 年以前的 5.71 倍;2021 年共回采 4.5 个工作面,平均单面月产量已突破 50 万 t。

图 13-29　技术实施前后回采巷道支护效果对比

（a）以往采煤作业环境　　　　　（b）近年采煤作业环境

图 13-30　采煤作业环境新老对比

### 13.4.4　掘进效率提升效果

2014 年以前煤巷平均月进尺 190.6 m 左右,在掘进机械化程度没有明显提高的情况下,2015 年以后虽然增加了反底拱工序,但掘进效率仍稳步提升。煤巷平均月进尺由过去的 190.6 m 提高到 520.3 m,提高了 173%。2019 年以后平均单头月进尺超过 520.3 m。

## 13.5　本章小结

①　西北侏罗纪煤田地层条件属于弱胶结、低强度、强膨胀、高富水复合型软岩,所带来的工程难题不仅仅是巷道大变形、失稳问题,同时也包括采掘场所泥化、突水溃砂型地质灾害等,不仅威胁安全生产,同时制约高效采煤和快速掘进。

②　弱胶结、低强度、强膨胀、高富水型软岩工程劣化的内因是岩石的物理

力学性质、水理性质等,水则是加剧工程劣化的外在诱因,在改变不了内因的情况下,可以通过改变外因达到软岩工程治理的目的。

③ 软岩与水相互作用,促使软岩工程问题突出,同时诱发弱含水层突水溃砂的概率增加,必须协同治理。实践证明,支护是控制围岩变形的基本手段,但支护仅侧重于解决工程力的问题,没有充分考虑到水-岩相互作用问题。单纯依靠支护材料的创新、支护构件的革新以及支护参数的调整,均不足以彻底解决软岩问题,必须坚持软岩与水"协同治理",坚持"治软先治水"的原则。

④ 工程实践表明,软岩劣化效应控制技术体系、软岩治理的十六字方针是可行的,可以推广应用到西北侏罗系煤田的开采实践中,尤其是中厚或薄煤层的开采效果更加突出。

⑤ 富水软岩劣化效应是受多因素影响的极复杂的系统问题,本书从地质条件分析和试验入手,通过巷道收敛率、原煤生产效率和掘进效率对比,试图透过现象证明控制措施的合理性和可行性,但还没有从细观上更深入地研究内部作用机理,这是今后继续研究的方向。

# 参 考 文 献

[1] 白云来,王新民,刘化清.鄂尔多斯盆地西缘构造演化及与相邻盆地关系[M].北京:地质出版社,2010.

[2] 蔡美峰.岩石力学与工程[M].2版.北京:科学出版社,2013.

[3] 长江水利委员会长江科学院.工程岩体分级标准:GB/T 50218—2014[S].北京:中国计划出版社,2015.

[4] 陈连军,李天斌,王刚,等.水下采煤覆岩裂隙扩展判断方法及其应用[J].煤炭学报,2014,39(S2):301-307.

[5] 董方庭,宋宏伟,郭志宏,等.巷道围岩松动圈支护理论[J].煤炭学报,1994,19(1):21-32.

[6] 范立民,马雄德,蒋辉,等.西部生态脆弱矿区矿井突水溃沙危险性分区[J].煤炭学报,2016,41(3):531-536.

[7] 方刚,靳德武.铜川玉华煤矿顶板离层水突水机理与防治[J].煤田地质与勘探,2016,44(3):57-64.

[8] 方新秋,黄汉富,金桃,等.厚表土薄基岩煤层开采覆岩运动规律[J].岩石力学与工程学报,2008,27(S1):2700-2706.

[9] 冯锐敏.充填开采覆岩移动变形及矿压显现规律研究[D].北京:中国矿业大学(北京),2013.

[10] 高谦,任天贵,明士祥.采场巷道围岩分类的概率统计分析方法及其应用[J].煤炭学报,1994,19(2):131-139.

[11] 高延法,邓智毅,杨忠东,等.覆岩离层带注浆减沉的理论探讨[J].矿山压力与顶板管理,2001,18(4):65-67.

[12] 高延法,曲祖俊,牛学良,等.深井软岩巷道围岩流变与应力场演变规律[J].煤炭学报,2007,32(12):1244-1252.

[13] 高延法,王波,王军,等.深井软岩巷道钢管混凝土支护结构性能试验及

应用[J].岩石力学与工程学报,2010,29(S1):2604-2609.

[14] 高延法.岩移"四带"模型与动态位移反分析[J].煤炭学报,1996,21(1): 51-56.

[15] 勾攀峰,陈启永,张盛.钻孔淋水对树脂锚杆锚固力的影响分析[J].煤炭学报,2004,29(6):680-683.

[16] 郭惟嘉,徐方军.覆岩体内移动变形及离层特征[J].矿山测量,1999(3): 36-38.

[17] 国家煤炭工业局.建筑物、水体、铁路及主要井巷煤柱留设与压煤开采规程[M].北京:煤炭工业出版社,2000.

[18] 韩立军,王延宁,张后全,等.高压涌水作用破碎围岩巷道综合施工技术[J].采矿与安全工程学报,2008,25(4):379-383.

[19] 何满潮.深部软岩工程的研究进展与挑战[J].煤炭学报,2014,39(8): 1409-1417.

[20] 何满潮,景海河,孙晓明.软岩工程地质力学研究进展[J].工程地质学报,2000,8(1):46-62.

[21] 何满潮,李晨,宫伟力,等.NPR锚杆/索支护原理及大变形控制技术[J].岩石力学与工程学报,2016,35(8):1513-1529.

[22] 何满潮,齐干,程骋,等.深部复合顶板煤巷变形破坏机制及耦合支护设计[J].岩石力学与工程学报,2007,26(5):987-993.

[23] 胡滨,康红普,林健,等.风水沟矿软岩巷道顶板砂岩含水可锚性试验研究[J].煤矿开采,2011,16(1):67-70.

[24] 胡小娟,李文平,曹丁涛,等.综采导水裂隙带多因素影响指标研究与高度预计[J].煤炭学报,2012,37(4):613-620.

[25] 黄智刚,左清军,吴立,等.水岩作用下泥质板岩软化非线性机制研究[J].岩土力学,2020,41(9):2931-2942.

[26] 贾明魁.锚杆支护煤巷冒顶成因分类新方法[J].煤炭学报,2005,30(5): 568-570.

[27] 姜岩,徐永梅.采动覆岩离层计算[J].煤矿开采,1997,2(3):41-42.

[28] 康永华.采煤方法变革对导水裂缝带发育规律的影响[J].煤炭学报, 1998,23(3):262-266.

[29] 李凤荣,陈真富,王和志.煤层顶板离层水体分布规律及防治技术探讨

[J].采矿与安全工程学报,2009,26(2):239-243.

[30] 李桂臣,孙长伦,何锦涛,等.软弱泥岩遇水强度弱化特性宏细观模拟研究[J].中国矿业大学学报,2019,48(5):935-942.

[31] 李桂臣,张农,许兴亮,等.水致动压巷道失稳过程与安全评判方法研究[J].采矿与安全工程学报,2010,27(3):410-415.

[32] 李宏杰,陈清通,牟义.巨厚低渗含水层下厚煤层顶板水害机理与防治[J].煤炭科学技术,2014,42(10):28-31.

[33] 李宏艳,王维华,齐庆新,等.基于分形理论的采动裂隙时空演化规律研究[J].煤炭学报,2014,39(6):1023-1030.

[34] 李江华.水压作用下防砂安全煤(岩)柱失稳突水溃砂机理研究[D].北京:中国矿业大学(北京),2016.

[35] 李术才,张霄,张庆松,等.地下工程涌突水注浆止水浆液扩散机制和封堵方法研究[J].岩石力学与工程学报,2011,30(12):2377-2396.

[36] 李廷春,卢振,刘建章,等.泥化弱胶结软岩地层中矩形巷道的变形破坏过程分析[J].岩土力学,2014,35(4):1077-1083.

[37] 李英勇,张顶立,张宏博,等.边坡加固中预应力锚索失效机制与失效效应研究[J].岩土力学,2010,31(1):144-150.

[38] 李振华,丁鑫品,程志恒.薄基岩煤层覆岩裂隙演化的分形特征研究[J].采矿与安全工程学报,2010,27(4):576-580.

[39] 连璞,刘建敏,唐相东.中国能源中的煤炭工业[J].中国能源,2003,25(5):15-17.

[40] 梁燕,谭周地,李广杰.弱胶结砂层突水、涌砂模拟试验研究[J].西安公路交通大学学报,1996(1):19-22.

[41] 刘亚群,周宏伟,李翼虎,等.浅埋煤层开采突水溃砂的颗粒流模拟研究[J].西安科技大学学报,2015,35(5):534-540.

[42] 柳昭星,董书宁,靳德武,等.深埋采场压架切顶诱发井下泥石流形成机理与防控[J].煤炭学报,2019,44(11):3515-3528.

[43] 陆家梁.软岩巷道支护技术[M].长春:吉林科学技术出版社,1995.

[44] 陆士良,王悦汉.软岩巷道支架壁后充填与围岩关系的研究[J].岩石力学与工程学报,1999,18(2):180-183.

[45] 陆银龙,王连国,张蓓,等.软岩巷道锚注支护时机优化研究[J].岩土力

学,2012,33(5):1395-1401.

[46] 吕玉广,李宏杰,夏宇君,等.基于多类型四双法的煤层顶板突水预测评价研究[J].煤炭科学技术,2019,47(9):219-228.

[47] 吕玉广,吕文斌,肖庆华,等.基于水诱因的软岩劣化效应工程特征与控制技术[J].煤矿安全,2021,52(6):109-116.

[48] 吕玉广,齐东合,张传毅,等.间接充水含水层突水危险性综合评价方法及系统:CN105354365B[P].2019-01-22.

[49] 吕玉广,齐东合.顶板突(涌)水危险性"双图"评价技术与应用:以鄂尔多斯盆地西缘新上海一号煤矿为例[J].煤田地质与勘探,2016,44(5):108-112.

[50] 吕玉广,乔伟,肖庆华,等.西北侏罗纪煤田软岩劣化控制技术[J].矿业安全与环保,2021,48(6):86-92.

[51] 吕玉广,肖庆华,程久龙.弱富水软岩水-沙混合型突水机制与防治技术:以上海庙矿区为例[J].煤炭学报,2019,44(10):3154-3163.

[52] 吕玉广,肖庆华,韩港.软岩矿区顶板弱含水层高强度携沙突水机理研究[J].煤矿安全,2019,50(1):38-42.

[53] 吕玉广,赵仁乐,彭涛,等.侏罗纪巨厚基岩下采煤突水溃砂典型案例分析[J].煤炭学报,2020,45(11):3903-3912.

[54] 马富武,蒋金泉,武泉林,等.巨厚岩浆岩下覆岩运动规律及其致灾分析[J].矿业安全与环保,2015,42(6):1-4.

[55] 马杰,巩伟,黄亮.皖北矿区松散层厚度分布及水文地质特征研究[J].新余学院学报,2017,22(2):27-29.

[56] 煤炭科学研究院北京开采研究所.煤矿地表移动与覆岩破坏规律及其应用[M].北京:煤炭工业出版社,1981.

[57] 孟庆彬,韩立军,乔卫国,等.泥质弱胶结软岩巷道变形破坏特征与机理分析[J].采矿与安全工程学报,2016,33(6):1014-1022.

[58] 孟庆彬,韩立军,张帆舸,等.深部高应力软岩巷道耦合支护效应研究及应用[J].岩土力学,2017,38(5):1424-1435.

[59] 孟庆彬,韩立军,张建,等.深部高应力破碎软岩巷道支护技术研究及其应用[J].中南大学学报(自然科学版),2016,47(11):3861-3872.

[60] 宁建国,刘学生,谭云亮,等.浅埋砂质泥岩顶板煤层保水开采评价方法

研究[J].采矿与安全工程学报,2015,32(5):814-820.

[61] 彭涛,冯西会,龙良良,等.厚覆基岩下煤层开采突水溃砂机理研究[J].煤炭科学技术,2019,47(7):260-264.

[62] 钱鸣高,缪协兴,何富连.采场"砌体梁"结构的关键块分析[J].煤炭学报,1994,19(6):557-563.

[63] 钱鸣高,缪协兴,许家林,等.岩层控制的关键层理论[M].徐州:中国矿业大学出版社,2000.

[64] 乔伟,黄阳,袁中帮,等.巨厚煤层综放开采顶板离层水形成机制及防治方法研究[J].岩石力学与工程学报,2014,33(10):2076-2084.

[65] 乔伟,李文平,李小琴.采场顶板离层水"静水压涌突水"机理及防治[J].采矿与安全工程学报,2011,28(1):96-104.

[66] 乔伟,李文平,孙如华,等.煤矿特大动力突水动力冲破带形成机理研究[J].岩土工程学报,2011,33(11):1726-1733.

[67] 秦广鹏,蒋金泉,孙森,等.大变形软岩顶底板煤巷锚网索联合支护研究[J].采矿与安全工程学报,2012,29(2):209-214.

[68] 秦虎,黄滚,王维忠.不同含水率煤岩受压变形破坏全过程声发射特征试验研究[J].岩石力学与工程学报,2012,31(6):1115-1120.

[69] 任春辉,李文平,李忠凯,等.巨厚岩层下煤层顶板水突水机理及防治技术[J].煤炭科学技术,2008,36(5):46-48.

[70] 施龙青,辛恒奇,翟培合,等.大采深条件下导水裂隙带高度计算研究[J].中国矿业大学学报,2012,41(1):37-41.

[71] 施小平.煤层顶板松散承压含水层渗流突涌特性及致灾机理与防治研究[D].合肥:合肥工业大学,2015.

[72] 苏仲杰,于广明,杨伦.覆岩离层变形力学机理数值模拟研究[J].岩石力学与工程学报,2003,22(8):1287-1290.

[73] 隋旺华,梁艳坤,张改玲,等.采掘中突水溃砂机理研究现状及展望[J].煤炭科学技术,2011,39(11):5-9.

[74] 汪亦显,曹平,黄永恒,等.水作用下软岩软化与损伤断裂效应的时间相依性[J].四川大学学报(工程科学版),2010,42(4):55-62.

[75] 王成,韩亚峰,张念超,等.渗水泥化巷道锚杆支护围岩稳定性控制研究[J].采矿与安全工程学报,2014,31(4):575-579.

[76] 王国艳,于广明,于永江,等.采动岩体裂隙分维演化规律分析[J].采矿与安全工程学报,2012,29(6):859-863.

[77] 王慧涛.煤矿底板突水机制与新型注浆材料加固机理及工程应用研究[D].济南:山东大学,2020.

[78] 王金庄,康建荣,吴立新.煤矿覆岩离层注浆减缓地表沉降机理与应用探讨[J].中国矿业大学学报,1999,28(4):331-334.

[79] 王军,何森,汪中卫.膨胀砂岩的抗剪强度与含水量的关系[J].土木工程学报,2006,39(1):98-102.

[80] 王连国,王占盛,黄继辉,等.薄基岩厚风积沙浅埋煤层导水裂隙带高度预计[J].采矿与安全工程学报,2012,29(5):607-612.

[81] 王连国,张健,李海亮.软岩巷道锚注支护结构蠕变分析[J].中国矿业大学学报,2009,38(5):607-612.

[82] 王琦,邵行,李术才,等.方钢约束混凝土拱架力学性能及破坏机制[J].煤炭学报,2015,40(4):922-930.

[83] 王双美.导水裂隙带高度研究方法概述[J].水文地质工程地质,2006,33(5):126-128.

[84] 王苏健,冯洁,侯恩科,等.砂岩微观孔隙结构类型及其对含水层富水性的影响:以柠条塔井田为例[J].煤炭学报,2020,45(9):3236-3244.

[85] 王卫军,罗立强,黄文忠,等.高应力厚层软弱顶板煤巷锚索支护失效机理及合理长度研究[J].采矿与安全工程学报,2014,31(1):17-21.

[86] 王文学,隋旺华,赵庆杰,等.可拓评判方法在厚松散层薄基岩下煤层安全开采分类中的应用[J].煤炭学报,2012,37(11):1783-1789.

[87] 王晓振,许家林,韩红凯,等.顶板导水裂隙高度随采厚的台阶式发育特征[J].煤炭学报,2019,44(12):3740-3749.

[88] 王志清,万世文.顶板裂隙水对锚索支护巷道稳定性的影响研究[J].湖南科技大学学报(自然科学版),2005,20(4):26-29.

[89] 魏晓刚,麻凤海,刘书贤,等.含水泥岩蠕变损伤特性试验研究[J].河南理工大学学报(自然科学版),2016,35(5):725-731.

[90] 吴德义,高航,王爱兰.巷道复合顶板离层的影响因素敏感性分析[J].采矿与安全工程学报,2012,29(2):255-260.

[91] 武强.我国矿井水防控与资源化利用的研究进展、问题和展望[J].煤炭学

报,2014,39(5):795-805.

[92] 武强,樊振丽,刘守强,等.基于 GIS 的信息融合型含水层富水性评价方法:富水性指数法[J].煤炭学报,2011,36(7):1124-1128.

[93] 武强,黄晓玲,董东林,等.评价煤层顶板涌(突)水条件的"三图-双预测法"[J].煤炭学报,2000,25(1):60-65.

[94] 武强,许珂,张维.再论煤层顶板涌(突)水危险性预测评价的"三图-双预测法"[J].煤炭学报,2016,41(6):1341-1347.

[95] 奚家米,毛久海,杨更社,等.回采巷道合理煤柱宽度确定方法研究与应用[J].采矿与安全工程学报,2008,25(4):400-403.

[96] 谢福星,贺文.深井软弱围岩巷道多重耦合控制技术研究[J].矿业安全与环保,2020,47(5):81-84.

[97] 谢和平.分形几何及其在岩土力学中的应用[J].岩土工程学报,1992,14(1):14-24.

[98] 谢克昌,李立涅,田亚峻,等.中国煤炭清洁高效可持续开发利用战略研究:综合卷[M].北京:科学出版社,2014.

[99] 谢文兵,荆升国,王涛,等.U 型钢支架结构稳定性及其控制技术[J].岩石力学与工程学报,2010,29(S2):3743-3748.

[100] 熊德国,赵忠明,苏承东,等.饱水对煤系地层岩石力学性质影响的试验研究[J].岩石力学与工程学报,2011,30(5):998-1006.

[101] 徐德金,邵德盛,聂建伟,等.重复采动影响下采场坚硬覆岩离层水涌水致灾机制研究进展[J].科技导报,2013,31(23):75-79.

[102] 许家林,钱鸣高.关键层运动对覆岩及地表移动影响的研究[J].煤炭学报,2000,25(2):122-126.

[103] 许家林,钱鸣高,金宏伟.岩层移动离层演化规律及其应用研究[J].岩土工程学报,2004,26(5):632-636.

[104] 许家林,王晓振,刘文涛,等.覆岩主关键层位置对导水裂隙带高度的影响[J].岩石力学与工程学报,2009,28(2):380-385.

[105] 许家林,朱卫兵,王晓振,等.浅埋煤层覆岩关键层结构分类[J].煤炭学报,2009,34(7):865-870.

[106] 许兴亮,张农,李玉寿.煤系泥岩典型应力阶段遇水强度弱化与渗透性实验研究[J].岩石力学与工程学报,2009,28(S1):3089-3094.

[107] 许兴亮,张农.富水条件下软岩巷道变形特征与过程控制研究[J].中国矿业大学学报,2007,36(3):298-302.

[108] 许延春.深部饱和黏土的力学性质特征[J].煤炭学报,2004,29(1):26-30.

[109] 许延春,李俊成,刘世奇,等.综放开采覆岩"两带"高度的计算公式及适用性分析[J].煤矿开采,2011,16(2):4-7.

[110] 薛亚东,黄宏伟.水对树脂锚索锚固性能影响的试验研究[J].岩土力学,2005,26(S1):31-34.

[111] 杨吉平,李学华.工作面顶板离层水积水量预测及探放方案[J].湖南科技大学学报(自然科学版),2012,27(3):1-4.

[112] 杨伦,于广明,王旭春,等.煤矿覆岩采动离层位置的计算[J].煤炭学报,1997,22(5):477-480.

[113] 杨庆,乔伟,乐建,等.巨厚煤层综采工作面顶板离层水形成条件分析及危险性评价[J].矿业安全与环保,2014,41(3):64-66.

[114] 杨鑫,徐曾和,杨天鸿,等.西部典型矿区风积沙含水层突水溃沙的起动条件与运移特征[J].岩土力学,2018,39(1):21-28.

[115] 殷齐浩,李春廷,李廷春,等.富水软岩巷道稳定性控制技术研究[J].矿业安全与环保,2020,47(1):12-16.

[116] 于洋,柏建彪,王襄禹,等.软岩巷道非对称变形破坏特征及稳定性控制[J].采矿与安全工程学报,2014,31(3):340-346.

[117] 余伟健,高谦,韩阳,等.非线性耦合围岩分类技术及其在金川矿区的应用[J].岩土工程学报,2008,30(5):663-669.

[118] 张蓓,张桂民,张凯,等.钻孔导致突水溃沙事故机理及防治对策研究[J].采矿与安全工程学报,2015,32(2):219-226.

[119] 张春会,郑晓明.岩石应变软化及渗透率演化模型和试验验证[J].岩土工程学报,2016,38(6):1125-1132.

[120] 张官禹,赵龙,尚玉强.软岩巷道底鼓成因分析及关键控制技术研究[J].煤炭科学技术,2019,47(11):63-67.

[121] 张厚江,焦玉勇,孟昭君,等.用全封闭格栅钢架控制膨胀性软岩巷道变形破坏的研究与实践[J].岩石力学与工程学报,2017,36(S1):3392-3400.

[122] 张敏江,张丽萍,姜秀萍,等.弱胶结砂层突涌机理及预测研究[J].金属矿山,2002(10):48-50.

[123] 张农,李桂臣,许兴亮.泥质巷道围岩控制理论与实践[M].徐州:中国矿业大学出版社,2011.

[124] 张少波,吴建生,魏群,等.煤矿薄喷技术的理论与实践[J].煤炭科学技术,2017,45(4):1-7.

[125] 张小波,赵光明,孟祥瑞.考虑峰后应变软化与扩容的圆形巷道围岩弹塑性 D-P 准则解[J].采矿与安全工程学报,2013,30(6):903-910.

[126] 张玉卓,陈立良.长壁开采覆岩离层产生的条件[J].煤炭学报,1996,21(6):576-581.

[127] 赵德深,范学理,刘文生,等.地质采矿因素对离层分布规律的影响分析[J].辽宁工程技术大学学报(自然科学版),1998,17(2):119-123.

[128] 赵德深,朱广轶,刘文生,等.覆岩离层分布时空规律的实验研究[J].辽宁工程技术大学学报(自然科学版),2002,21(1):4-7.

[129] 赵光明,张小波,王超,等.软弱破碎巷道围岩深浅承载结构力学分析及数值模拟[J].煤炭学报,2016,41(7):1632-1642.

[130] 赵阳升,杨栋,冯增朝,等.多孔介质多场耦合作用理论及其在资源与能源工程中的应用[J].岩石力学与工程学报,2008,27(7):1321-1328.

[131] 赵志强,马念杰,刘洪涛,等.巷道蝶形破坏理论及其应用前景[J].中国矿业大学学报,2018,47(5):969-978.

[132] 中国能源中长期发展战略研究项目组.中国能源中长期(2030、2050)发展战略研究:综合卷[M].北京:科学出版社,2011.

[133] 周翠英,彭泽英,尚伟,等.论岩土工程中水-岩相互作用研究的焦点问题:特殊软岩的力学变异性[J].岩土力学,2002,23(1):124-128.

[134] 周翠英,谭祥韶,邓毅梅,等.特殊软岩软化的微观机制研究[J].岩石力学与工程学报,2005,24(3):394-400.

[135] 朱传奇,谢广祥,王磊,等.含水率及孔隙率对松软煤体强度特征影响的试验研究[J].采矿与安全工程学报,2017,34(3):601-607.

[136] 朱凤贤,周翠英.软岩遇水软化的耗散结构形成机制[J].地球科学,2009,34(3):525-532.

[137] 朱开鹏.浅埋煤层水体下控水采煤防治水技术[J].煤矿安全,2018,49

(8):63-68.

[138] 朱庆伟,李航,杨小虎,等.采动覆岩结构演化特征及对地表沉陷的影响分析[J].煤炭学报,2019,44(S1):9-17.

[139] BENMOKRANE B,CHENNOUF A,MITRI H S.Laboratory evaluation of cement-based grouts and grouted rock anchors[J].International journal of rock mechanics and mining sciences and geomechanics abstracts,1995,32(7):633-642.

[140] CHENG G W,MA T H,TANG C N,et al.A zoning model for coal mining-induced strata movement based on microseismic monitoring [J].International journal of rock mechanics and mining sciences,2017, 94:123-138.

[141] CORRADINI A,CERNI G,D' ALESSANDRO A,et al.Improved understanding of grouted mixture fatigue behavior under indirect tensile test configuration [J]. Construction and building materials, 2017,155:910-918.

[142] CRISTELO N,SOARES E,ROSA I,et al.Rheological properties of alkaline activated fly ash used in jet grouting applications [J]. Construction and building materials,2013,48:925-933.

[143] DUNNING J,DOUGLAS B,MILLER M,et al.The role of the chemical environment in frictional deformation: stress corrosion cracking and comminution[J].Pure and applied geophysics,1994,143(1/2/3):151-178.

[144] HAN K M,LI F M,LI H Y,et al.Fuzzy comprehensive evaluation for stability of strata over gob influenced by construction loads[J].Energy procedia,2012,16:1102-1110.

[145] HAWKINS A B,MCCONNELL B J.Sensitivity of sandstone strength and deformability to changes in moisture content[J].Quarterly journal of engineering geology,1992,25(2):115-130.

[146] HUANG B X,LI P F.Experimental investigation on the basic law of the fracture spatial morphology for water pressure blasting in a drill-hole under true triaxial stress[J].Rock mechanics and rock engineering,2015,48(4):1699-1709.

[147] JIANG Z H.Numerical analysis of the destruction of water-resisting strata in a coal seam floor in mining above aquifers[J].Mining science and technology(China),2011,21(4):537-541.

[148] KANG H P,YANG J H,GAO F Q,et al.Experimental study on the mechanical behavior of rock bolts subjected to complex static and dynamic loads[J].Rock mechanics and rock engineering,2020:1-12.

[149] KARACAN C Ö,GOODMAN G.Hydraulic conductivity changes and influencing factors in longwall overburden determined by slug tests in gob gas ventholes[J].International journal of rock mechanics and mining sciences,2009,46(7):1162-1174.

[150] KARACAN C Ö,OLEA R A.Inference of strata separation and gas emission paths in longwall overburden using continuous wavelet transform of well logs and geostatistical simulation[J].Journal of applied geophysics,2014,105:147-158.

[151] KIM J M,PARIZEK R R,ELSWORTH D.Evaluation of fully-coupled strata deformation and groundwater flow in response to longwall mining [J]. International journal of rock mechanics and mining sciences,1997,34(8):1187-1199.

[152] LI X M,WANG Z H,ZHANG J W.Stability of roof structure and its control in steeply inclined coal seams[J].International journal of mining science and technology,2017,27(2):359-364.

[153] MAJDI A,HASSANI F P,NASIRI M Y.Prediction of the height of destressed zone above the mined panel roof in longwall coal mining [J].International journal of coal geology,2012,98:62-72.

[154] MIAO S J,LAI X P,ZHAO X G,et al.Simulation experiment of AE-based localization damage and deformation characteristic on covering rock in mined-out area[J].International journal of minerals,metallurgy and materials,2009,16(3):255-260.

[155] MILLS K W,GARRATT O,BLACKA B G,et al.Measurement of shear movements in the overburden strata ahead of longwall mining [J].International journal of mining science and technology,2016,26

(1):97-102.

[156] MIRZA J,SALEH K,LANGEVIN M A,et al.Properties of microfine cement grouts at 4 ℃,10 ℃ and 20 ℃[J].Construction and building materials,2013,47:1145-1153.

[157] NIKBAKHTAN B,OSANLOO M.Effect of grout pressure and grout flow on soil physical and mechanical properties in jet grouting operations[J].International journal of rock mechanics and mining sciences, 2009,46(3):498-505.

[158] PARK K H.Similarity solution for a spherical or circular opening in elastic-strain softening rock mass[J].International journal of rock mechanics and mining sciences,2014,71:151-159.

[159] PETERS W H,RANSON W F.Digital imaging techniques in experimental stress analysis[J].Optical engineering,1982,21:427-431.

[160] SINGH A,RAO K S,AYOTHIRAMAN R.Effect of intermediate principal stress on cylindrical tunnel in an elasto-plastic rock mass[J]. Procedia engineering,2017,173:1056-1063.

[161] TAN Y L,NING J G,LI H T.In situ explorations on zonal disintegration of roof strata in deep coalmines[J].International journal of rock mechanics and mining sciences,2012,49:113-124.

[162] TAN Y L,ZHAO T B,XIAO Y X.In situ investigations of failure zone of floor strata in mining close distance coal seams [J]. International journal of rock mechanics and mining sciences,2010,47 (5):865-870.

[163] WANG C,ZHANG N C,HAN Y F,et al.Experiment research on overburden mining-induced fracture evolution and its fractal characteristics in ascending mining[J].Arabian journal of geosciences,2015, 8(1):13-21.

[164] WANG F T,ZHANG C,ZHANG X G,et al.Overlying strata movement rules and safety mining technology for the shallow depth seam proximity beneath a room mining goaf[J].International journal of mining science and technology,2015,25(1):139-143.

[165] WANG W, YAN J W. The geological factor analysis of influenced Tianchi coal mine gas occurrence[J]. Procedia engineering, 2012, 45: 317-321.

[166] WANG Y, CUITIÑO A M. Full-field measurements of heterogeneous deformation patterns on polymeric foams using digital image correlation[J]. International journal of solids and structures, 2002, 39(13/14): 3777-3796.

[167] XUE J H, WANG H P, ZHOU W, et al. Experimental research on overlying strata movement and fracture evolution in pillarless stress-relief mining[J]. International journal of coal science and technology, 2015, 2(1): 38-45.

[168] ZHANG K, GAO J, MEN D P, et al. Insight into the heavy metal binding properties of dissolved organic matter in mine water affected by water-rock interaction of coal seam goaf[J]. Chemosphere, 2021, 265: 129-134.

[169] ZHAO X D, JIANG J, LAN B C. An integrated method to calculate the spatial distribution of overburden strata failure in longwall mines by coupling GIS and FLAC 3D[J]. International journal of mining science and technology, 2015, 25(3): 369-373.

[170] ZHAO Y X, LIU S M, JIANG Y D, et al. Dynamic tensile strength of coal under dry and saturated conditions[J]. Rock mechanics and rock engineering, 2016, 49(5): 1709-1720.

[171] ZHU H H, YE B, CAI Y C, et al. An elasto-viscoplastic model for soft rock around tunnels considering overconsolidation and structure effects[J]. Computers and geotechnics, 2013, 50: 6-16.